普通高等教育电气电子类工程应用型“十二五”规划教材

单片机原理及设计应用

魏庆涛　徐曌　　主编

机 械 工 业 出 版 社

本书以 AT89C51 单片机为核心，从单片机发展角度出发，介绍了目前市场上的多种单片机类型，并且系统地讲述了 51 系列单片机的构成、指令系统、汇编语言程序设计、中断系统、定时器/计数器的应用、串行口通信、外围接口设计以及应用系统设计等内容。

本书所列程序和电路具有较强的实用性，并配有相关的课后习题答案以及多媒体教学软件，便于教学。为了解决单片机学习的抽象性问题，特在教材中加入单片机开发仿真软件 Keil C 和 Proteus 的内容，方便读者在软环境下进行实践模拟操作，直观地看到程序运行过程和电路仿真结果。同时，在第 8 章和第 9 章配置汇编程序和 C 语言程序的双程序范例，方便读者进行高级语言编程的学习。

本书适合作为普通高等院校电子信息工程、电气工程、自动化及机械等专业的教学用书，也可作为从事单片机开发人员的参考用书。

本书配有电子课件和习题参考答案，欢迎选用本书作教材的老师索取，可以登录 www.cmpedu.com 注册下载或发邮件至 jinacmp@163.com

图书在版编目（CIP）数据

单片机原理及设计应用/魏庆涛，徐曌主编．—北京：机械工业出版社，2015.8（2022.10 重印）
普通高等教育电气电子类工程应用型“十二五”规划教材
ISBN 978-7-111-50860-1

Ⅰ.①单… Ⅱ.①魏… ②徐… Ⅲ.①单片微型计算机-高等学校-教材 Ⅳ.①TP368.1

中国版本图书馆 CIP 数据核字（2015）第 173925 号

机械工业出版社（北京市百万庄大街 22 号 邮政编码 100037）
策划编辑：吉 玲 责任编辑：吉 玲 王 康
版式设计：赵颖喆 责任印制：郜 敏
封面设计：张 静 责任校对：张 薇
北京富资园科技发展有限公司印刷
2022 年 10 月第 1 版·第 3 次印刷
184mm×260mm·17 印张·421 千字
标准书号：ISBN 978-7-111-50860-1
定价：35.00 元

凡购本书，如有缺页、倒页、脱页，由本社发行部调换

电话服务	网络服务
服务咨询热线：010-88379833	机 工 官 网：www.cmpbook.com
读者购书热线：010-88379469	机 工 官 博：weibo.com/cmp1952
	教育服务网：www.cmpedu.com
封面无防伪标均为盗版	金 书 网：www.golden-book.com

前　　言

单片机是在大规模集成电路芯片的基础上发展起来的一种微型处理器，其将 CPU、存储器、I/O 接口、定时器、中断等集成在一块芯片内，具备了计算机的基本功能。而随着电子技术、计算机技术、EDA 技术的发展和进步，单片机产品不断更新，性能也不断提高，并广泛应用于军事、工业、民用等多种领域。

单片机具有体积小、功能强、性价比高、稳定性好等优点，受到众多工程技术人员的喜爱，成为控制系统、数据通信、检测系统、智能设备的主要核心器件，在技术革新和生产制造等方面具有十分深远的意义和良好的发展前景。熟练掌握一类单片机的设计应用技术已经成为电类相关专业技术人员的必备专业素质。

本书以 MCS-51 系列 AT89C51 单片机为主，介绍了单片机的硬件结构、汇编语言和程序设计，介绍了单片机在软环境下的开发软件的使用，方便读者在软环境下进行程序调试和验证硬件电路，并全面论述了单片机应用系统的原理、电路设计及程序设计。本书理论与实际紧密结合，突出基础性、实用性、综合型。同时，注重单片机的 C 语言程序设计应用，在部分程序中给出了汇编和 C 语言两种编程范例，为读者将来进行工程设计开发打下基础。

本书共分 9 章，其中第 1 章主要介绍单片机的发展和应用领域，以及计算机基础知识；第 2 ~ 4 章为单片机内部硬件结构和原理，以及汇编语言和程序设计；第 5 ~ 7 章为单片机内部中断系统、定时器系统、通信系统的工作原理以及应用；第 8 章为单片机外围扩展接口技术，包含 I/O 口扩展、模数转换、数模转换、人机交互等方面的电路设计、汇编语言程序设计和 C 语言程序设计；第 9 章为单片机应用系统的电路设计、汇编语言程序设计和 C 语言程序设计。

本书由大连科技学院魏庆涛和徐曌担任主编。第 1 章、第 7 章第 2 ~ 4 节由石桂名编写，第 2 章、第 6 章由田硕编写，第 3 章、第 7 章第 1 节由张燕编写，第 4 章第 1、3、4 节由贾昊编写，第 4 章第 2 节、第 5 章由赵丽娜编写，第 8 章由魏庆涛编写，第 9 章由徐曌编写。

本书编写过程中在结合作者工作经验的基础上，参考了同类教材和论文，对这些教材的编著者和论文作者表示诚挚的感谢。

由于编者水平有限，书中难免存在错误和不足之处，敬请读者批评指正。

编　者

目　录

第1章　绪　　论

人类科技发展至今，计算机技术取得了迅猛发展，计算机技术已渗透到国防、工业、农业、企业管理、交通运输等日常生活各个领域。从个人利用计算机进行办公、娱乐，到企业单位利用计算机进行管理，制造业利用计算机进行产品开发、设计、制造、生产控制等，计算机已无所不在，无所不用，其作用和成就的日益卓著，已成为现代工业水平的标志之一。而计算机的发展主要有两个方向：一个是通用计算机系统，一个是控制领域的微型计算机系统。通用计算机主要用于运算、管理、辅助设计及制造等，是我们日常生活中最常见的计算机系统。而控制领域的微型计算机是一种嵌入式系统，是将微型计算机嵌入到应用系统中的一种技术应用。在进入计算机时代的新世纪，许多人都在从事着与计算机相关的职业，而只有从事嵌入式系统应用才真正地进入到计算机系统的内部软、硬件体系中，才能真正领会计算机的智能化本质并掌握智能化设计的知识和技术。从学习单片机应用技术入手是今后成为计算机应用软、硬件开发技术人才的最经济、实用、便捷的途径之一。因此，学习单片机的原理，掌握单片机的应用技术，具备单片机开发能力，对于一个高级工程技术开发人员而言具有十分重要的意义。本书主要以51单片微型计算机为例，学习微型计算机的原理与应用。

1.1 单片机概述

单片机应用的历史并不长，但是单片机的应用却从根本上改变了传统的控制系统设计思想和设计方法。使用单片机之前，控制系统是由模拟电路或数字电路实现大部分的控制功能，而现在已能利用单片机通过软件编程方法实现模拟或数字电路的控制功能。这种以软件取代硬件并能提高系统性能的控制系统“软化”技术，称之为微控制技术。因而单片机的应用是对传统控制技术的一场革命。

1.1.1 单片机

单片机对刚刚接触嵌入式领域的人而言还不是十分熟悉，但是个人计算机是大家在日常中经常见到和使用的，二者都是计算机，它们之间又有什么联系和区别呢？我们利用个人计算机即微型计算机来对单片机进行介绍。

微型计算机包括中央处理器（Central Processing Unit，CPU）、存储器（内存、硬盘、显存等）、输入/输出（Input/Output，I/O）口及其他功能部件，如定时/计数器、中断系统等。它们通过地址总线（Address Bus，AB）、数据总线（Data Bus，DB）和控制总线（Control Bus，CB）连接起来，通过输入/输出口线与外部设备（打印机、摄像头、键盘）及外围芯片（显卡、网卡）相连。CPU中配有指令系统，计算机系统中配有主机监控程序（CPU温度自动保护）、系统操作软件（Window XP、Window 7等）及用户应用软件（Word、游戏软件）。

单片机是将微型计算机的主要组成部分集成在一个芯片上的微型计算机，具体地说就是把中央处理器（CPU）、随机存储器（RAM）、只读存储器（ROM）、I/O 接口、中断系统和定时器/计数器等接口集成在一块芯片上，构成了一台微型计算机。换一种说法，单片机就是不包括输入输出设备、不带外部设备的微型计算机，相当于一个没有显示器，没有键盘，不带监控程序的单板机。虽然单片机只是一个芯片，但从组成和功能来说，其已具有了计算机系统的属性，因此称它为单片微型计算机（Single Chip Micro-Computer，SCMC），简称单片机。

单片机在应用时通常处于被控系统核心地位并融入其中，即以嵌入的方式进行使用。为了强调其“嵌入”的特点，也常常将单片机称为嵌入式微控制器（Embedded Micro-Controller Unit，EMCU）。

单片机只是一个芯片，既无显示器也无键盘，而在许多控制系统中或者需要键盘输入控制参数，或者需要显示器显示系统工作状态，那该怎么办呢？这里讲一讲单片机系统，也就是单片机应用系统。单片机系统是在单片机芯片的基础上扩展其他电路或芯片构成的具有一定应用功能的计算机系统。例如一种温度测控系统，如图 1-1 所示。

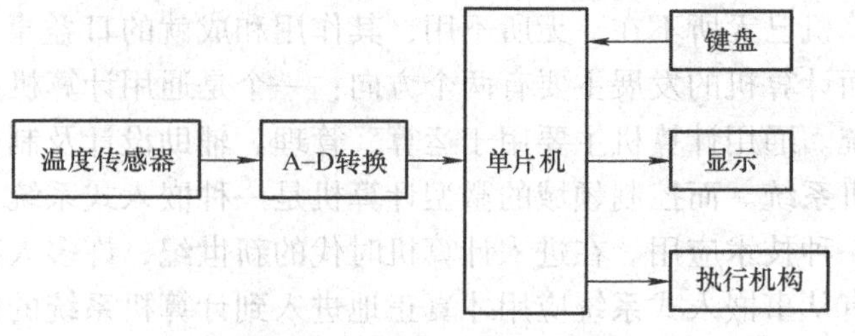

图 1-1　温度测控系统框图

1.1.2　单片机应用系统和单片机开发系统

单片机应用系统是为控制应用而设计的，该系统与控制对象结合在一起使用，是单片机开发应用的成果。但由于软硬件资源所限，单片机系统本身不能实现自我开发，要进行系统开发设计，必须使用专门的单片机开发系统。

单片机开发系统在单片机应用系统设计中占有重要的地位，是单片机应用系统设计中不可缺少的开发工具。在单片机应用系统设计的仿真调试阶段，必须借助于单片机开发系统进行模拟，调试程序，检查硬件、软件的运行状态，并随时观察运行的中间过程而不改变运行中的原有数据，从而实现模拟现场的真实调试。

单片机开发系统应具备的功能：

1）方便地输入和修改用户的应用程序。

2）对用户系统硬件电路进行检查和诊断。

3）将用户源程序编译成目标代码并固化到相应的 ROM 中去，并能在线仿真。

4）以单步、断点、连续等方式运行用户程序，能正确反映用户程序执行的中间状态，即能实现动态实时调试。

常用的 MCS-51 硬件开发系统：

1）Keil C51 单片机仿真器。

2）TKS 系列仿真器。

3）Flyto Pemulator 单片机开发系统。

4）Medwin 集成开发环境。

5）E6000 系列仿真器。

1.1.3 单片机程序设计语言和软件

单片机程序设计语言和软件主要是指在开发系统中使用的语言和软件。在单片机开发系统中可使用机器语言、汇编语言和高级语言，而在单片机应用系统中只能使用机器语言。

机器语言是用二进制代码表示的单片机指令，用机器语言构成的程序称之为目标程序。汇编语言是用符号表示的指令，汇编语言是对机器语言的改进，是单片机最常用的程序设计语言。虽然机器语言和汇编语言都是高效的计算机语言，但它们都是面向机器的低级语言，不便记忆和使用，且与单片机硬件关系密切，不同系列的单片机所使用的汇编语言是有所差别的，这就要求程序设计人员必须精通单片机的硬件系统和指令系统。

为了使程序设计具有通用性，单片机也开始尝试使用高级语言，其中编译型语言有 P1、M51、C-51、C、MBASIC-51 等，解释型语言有 MBASIC 和 MBASIC-52 等。

单片机程序设计有其复杂的一面，因为编写单片机程序主要使用汇编语言，使用起来有一定的难度，而且由于单片机应用范围广泛，各种外围芯片的种类十分的多，面对多种多样的控制对象和系统，很少有现成的程序可供借鉴，这与微型机在数值计算和数据处理等应用领域中有许多成熟的经典程序可供直接调用或模仿有很大的不同。

1.2 单片机发展及应用

1.2.1 单片机发展阶段

单片机的发展从 4 位机、8 位机一直发展到现在的 16 位机、32 位机，经历了五个阶段四代。

第一阶段（1971～1974 年） 1971 年 11 月美国 Intel 公司设计出 2000 只晶体管集成的 4 位微处理器 Intel4004，并且配置了随机存储器 RAM 和只读存储器 ROM 以及移位寄存器等芯片，组成了第一台 MCS-4 微型计算机；1972 年 4 月 Intel 公司又研制开发了 8 位微处理器 Intel8008，虽然说微处理器不是现在所说的单片机，但是此系列微处理器的开发却掀起了研制单片机的高潮。

第二阶段（1974～1978 年） 单片机探索阶段，第一代单片机。从 1974 年 12 月，仙童（Fairchild）公司首先推出 8 位单片机 F8，以及 1975 年美国的 TEXA 仪器公司发布 TMS1000 系列 4 位单片机开始至今经历四代。其中 F8 单片机是此期间最早的单片机产品，是双片形式的 8 位 CPU 的单片机，由一个带有 4KRAM 和 2 个并行 I/O 口的 F8 和一个带有 1KROM、定时/计数器和 2 个并行 I/O 口的 3851 组成。而 Intel 公司也不甘落后，推出了集成有 8 位 CPU、并行 I/O 口、8 位定时/计数器、简单终端、寻址范围小于 4KB、片内 RAM 和 ROM、无串行口的 MSC-48 单片机。

第三阶段：（1978～1983 年） 高性能单片机完善阶段，第二代高性能 8 位单片机问世。这期间研制开发的单片机普遍带有串行口、中断系统和 16 位定时/计数器。同时单片机内部的存储器容量变大，无论是 ROM 还是 RAM 的寻址范围都可以达到 64KB，有的单片机带有 A-D 转换功能。这类单片机有 Intel 公司的 MCS-51、Motorola 公司的 MC6801 和 Zilog 公司的 Z80 等。这个阶段的单片机目前应用仍非常广泛，仍然是单片机应用系统设计的主流产品，尤其是 MCS-51 系列产品。

第四阶段：(1983～90 年代初)　8 位单片机发展及第三代 16 位单片机推出阶段。该阶段的单片机主要是不断完善高档 8 位单片机以及 16 位单片机和专用单片机的开发研制。如 MCS-96 系列的 8096、8098 芯片。其增加性能主要体现为 16 位 CPU，RAM/ROM 增大，中断能力增强，片内集成 A-D 转换电路和 HSIO 等。

第五阶段：(90 年代至今)　高档 16 位单片机和第四代 32 位的单片机出现阶段。如 80196，MC8300 等，单片机的性能和速度已经得到了大幅度的提高。

单片机发展近半个世纪以来，已从 8 位、低速、集成度低、功耗高向多位、高速、低功耗、低价格、高集成发展，尽管 32 位单片机已经出现在市场上，但是应用并不广泛，而功能强、集成度高、低功耗、易扩展和稳定性良好的单片机型号依然是众多单片机系统开发者的最先选择，同时一些专用单片机应用也比较多。

1.2.2　单片机的应用

现代电子系统的基本核心是嵌入式计算机应用系统（简称嵌入式系统，Embedded System)，而单片机就是最典型、最广泛、最普及的嵌入式计算机应用系统，其构成的应用系统具有在线控制、软硬结合、受环境影响小等特点。

提到单片机的应用，引用一句话“不怕想不到，就怕做不到”，也可以说：“凡是能想到的地方，单片机都可以用得上。”这并不夸张。单片机主要应用的领域有：

(1) 智能化家用电器　各种家用电器普遍采用单片机智能化控制代替传统的电子线路控制，升级换代，提高档次。从电饭煲、洗衣机、电冰箱、空调、电视、音响视频器材，再到电子秤量设备，五花八门，无所不在。

(2) 工业控制　工业自动化控制是最早采用单片机控制的领域之一。用单片机可以构成形式多样的控制系统、数据采集系统。如工厂流水线的智能化管理、电梯智能化控制、各种报警系统、各种测控系统、过程控制等。在化工、建筑、冶金等各种工业领域都要用到单片机控制。

(3) 智能仪器仪表　单片机结合不同类型的传感器，大大提升了仪表的档次，强化了功能，可实现功率、频率、湿度、温度、流量、速度、压力等物理量的测量，并且可对采集数据进行处理和存储、故障诊断、联网集控工作等。

(4) 办公自动化　现代办公室中使用的大量通信和办公设备多数嵌入了单片机。如打印机、复印机、传真机、绘图机、考勤机、电话以及通用计算机中的键盘译码、磁盘驱动等。

(5) 网络和智能化通信产品　现代的单片机普遍具备通信接口，可以很方便地与计算机进行数据通信，为在计算机网络和通信设备间的应用提供了极好的物质条件，从电话机、小型程控交换机、楼宇自动通信呼叫系统、列车无线通信，再到日常工作中随处可见的移动电话、集群移动通信、无线电对讲机等。手机内的芯片属专用型单片机。

(6) 汽车电子产品　单片机在汽车电子中的应用非常广泛，现代汽车的集中显示系统、动力监测控制系统、自动驾驶系统、通信系统和运行监视器（黑匣子)、GPS 导航系统、ABS 防抱死系统、制动系统等都离不开单片机。

(7) 模块化应用　某些专用单片机设计用于实现特定功能，从而在各种电路中进行模块化应用，而不要求使用人员了解其内部结构。如音乐集成单片机，看似简单的功能，微缩在纯电子芯片中（有别于磁带机的原理），就需要复杂的类似于计算机的原理。如：音乐信号以数字的形式存于存储器中（类似于ROM），由微控制器读出，转化为模拟音乐电信号（类似于声卡）。

(8) 军事领域　在国防科技上单片机也在发挥其重要作用，如雷达等。

此外，单片机在工商，金融，科研、教育等领域都有着十分广泛的用途。单片机应用的意义不仅在于它的广阔范围及所带来的经济效益，更重要的意义在于单片机的应用从根本上改变了控制系统传统的设计思想和设计方法。以前采用硬件电路实现的大部分控制功能，正在用单片机通过软件方法来实现。以前自动控制中的PID调节，现在可以用单片机实现具有智能化的数字计算控制、模糊控制和自适应控制。这种以软件取代硬件并能提高系统性能的控制技术称为微控技术。随着单片机应用的推广，微控技术将不断发展完善。

1.3 单片机分类

1.3.1 单片机按位分类

从20世纪70年代中期开始，单片机在不断发展，半导体器件制造厂商不断推出自己的系列产品。迄今为止，市场上的单片机产品已达60多个系列，1000多个品种。按照CPU能够对数据处理的位数来分，通常可分为4位、8位、16位、32位机。

1. 4位单片机

四位单片机的控制处理能力较弱，常用于计算器、智能单元、家电控制器、玩具控制、电话等各种规模较小的家电类消费产品。

典型的4位单片机产品，有OKI公司的MSM64164C、MSM64481，NEC公司的75006X系列，EPSON公司的SMC62系列，NS公司的COP4系列，Toshiba公司的TMP47系列等。

2. 8位单片机

8位单片机的控制处理能力较强，是目前品种最为丰富、应用最为广泛的单片机，有着体积小、功耗低、功能强、性价比高、易于推广应用等显著优点。和4位机相比，它不仅有较大范围的存储容量和寻址空间，同时中断、定时器、并行口等都有了不同程度的增加，并集成了全双工串行口，而增强型的8位机在片内还增加了A-D和D-A转换器以及看门狗、总线控制等电路。这类单片机在自动化装置、智能仪器仪表、过程控制、通信、家用电器等许多领域得到广泛应用。目前主要分为MCS-51系列及其兼容机型和非MCS-51系列单片机。

51系列单片机以其典型的结构，众多的逻辑位操作功能，以及丰富的指令系统，堪称一代“名机”。目前，主要机型有Atmel（爱特梅尔）公司的AT89系列、Philips（飞利浦）公司的80C51系列、Winbond（华邦）公司的W78E系列、Intel公司的MCS-51系列等。

非51系列单片机在中国应用较广的有Microchip（微芯）的PIC单片机、Atmel的AVR单片机ATmega8、义隆EM78系列，以及Motorola（摩托罗拉）的68HC05/11/12系列单片机等。

3. 16位单片机

16位单片机操作速度及数据吞吐能力在性能上比8位机有较大提高，寻址能力高达1M，主要应用于工业控制、智能仪器仪表、便携式设备等场合。其中TI的MSP430系列以其超低功耗的特性广泛应用于低功耗场合。目前，应用较多的有 TI 的 MSP430 系列、凌阳 SPCE061A 系列、Motorola 的 68HC16 系列、Intel 的 MCS-96/196 系列、NS 的 HPC 系列等。

4. 32 位单片机

32 位单片机是单片机的发展趋势，是目前的单片机顶级产品，广泛应用于无线、汽车、消费娱乐、数字影像、工业、网络、安全、存储设备等领域。32 位单片机主要由 ARM 公司研制，因此，提及 32 位单片机，一般均指 ARM 单片机。

严格来说，ARM 不是单片机，而是一种 32 位处理器内核（主要有 ARM7、ARM9、ARM9E、ARM10 等），它由英国 ARM 公司开发，但 ARM 公司自己并不生产芯片，而是由授权的芯片厂商如 Samsung（三星）、Philips（飞利浦）、Atmel（爱特梅尔）、Intel（英特尔）等制造，芯片厂商可以根据自己的需要进行结构与功能的调整。因此，实际中使用的 ARM 芯片有很多型号，常见的 ARM 芯片主要有飞利浦的 LPC2000 系列、三星的 S3C/S3F/S3P 系列等。

1.3.2　主要单片机性能分类

目前生产单片机的厂商很多，主要有美国的 Intel、Atmel、Motorola、Microchip、Zilog 等公司，日本的 NEC、Toshiba、Fujitsu、Hitachi 等公司，荷兰的 Philips 公司，德国的 Siemens 公司，等等。

而目前市场上 Intel、Microchip、Atmel、深圳宏晶生产的 51 系列单片机使用较为广泛，这里介绍一些单片机的产品。

1. Intel 公司的 MCS-51 系列

MCS-51 是指由美国 Intel 公司 1980 生产的一系列单片机的总称，这一系列单片机包括了基本型和增强型两类，其中的 8051 型号单片机是最早最典型的产品。Intel 公司将 MCS-51 的核心技术授权给很多其他公司，所以现在有很多公司做以 8051 为核心的 51 系列兼容单片机，这些单片机都是在 8051 的基础上进行功能的加强或简化而来的，所以习惯于称呼 MCS-51 系列单片机为 8051，而十多年前 8031 在我国较流行，所以很多应用系统以 8031 作为控制处理核心。表 1-1 列出了 MCS-51 单片机应用较广泛的型号的特性。

Philips 公司的 80C51 系列单片机是 MCS-51 中的一个子系列，与 Intel 公司的 MCS-51 系列单片机完全兼容，具有同样的指令系统和寻址方式。

表 1-1　MCS-51 系列单片机

片内资源	基本型型号			增强型型号		
	8031 8031AH 80C31	8051 8051AH 80C51	8751 8751BH 87C51	8032 8032AH 80C32	8052 8052AH 80C52	8752 8752BH 87C52
ROM	/	4K×8B	/	/	8K×8B	/
EPROM	/	/	4K×8B	/	/	8K×8B
RAM	128×8B	128×8B	128×8B	256×8B	256×8B	256×8B
并行接口	4个8位	4个8位	4个8位	4个8位	4个8位	4个8位
串行接口 UART	1	1	1	1	1	1

（续）

片内资源	基本型型号			增强型型号		
	8031 8031AH 80C31	8051 8051AH 80C51	8751 8751BH 87C51	8032 8032AH 80C32	8052 8052AH 80C52	8752 8752BH 87C52
中断源	5	5	5	6	6	6
定时器/计数器	2个16位	2个16位	2个16位	3×16位	3×16位	3×16位
掉电和待机模式	/	/	/	/	/	/
工作频率	12MHz	12MHz	12MHz	12MHz	12MHz	12MHz

2. Atmel公司的AT89系列

Atmel（爱特梅尔）半导体成立于1984年，总部位于美国，是高级半导体产品设计、制造和行销的领先者。该公司将E^2PROM和Flash存储器运用于单片机，开创了单片机程序存储器变革的先河。

AT89系列单片机是以MCS-51单片机为内核标准的单片机，改进型的51单片机。比如说标准的8051单片机没有20pin封装的芯片。但是AT89C2051和AT89C4051都是20pin封装的单片机。它们主要是把原51单片机的P0口和P2口省略了，然后再改进了一些功能，可以认为它们是精简型51单片机。AT89有许多型号，常用的有AT89C51、AT89S51、AT89C52、AT89S52等。AT89系列单片机都是Flash型单片机，烧录次数至少在1000次以上。表1-2为常用AT89系列单片机。

表1-2 常用AT89系列单片机

片内资源	单片机型号					
	AT89C51	AT89S51	AT89C52	AT89S52	AT87F51	AT89LS51
Flash ROM	4K×8B	4K×8B	8K×8B	8K×8位	/	4K×8B
OTP	/	/	/	/	8K×8B	/
RAM	128×8B	128×8B	256×8B	256×8B	128×8B	128×8B
工作频率	24MHz	33MHz	24MHz	33MHz	24MHz	16MHz
并行接口	4个8位	4个8位	4个8位	4个8位	4个8位	4个8位
串行接口UART	1	1	1	1	1	1
中断源	5	5	6	6	6	5
定时器/计数器	2个16位	2个16位	3个16位	3个16位	2个16位	2个16位
掉电和待机模式	有	有	有	有	有	有
看门狗电路	/	有	/	有	/	有

市场上所说的AVR单片机有一款是Atmel公司开发的AT90系列单片机，是增强型的RISC（精简指令）单片机，其他的AT90系列单片机已经转型给了Attiny系列和Atmega系列。所有的AVR单片机都支持ISP。

51系列单片机是应用较为普遍的单片机，而除了51系列单片机之外还有很多较流行的单片机系列。

3. Microchip 公司的 PIC 系列

Microchip 公司生产的 PIC 系列单片机也是一种在国内比较流行的单片机，其最大的特点是不搞单纯的功能堆积，PIC 系列产品的档次从低到高有几十个型号，可以满足不同用途和层次的需求。

PIC 系列单片机主要用于家电、汽车、办公自动化、通信、工业控制等领域。常用的型号包括 PIC16C5X、PIC12C5XX、PIC16F8X、PIC16F8XX 等，产品等级分为商业级（0℃ ~ +70℃）、工业级（-40℃ ~ +85℃）、军用级（-40℃ ~ +125℃）。ROM 形式分为 EPROM（紫外线擦除）、Flash-ROM（闪存）、OTP（一次编程）、QTP（大批量掩膜）等。

PIC 系列单片机与 MCS-51 系列单片机相比各有特点，主要区别体现在总线结构、指令结构、寄存器结构上，在应用时要考虑其各自特点、性能、价格等因素选择使用。

（1）总线结构　MCS-51 的总线结构是冯·诺依曼型，计算机在同一个存储空间取指令和数据，两者不能同时进行；而 PIC 的总线结构是哈佛结构，指令和数据空间是完全分开的，一个用于指令，一个用于数据，由于可以对程序和数据同时进行访问，所以提高了数据吞吐率。正因为在 PIC 系列单片机中采用了 RISC 精简指令集，是哈佛双总线结构，程序和数据总线可以采用不同的宽度。数据总线都是 8 位的，但指令总线位数分别为 12、14、16 位。

（2）指令结构　MCS-51 的取指和执行采用单指令流水线结构，即取一条指令，执行完后再取下一条指令；而 PIC 的取指和执行采用双指令流水线结构，当一条指令被执行时，允许下一条指令同时被取出，这样就实现了单周期指令。

（3）寄存器结构　PIC 的所有寄存器，包括 I/O 口，定时器和程序计数器等都采用 RAM 结构形式，而且都只需要一个指令周期就可以完成访问和操作；而 MCS-51 需要两个或两个以上的周期才能改变寄存器的内容。

4. Motorola 单片机

Motorola 公司从 M6800 开始，4 位、8 位、16 位、32 位的单片机都能生产。Motorola 单片机的特点之一是在同样的速度下所用的时钟频率较 Intel 类单片机低得多，因而使得高频噪声低，抗干扰能力强，更适合于工控领域及恶劣的环境，目前广泛应用于汽车电子中动力传动、车身、底盘及安全系统等领域。飞思卡尔（freescale）一直是摩托罗拉半导体分支，2004 年 7 月成为独立企业，Motorola 单片机半导体业务由飞思卡尔公司接管负责。

1.4　数的进制及编码

由于计算机只能识别“1”和“0”的数字量信息，所以在计算机处理中，所有数据和信息的存储以及指令的编码都是以二进制的形式存在的，下面介绍计算机中常用的数制和编码以及数据在计算机中的表示方法。

1.4.1　数制

关于数，大家并不陌生。在日常工作和学习中，我们已经接触过各种各样的数。这里，我们讨论数的问题，主要是从计算机的角度研究数的表示方法及其特点。

人们在长期的生产实践中，发明和积累了多种不同的计数方法，如现在广泛使用的源于阿拉伯民族文化的十进制数，钟表计时采用六十进制数，也有采用二进制的，如2只筷子为1双等。中国古代的八卦也是采用二进制信息来表示的。在数字系统中常用的进位计数制有十进制、二进制、八进制和十六进制。

说到数制，就有规则性的问题，如十进制采用“逢十进一”的进位规则，六十进制数采用“逢六十进一”的进位规则。下面给出相关的定义：

表示数码中每一位的构成及进位的规则称为进位计数制，简称数制。

进位计数制也叫位置计数制，其计数方法是把数划分为不同的数位，当某一数位累计到一定数量之后，该位又从零开始，同时向高位进位。在这种计数制中，同一个数码在不同的数位上所表示的数值是不同的。进位计数制可以用少量的数码表示较大的数，因而被广泛采用。

一种数制中允许使用的数码符号的个数称为该数制的基数，记作 R。而某个数位上数码为1时所表征的数值，称为该数位的权值，简称“权”。各个数位的权值均可表示成 R^i 的形式，其中 i 是各数位的序号。利用基数和“权”的概念，可以把一个 R 进制数 D 用下列形式表示：

$$\begin{aligned} D_R &= (a_{n-1}a_{n-2}\cdots a_1 a_0 a_{-1}\cdots a_{-m})_R \\ &= a_{n-1}R^{n-1} + a_{n-2}R^{n-2} + \cdots + a_1 R^1 + a_{-1}R^{-1} + \cdots + a_{-m}R^{-m} \\ &= \sum_{i=-m}^{n-1} a_i R^i \end{aligned} \tag{1-1}$$

式中，n 是整数部分的位数，m 是小数部分的位数，R 是基数，R^i 称为第 i 位的权，a_i 是第 i 位的系数，是 R 进制中 R 个数字符号中的任何一个，即 $0 \leqslant a_i \leqslant R^{-1}$。所以，某个数位上的数码 a_i 所表示的数值等于数码 a_i 与该位的权值 R^i 的乘积。

式（1-1）等号左边的形式，为数制 R 的位置计数法，也叫并列表示法；等号右边的形式，称之为 R 进制的多项式表示法，也叫按权展开式。

注意，为了避免在用到多种进制时可能出现的混淆，本书用下标形式来表示特定数的基数，如 D_R 表示 R 进制的数 D。

1. 十进制数

自古以来，人们在日常生活中习惯使用的是十进计数制，这可能与人有十个手指这一事实有关。十进制的基数 R 为10，采用十个数码符号0、1、2、3、4、5、6、7、8、9来表示一个数的大小（如果是小数的话，还需要有一个小数点符号“.”），这样的若干个数码符号并列在一起即可表示一个十进制数。十进制的表示常用下标10、D或默认不做任何标记。如十进制数25可以表示为：25_{10}，25D，或25。

对照公式（1-1），十进制的按权展开式如下：

$$D_{10} = \sum_{i=-m}^{n-1} a_i \times 10^i \tag{1-2}$$

式中，n 是整数部分的位数，m 是小数部分的位数，a_i 是数码0~9中的一个。

例如，十进制数368.25，小数点左边的第一位为个位，8代表 8×10^0；左边第二位为十位，6代表 6×10^1；左边第三位为百位，3代表 3×10^2；而小数点右边第一位为十分位，2代表 2×10^{-1}；右边第二位为百分位，5代表 5×10^{-2}。由此可以看出，处于不同位置的数字符号代表着不同的意义，也就是说有不同的权值。这5个数中3的位权最大，称之为最高位有效数字（MSB），5 的位权最小，称之为最低有效数字（LSB）。

小数点用来区分一个数的整数和小数部分。更准确地讲，相对于小数点不同位置所含权的大小可用 10 的幂表示。也就是说，十进制数各位的权值为 10^i，i 是各数位的序号。十进制数以小数点为界，整数部分为 10 的正次幂，小数部分为 10 的负次幂。

十进制数的计数规律是：低位向其相邻高位"逢十进一，借一为十"。也就是说，每位数累计不能超过 10，计满 10 就应向高位进 1；而从高位借来的 1，就相当于低位的数 10。十进制各位的权值为 10^i，i 是各数位的序号。

一般情况，N 位十进制，可表示 10^N 个不同的数值，从 0 开始并包括 0，其最大数为 10^N-1。

2. 二进制数

在数字系统中，十进制不便于实现。例如，很难设计一个电子器件，使其具有 10 个不同的电平（每一个电压值对应于 0～9 中的一个数字）；相反，设计一个具有两个工作电平的电子电路却很容易。而二进制数只需两个状态即可表示，与机器的开关状态相对应，所以容易实现。这就是二进制在数字系统中得到广泛应用的根本原因。此外，二进制也是数字系统唯一可识别的代码。

所谓二进制，就是基数 R 为 2 的进位计数制，它只有 0 和 1 两个数码符号。二进制数一般用下标 2 或 B 表示，如 1101_2，1101B 等。

二进制的按权展开式如下：

$$D_2 = \sum_{i=-m}^{n-1} a_i \times 2^i \tag{1-3}$$

式中，n 是整数部分的位数，m 是小数部分的位数，a_i 是数码 0 或 1。

前面有关十进制的论述同样适用于二进制，二进制也属于位置计数体系。其中每一个二进制数字都具有特定的数值，它是用 2 的幂所表示的权，即各位的权值为 2^i，i 是各数位的序号。如图 1-2 所示。这里，二进制小数点（对应于十进制小数点）左边是 2 的正次幂，右边是 2 的负次幂。图中所示数值为 11. 11，为了求的与二进制数对应的十进制数，可把二进制各位数字（0 或 1）乘以位权并相加，即

$$\begin{aligned} 11.11_2 &= 1\times2^1+1\times2^0+1\times2^{-1}+1\times2^{-2} \\ &= 2+1+0.5+0.25=3.75_{10} \end{aligned}$$

位权	2^1	2^0	2^{-1}	2^{-2}
	1	1	1	1
	MSB	小数点		LSB

图 1-2　位权二进制表示

在二进制中，二进制数位经常称为"位"。因此，在图 1-2 所示的数中，小数点左边有 2 位，它们是该数的整数部分，小数点右边有 2 位，代表小数部分，最左边一位是最高有效位（MSB），最右边一位是最低有效位（LSB），在图 1-2 中，MSB 的位权是 2^1，LSB 的位权是 2^{-2}。

在二进制中，仅有"0"和"1"两个符号或可能的数值，即使如此，二进制同样可用来表示十进制或其他进制所能表示的任何数，但用二进制表示一个数所用的位数较多。

用 N 位二进制可实现 2^N 个计数，可表示的最大数是 2^N-1。

二进制的计数规则是：低位向相邻高位"逢二进一，借一为二"。二进制的四则运算规则很简单，以下将介绍二进制数的加、减、乘、除四则运算。

（1）二进制加法

二进制的加法运算有如下规则：

0 + 0 = 0

0 + 1 = 1

1 + 0 = 1

1 + 1 = 10（“逢二进一”）

【例1-1】 求（a）$1011_2 + 101_2 = ?$ （b）$1101.101_2 + 11.01_2 = ?$

解：列出加法算式如下：

（a）

$$\begin{array}{r} 1011 \\ +\ 101 \\ \hline 10000 \end{array}$$

（b）

$$\begin{array}{r} 1101.101 \\ +\ 11.01 \\ \hline 10000.111 \end{array}$$

（2）二进制减法

二进制的减法运算有如下规则：

0 − 0 = 0

1 − 0 = 1

1 − 1 = 0

0 − 1 = 1（“借一为二”）

【例1-2】 求（a）$1011_2 - 101_2 = ?$ （b）$1101.101_2 - 11.01_2 = ?$

解：列出减法算式如下：

（a）

$$\begin{array}{r} 1011 \\ -\ 101 \\ \hline 0110 \end{array}$$

（b）

$$\begin{array}{r} 1101.101 \\ -\ 11.01 \\ \hline 1010.011 \end{array}$$

（3）二进制乘法

二进制的乘法运算有如下规则：

0 × 0 = 0

0 × 1 = 0

1 × 0 = 0

1 × 1 = 1

【例1-3】 求（a）$1011_2 \times 101_2 = ?$ （b）$1101.101_2 \times 11.01_2 = ?$

解：列出乘法算式如下：

$$\begin{array}{r} 1011 \\ \times\ 101 \\ \hline 1011 \\ 0000\ \ \\ 1011\ \ \ \ \\ \hline 110111 \end{array}$$

$$\begin{array}{r} 1101.101 \\ \times\ 11.01 \\ \hline 1101.101 \\ 0000.000\ \ \\ 1101.101\ \ \ \ \\ 1101.101\ \ \ \ \ \ \\ \hline 10110.001001 \end{array}$$

（4）二进制除法

二进制数的除法是乘法的逆运算，这与十进制数的除法是乘法的逆运算一样。因此利用二进制的乘法及减法规则可以容易地实现二进制的除法运算。

【例 1-4】 求 $100110_2 \div 100_2 = ?$

解：其运算结果如下：

```
          1001……商
     ________
100 / 100110
      100
    ------
       0110
        100
       ----
         10……余数
```

3. 八进制数

尽管二进制数简单、容易实现，但如用二进制表示一个十进制数时，需要4位二进制数才能表示一位十进制数，所用的位数比用十进制数表示的位数多，读写很不方便，因此在实际工作中通常采用八进制或十六进制数。八进制和十六进制计数系统在计算机应用中非常重要，在进行特定的计算机编程时，这些计数系统尤其有用，因为它们能够很容易地与二进制系统相互转化。另外，它们还提供了一种有效的方式来表示较大的二进制数。

八进制数的基数 R 是 8，它有 0、1、2、3、4、5、6、7 共 8 个有效数码。八进制数一般用下标 8 或 O 表示，如 617_8，521O 等。对照公式（1-1），八进制的按权展开式如下：

$$D_8 = \sum_{i=-m}^{n-1} a_i \times 8^i \tag{1-4}$$

式中，n 是整数部分的位数，m 是小数部分的位数，a_i 是数码 0 ~ 7 中的一个。

八进制的计数规则是：低位向相邻高位“逢八进一，借一为八”。表 1-3 列出了 8 个八进制数码及与其相对应的二进制数值。

表 1-3　八进制及其对应的二进制形式

八进制	0	1	2	3	4	5	6	7
二进制	000	001	010	011	100	101	110	111

【例 1-5】 求十进制数 0 ~ 10 的八进制数。

解：所求的八进制数的序列如下所示（注意，没有使用下标 8）。

0，1，2，3，4，5，6，7，10，11，12

4. 十六进制数

十六进制数的基数 R 是 16，它有 0、1、2、3、4、5、6、7、8、9、A、B、C、D、E、F 共 16 个有效数码。十六进制使用了字母 A ~ F 来计数，初次看起来很奇怪，但只要理解了它们的含义，使用字母来表示数字量也是可以理解的。

十六进制的计数规则是：低位向相邻高位“逢十六进一，借一为十六”。十六进制数一般用下标16或H表示，如$B2_{16}$，ACH等。对照公式（1-1），十六进制的按权展开式如下：

$$D_{16} = \sum_{i=-m}^{n-1} a_i \times 16^i \tag{1-5}$$

式中，n是整数部分的位数，m是小数部分的位数，a_i是数码0～9和A～F中的一个。表1-4列出了16个十六进制数及其对应的十进制数值。

表1-4 十六进制数及其对应的十进制数

十六进制	0	1	2	3	4	5	6	7	8	9	A	B	C	D	E	F
十进制	0	1	2	3	4	5	6	7	8	9	10	11	12	13	14	15

【例1-6】 求十进制数0～20的十六进制数。

解： 所求的十六进制数的序列如下所示（注意，没有使用下标16）。

0，1，2，3，4，5，6，7，8，9，A，B，C，D，E，F，10，11，12，13，14

1.4.2 进制转换

1. 二进制数与八进制数的相互转换

八进制和二进制之间的相互转换非常简单。八进制能表示的最大十进制数值是7，二进制计数系统需要3位数来表示7（由于$2^3-1=7$）。因此，每个八进制位需要3位二进制数来表示，参见表1-3。

（1）将二进制转换为八进制 将二进制转换为八进制是一个简单的过程。只需将整数部分自右往左开始，每3位分成一组，最后剩余不足3位时在左边补0；小数部分自左往右，每3位一组，最后剩余不足3位时在右边补0；然后用等价的八进制替换每组数据。

【例1-7】 将二进制数1011001011.0101_2转换为八进制数。

解： 先将二进制数按整数部分和小数部分分别按3位进行分组，然后使用表1-3确定对应的八进制数。

将1011001011.0101_2转换为八进制的过程如下所示。以小数点为起始点，分别向小数点的左、右边每3位分成一组，因为小数部分的最右边一组只有一位，不足3位，所以添加了两个0，而整数部分的最左边一组只有一位，也不足3位，所以添加了两个0。最后转换的结果为：$1011001011.0101_2=1313.24_8$

```
补足3位                     补足3位
[00]1   011  001  011.  010   1[00]   二进制
  1      3    1    3  .  2      4     八进制
```

（2）将八进制转换为二进制 将八进制数转换为二进制数时，对每位八进制数，只需将其展开成3位二进制数即可。

【例1-8】 将八进制数1234.56_8转换为二进制数。

解： 对每个八进制位，按照表1-3写出对应的3位二进制数。

```
 1    2    3    4.    5    6    八进制
001  010  011  100.  101  110   二进制
```

所以，$2543.56_8 = 1101100011.10111_2$

2. 二进制数与十六进制数的相互转换

十六进制和二进制之间的相互转换非常简单。十六进制能表示的最大十进制数值是 15（十六进制是 F），二进制计数系统需要四位数来表示 15（由于 $2^4 - 1 = 15$）。因此，每个十六进制位需要 4 位二进制数来表示，参见表 1-5。

表 1-5　十六进制及其对应的二进制形式

十六进制	0	1	2	3	4	5	6	7	8	9	A	B	C	D	E	F
二进制	0000	0001	0010	0011	0100	0101	0110	0111	1000	1001	1010	1011	1100	1101	1110	1111

（1）将二进制转换为十六进制　将二进制转换为十六进制是一个简单的过程。只需将整数部分自右往左开始，每 4 位分成一组，最后剩余不足 4 位时在左边补 0；小数部分自左往右，每 4 位一组，最后剩余不足 4 位时在右边补 0；然后用等价的十六进制替换每组数据。

【例 1-9】　将二进制数 1011001101.01001_2 转换为十六进制数。

解：先将二进制数按整数部分和小数部分分别按 4 位进行分组，然后使用表 1-6 确定对应的十六进制数。

转换过程如下所示，以小数点为起始点，分别向小数点的左、右边每 4 位分成一组，因为小数部分的最右边一组只有 1 位，不足 4 位，所以添加了 3 个 0，而整数部分的最左边一组只有 2 位，也不足 4 位，所以添加了 2 个 0。最后转换的结果为：$1011001101.01001_2 = 2CD.48_{16}$

```
  补足4位                 补足4位
  00 10   1100   1101.   0100   1 000     二进制
     2      C      D  .     4       8      十六进制
```

（2）将十六进制转换为二进制　十六进制到二进制的转换也非常容易。对每位十六进制数，只需将其展开成 4 位二进制数即可。

【例 1-10】　将十六进制数 1234.56_{16} 转换为二进制数。

解：对每个十六进制位，按照表 1-6 写出对应的 4 位二进制数。

转换过程如下所示，所得结果为：$1234.56_{16} = 1001000110100.01010110_2$

```
   1      2      3     4  .   5      6      十六进制
 0001   0010   0011   0100.  0101   0110    二进制
```

3. 十进制数与任意进制数的相互转换

十进制数与任意进制数之间的转换方法有权展开相加法（多项式替代法）和基数乘除法，下面结合例子来讨论这两种方法的具体应用。

（1）非十进制数转换为十进制数　把非十进制数转换成十进制数采用按权展开相加法。具体步骤是，首先把非十进制数写成按权展开的多项式，然后按十进制数的计数规则求其和。

【例1-11】 将二进制数 110011.101_2 转换成十进制数。

解：只要将二进制数用多项式表示法写出，并在十进制运算，即按十进制的运算规则算出相应的十进制数值即可。所以，

$$\begin{aligned}110011.101_2 &= 1\times2^5+1\times2^4+0\times2^3+0\times2^2+1\times2^1+1\times2^0+1\times2^{-1}+0\times2^{-2}+1\times2^{-3}\\ &=32+16+0+0+2+1+0.5+0+0.125\\ &=51.625_{10}\end{aligned}$$

【例1-12】 将八进制数123.45转换成十进制数。

解：只要将八进制数用多项式表示法写出，并在十进制运算，即按十进制的运算规则算出相应的十进制数值即可。所以，

$$\begin{aligned}123.45_8 &= 1\times8^2+2\times8^1+3\times8^0+4\times8^{-1}+5\times8^{-2}\\ &=64+16+3+0.5+0.078125\\ &=83.578125\end{aligned}$$

【例1-13】 将十六进制数123.4转换成十进制数。

解：只要将十六进制数用多项式表示法写出，并在十进制运算，即按十进制的运算规则算出相应的十进制数值即可。所以，

$$\begin{aligned}123.4_{16} &= 1\times16^2+2\times16^1+3\times16^0+4\times16^{-1}\\ &=256+32+3+0.125\\ &=291.125\end{aligned}$$

（2）十进制数转换为其他进制数　对于既有整数部分又有小数部分的十进制数转换成其他进制数，首先要把整数部分和小数部分分别进行转换，然后再把两者的转换结果相加。具体方法介绍如下。

1）整数转换。整数转换，采用基数连除法，即除基取余法。把十进制整数 N 转换成 R 进制数的步骤如下：

（a）将 N 除以 R，记下所得的商和余数。

（b）将上一步所得的商再除以 R，记下所得的商和余数。

（c）重复做步骤（b），直至商为0。

（d）将各个余数转换成 R 进制的数码，并按照和运算过程相反的顺序把各个余数排列起来（把第一个余数作为LSB，最后一个余数作为MSB），即为 R 进制的数。

【例1-14】 将 35_{10} 转换成等值二进制数。

解：采用除2取余法，具体的步骤如下：

$35\div2=17$　……　余数1　→LSB
$17\div2=8$　……　余数1　↑
$8\div2=4$　……　余数0　↑
$4\div2=2$　……　余数0　↑
$2\div2=1$　……　余数0　↑
$1\div2=0$　……　余数1　→MSB

按照从MSB到LSB的顺序排列余数序列，可得：$35_{10}=100011_2$

【例1-15】 将 315_{10} 转换成等值八进制数。

解：采用除8取余法，具体的步骤如下：

315 ÷ 8 = 39　　……　　余数 3 →LSB

39 ÷ 8 = 4　　……　　余数 7 ↑

4 ÷ 8 = 0　　……　　余数 4 →MSB

按照从 MSB 到 LSB 的顺序排列余数序列，可得：$315_{10} = 473_8$

【例 1-16】 将 315_{10} 转换成等值十六进制数。

解：采用除 16 取余法，具体的步骤如下：

315 ÷ 16 = 19　　……　　余数 11 = B → LSB

19 ÷ 16 = 1　　……　　余数 3 = 3　↑

1 ÷ 16 = 0　　……　　余数 1 = 1 → MSB

按照从 MSB 到 LSB 的顺序排列余数序列，可得：$315_{10} = 13B_{16}$

上述例子说明十进制数除 16 的各次余数形成了十六进制数，且当余数大于 9 时，用字母 A ~ F 表示。

2）纯小数转换。纯小数转换，采用基数连乘法，即乘基取整法。把十进制的纯小数 M 转换成 R 进制数的步骤为：

（a）将 M 乘以 R，取整数部分。

（b）将上一步乘积中的小数部分再乘以 R，再取整数部分。

（c）不断重复步骤（b），直至小数部分为 0 或者满足预定精度要求为止。

（d）将各步求得的整数部分转换成 R 进制的数码，并按照和运算过程相同的顺序排列起来，即为所求的 R 进制数。

【例 1-17】 将十进制小数 0.5625_{10} 转换成等值的二进制小数。

解：此题是将十进制小数转换成等值的二进制小数，所以采用乘 2 取整法，具体的步骤如下：

0.5625 × 2 = 1.125　　……　　整数 1 → MSB

0.125 × 2 = 0.250　　……　　整数 0　↓

0.250 × 2 = 0.50　　……　　整数 0　↓

0.50 × 2 = 1.00　　……　　整数 1 → LSB

按照从 MSB 到 LSB 的顺序排列余数序列，可得：$0.5625_{10} = 0.1001_2$

【例 1-18】 将十进制小数 0.325_{10} 转换成等值的八进制小数。

解：此题是将十进制小数转换成等值的八进制小数，所以采用乘 8 取整法，具体的步骤如下：

0.325 × 8 = 2.6　　……　　整数 2 → MSB

0.6 × 8 = 4.8　　……　　整数 4　↓

0.8 × 8 = 6.4　　……　　整数 6　↓

0.4 × 8 = 3.2　　……　　整数 3　↓

⋮　　　　⋮ → LSB

按照从 MSB 到 LSB 的顺序排列余数序列，可得：$0.325_{10} = 0.2463\cdots_8$

【例 1-19】 将十进制小数 0.725_{10} 转换成等值的十六进制小数。

解：此题是将十进制小数转换成等值的十六进制小数，所以采用乘 16 取整法，具体的步骤如下：

$0.725 \times 16 = 11.6$　……　整数 $11 = B$　→　MSB

$0.6 \times 16 = 9.6$　……　整数 $9 = 9$　↓

$0.6 \times 16 = 9.6$　……　整数 $9 = 9$　↓

⋮　　⋮　→　LSB

按照从 MSB 到 LSB 的顺序排列余数序列，可得：$0.725_{10} = 0.B99\cdots_{16}$

【例 1-20】 将十进制数 15.125_{10}转换成等值的二进制小数。

解：此题的十进制数既有整数部分又有小数部分，则可用前述的“除基取余”及“乘基取整”的方法分别将整数部分和小数部分进行转换，然后合并起来就可得到所求的结果。具体的步骤如下：

$15.125_{10} \Rightarrow 15_{10} + 0.125_{10}$

↓　　↓

$1111_2 + 0.001_2 \Rightarrow 1111.001_2$

所以，$15.125_{10} = 1111.001_2$

1.4.3　二进制数的编码

在数字系统中，常用 0 和 1 的组合来表示不同的数字、符号、动作或事物，这一过程叫做编码，信息的编码通常由编码表说明，这些编码的组合称为代码。代码可分为数字型的和字符型的，有权的和无权的。数字型代码用来表示数字的大小，字符型代码用来表示不同的符号、动作或事物。有权代码的每一数位都定义了相应的位权，无权代码的数位没有定义相应的位权。下面将介绍几种最常使用的二进制编码。

1. 加权二进制码

二进制码对于人们来说有些不易理解，例如，将二进制数 10010100_2 转换为它的十进制数形式，则结果为 $10010100_2 = 148_{10}$。但是做这样的转换并非直接明了。

由二进制编码的十进制码（BCD）转换为十进制就容易得多。凡是用若干位二进制数来表示一位十进制数的方法，统称为十进制数的二进制编码，简称 BCD 码。

用二进制码来表示 0 ~ 9 这 10 个数符，必须用 4 位二进制代码来表示，而 4 位二进制码共有 16 种组合，从中取出 10 种组合来表示 0 ~ 9 的编码方案约有 2.9×10^{10}种。

加权码是每个数位都分配了权或值的编码。下面分别介绍几种常用的加权二进制编码。

（1）8421BCD 码

8421BCD 码是最基本、最常用的一种编码方案，因而习惯上将其简称为 BCD 码。在这种编码方式中，每一位二进制代码都代表一个固定的数值，把每一位的 1 代表的十进制数加起来，得到的结果就是它所代表的十进制数码，由于代码中从左到右每一位的 1 分别表示 8、4、2、1，所以把这种代码叫做 8421 码。在 8421 码中每一位 1 代表的十进制数称为这一位的权。虽然 8421BCD 码的权值与 4 位自然二进制码的权值相同，但二者是两种不同的代码。8421BCD 码只是取用了 4 位自然二进制代码的前 10 种组合。

（2）2421BCD 码

2421BCD 码是另一种有权码，它的各位权值分别是 2、4、2、1。除了上面列出的两种，常见的还有 4221BCD 码和 5421BCD 码，如表 1-6 所示。

表 1-6　常见的几种加权 BCD 码

十进制	8421BCD				2421BCD				4221BCD				5421BCD			
	8	4	2	1	2	4	2	1	4	2	2	1	5	4	2	1
0	0	0	0	0	0	0	0	0	0	0	0	0	0	0	0	0
1	0	0	0	1	0	0	0	1	0	0	0	1	0	0	0	1
2	0	0	1	0	0	0	1	0	0	0	1	0	0	0	1	0
3	0	0	1	1	0	0	1	1	0	0	1	1	0	0	1	1
4	0	1	0	0	0	1	0	0	1	0	0	0	0	1	0	0
5	0	1	0	1	1	0	1	1	0	1	1	1	1	0	0	0
6	0	1	1	0	1	1	0	0	1	1	0	0	1	0	0	1
7	0	1	1	1	1	1	0	1	1	1	0	1	1	0	1	0
8	1	0	0	0	1	1	1	0	1	1	1	0	1	0	1	1
9	1	0	0	1	1	1	1	1	1	1	1	1	1	1	0	0

用 BCD 码表示十进制数，只要把十进制数的每一位数码，分别用 BCD 码取代即可；反之，若要知道 BCD 码代表的十进制数，只要 BCD 码以小数点为起点向左、右每 4 位分成一组，再写出每一组代码代表的十进制数，并保持原排序即可。

【例 1-21】 求出十进制数 1234.56_{10} 的 8421BCD 码。

解： 下图说明了将十进制数转换为 BCD（8421）码的方法。将十进制数的每一位转换为其相应的 4 位 BCD 码（见表 1-6），那么十进制数 1234.56 就等于 8421BCD 码 0001001000110100.01010110。

1	2	3	4.	5	6	十进制
0001	0010	0011	0100.	0101	0110	8421BCD 码

2. 不加权的二进制码

有一些不加权的二进制码，它们的每一位都没有具体的权值。例如，余 3 码、格雷码就是两种不加权的二进制码。

（1）余 3 码

余 3 码是一种特殊的 BCD 码，它是由 8421BCD 码加 3 后形成的，所以叫做余 3 码（简写为 XS3）。如表 1-7 所示。对于一个数 N，它的余 3 码和对应的 8421BCD 码之间有如下关系式：

$$(N)_{XS3} = (N)_{8421BCD} + (3)_{8421BCD}$$

表 1-7　BCD 码和余 3 码的比较

十进制数	8421BCD	余 3 码	十进制数	8421BCD	余 3 码
0	0000	0011	5	0101	1000
1	0001	0100	6	0110	1001
2	0010	0101	7	0111	1010
3	0011	0110	8	1000	1011
4	0100	0111	9	1001	1100

【例 1-22】 用余 3 码对十进制数 $N=2013_{10}$进行编码。

解： 首先对十进制数进行 8421BCD 编码，之后再将各位 BCD 码加 3 即可。

$$2\to0010,\ 0\to0000,\ 1\to0001,\ 3\to0011$$

所以有：$N=2013_{10}=0101001101000110$ XS3

（2）格雷码

格雷码是另一种不加权的二进制码，它不属于 BCD 类型的编码。格雷码又叫循环码，具有多种编码形式，但有一个共同的特点，就是任意两个相邻的格雷代码之间，仅有一位不同，其余各位均相同。和二进制数相似，格雷码可以拥有任意的位数。表 1-8 中列出了 4 位格雷码及二进制码与十进制数的对照表。

表 1-8 4 位格雷码及二进制码与十进制数的比较

十进制数	二进制码	格雷码	十进制数	二进制码	格雷码
0	0000	0000	8	1000	1100
1	0001	0001	9	1001	1101
2	0010	0011	10	1010	1111
3	0011	0010	11	1011	1110
4	0100	0110	12	1100	1010
5	0101	0111	13	1101	1011
6	0110	0101	14	1110	1001
7	0111	0100	15	1111	1000

格雷码与二进制码之间经常相互转换，具体方法如下：

1）二进制码到格雷码的转换。格雷码的最高位（最左边）与二进制码的最高位相同。从左到右，逐一将二进制码的两个相邻位相加，作为格雷码的下一位（舍去进位）。格雷码和二进制码的位数始终相同。

【例 1-23】 把二进制数 1001 转换成格雷码。

解：

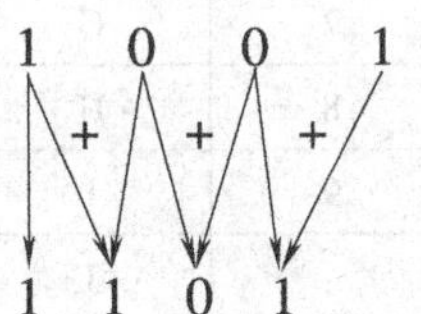

2）格雷码到二进制码的转换。二进制码的最高位（最左边）与格雷码的最高位相同。将产生的每个二进制码位加上下一相邻位置的格雷码位，作为二进制码的下一位（舍去进位）。

【例 1-24】 把格雷码 0111 转换成二进制数。

解：

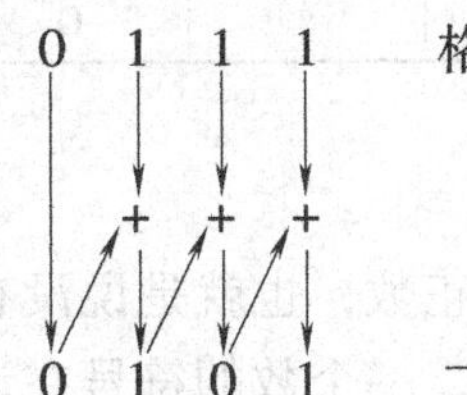

3. 字母数字码

计算机处理的数据不仅有数码，还有字母、标点符号、运算符号及其他特殊符号。这些符号都必须使用二进制代码来表示，计算机才能直接处理。通常，可同时用于表示字母和数字的编码称为字母数字码。

目前，许多国家在计算机和其他数字设备中广泛使用 ASCII 码，即美国信息交换标准码（American Standard Code for Information）。ASCII 码用 7 位二进制码来表示 128 个不同的数字、字母和符号，使用时加第 8 位作奇偶校验位。ASCII 码的编码如表 1-10 所示。

ASCII 码是一种常用的现代字母数字编码，用于计算机之间、计算机与打印机、键盘和视频显示等外部设备之间传输字符数字信息，操作人员由计算机键盘输入的信息在计算机内部的存储也使用 ASCII 码。ASCII 码已成为微型计算机标准输入输出编码。

【例 1-25】 一组信息的 ASCII 码如下，请问这些信息是什么？

1010100　1001000 1000001　1001110　1001011

解：把每组 7 位码转换为等值的十六进制数，则有：

54　48　414E　4B

以此十六进制数为依据，查表 1-9 可确定其所表示的符号为：THANK

表 1-9　美国信息交换标准码（ASCII 码）表

765 位 / 4321 位	000	001	010	011	100	101	110	111
0000	NUL	DLE	SP	0	@	P	`	p
0001	SOH	DC1	!	1	A	Q	a	q
0010	STX	DC2	”	2	B	R	b	r
0011	ETX	DC3	#	3	C	S	c	s
0100	EOT	DC4	$	4	D	T	d	t
0101	ENQ	NAK	%	5	E	U	e	u
0110	ACK	SYN	&	6	F	V	f	v
0111	BEL	ETB	’	7	G	W	g	w
1000	BS	CAN	(	8	H	X	h	x
1001	HT	EM	)	9	I	Y	i	y
1010	LF	SUB	*	:	J	Z	j	z
1011	VT	ESC	+	;	K	[	k	{
1100	FF	FS	,	<	L	]	l	|
1101	CR	GS	–	=	M	\	m	}
1110	SO	RS	.	>	N	^	n	~
1111	SI	US	/	?	O	_	o	DEL

4. 补码

在前面几节中，我们所讨论的数都是正数，也就是说没有涉及数的符号问题。然而，计算机既要处理正数，又要处理负数。那么，一个数的符号在计算机中是如何表示的呢？带符号的数又如何在机器中表示呢?

在计算机中，数总是存放在由存储元件构成的各种寄存器中，而二进制数码0和1也总是由存储元件的两种相反状态来表示，所以对于正号“+”或负号“-”也只能用这两种相反的状态来区别，而负数在计算机中总是以补码形式表现的。

数的符号在机器中的一种简单表示法为，正数符号位用“0”表示，负数符号位用“1”表示。这样，数的符号也就“数码化”了。也就是说，带符号数的数值部分和符号部分统一由数码形式（仅用0和1两种数字符号）来表示。

若计算机的寄存器为8位，则有符号数的存储格式为最高位为符号位，其他7位为数据位，其中正数是原码，负数是补码。实际上，这8个比特位组成的一组数据串称为一个字节。大多数计算机都是以8位一组来处理和存储二进制数据和信息的。

我们前面介绍了二进制数有加、减、乘、除四种运算，而在计算机中实际上只有一种运算，即加法运算。这是因为，乘、除法运算实际上是做左、右移位的加减法运算，即在机器中只需做加、减法两种运算。但在做减法运算时，必须先比较两个数绝对值的大小，再将绝对值大的数减去绝对值小的数，最后在相减结果的前面加上绝对值较大的数的符号。虽然逻辑电路可以实现减法运算，但所需的电路复杂，运算速度也比做加法运算慢得多。为了能使减法运算变成加法运算，人们在做运算之前将符号数用补码的表示形式来描述。

在介绍补码之前，先来看看另一种机器数表示法，即反码。在反码表示中，符号位与原码表示的符号位一样，即对于正数，符号位为0；对于负数，符号位为1。但是反码数值部分的形成与它的符号位有关，也就是说，对于正数，反码的数值部分与原码按位相同；对于负数，反码的数值部分是原码的按位变反（即1变0，0变1），反码也因此而得名。

第三种机器数表示法是补码表示法。所谓补码，就是对2的补数。在补码表示法中，正数的表示同原码和反码的表示是一样的。对于负数，从原码到补码的规则是：符号位不变，数值部分则是按位求反，最低位加1，或简称“求反加1”。

【例1-26】 求二进制数 $x=+1011$，$y=-1011$ 在8位存储器中的原码、反码和补码的表示形式。

解：无论是原码、反码和补码形式，8位存储器的最高位为符号位，其他位则是数值部分的编码表示。在数值部分中，对于正数，原码、反码和补码按位相同；而对于负数，反码是原码的按位求反，补码则是原码的按位求反加1。所以，二进制数 x 和 y 的原码、反码和补码分别表示如下：

$[x]$原码=00001011，　$[x]$反码=00001011，　$[x]$补码=00001011

$[y]$原码=10001011，　$[y]$反码=11110100，　$[y]$补码=11110101

练 习 题

1. 简述单片机与普通PC的区别。
2. 对比找出MCS-51系列单片机和PIC系列单片机各自的特点。
3. 简述机器语言、汇编语言、高级语言之间的关系。
4. 简述单片机的特点，并举例说明单片机应用系统。

5. 在 MCS-51 系列单片机中 AT89C51、AT89C52、8051、8032 的异同。

6. 若 A = 10110101，B = 11010111，试计算 A - B 和 A + B 的结果。

7. 将下列十进制数转换为二进制、八进制、十六进制。

（1）123. 125　（2）34. 625　（3）2314　（4）897. 75

8. 将下列二进制数转换为十进制、八进制、十六进制。

（1）1101　（2）101. 11　（3）101100. 11101　（4）1110101. 0011

9. 求下列数据的 BCD 码和余 3 码。

（1）213. 25D　（2）101101. 0101B　（3）100110.011101_8

第2章　MCS-51系列单片机的硬件结构和原理

目前Philips、Intel、Atmel、Motoral、ST、TI等公司均生产以8051为核心的低功耗、高性能8位单片机，而市场上应用较多的是Atmel公司的AT89系列和ST公司的STC系列51增强型。这一章我们以Atmel公司的AT89C51单片机为例介绍单片机的结构。

AT89C51是一种低功耗、高性能CMOS8位微控制器，使用Atmel公司高密度非易失性存储器技术制造，与工业80C51产品指令和引脚完全兼容。片上Flash允许程序存储器在系统可编程，亦适于常规编程器。在单芯片上，拥有灵巧的8位CPU和在系统可编程Flash，使得AT89C51为众多嵌入式控制应用系统提供灵活、有效的解决方案。AT89C51的基本特性为：

- 8位CPU，片内带振荡器，其振荡频率为$f_{osc}=0\sim24$MHz；
- 4KB片内8位程序存储器Flash ROM，具有1000次擦写周期；
- 256B片内8位数据存储器RAM；
- 21个特殊功能寄存器SFR；
- 32根I/O口线（4个8位并行I/O接口：P0、P1、P2、P3，每个口可以用作输入和输出）；
- 1个全双工异步通信串行I/O接口，可实现多机通信；
- 2个16位定时器/计数器（T0/T1）；
- 中断系统有5个中断源和2个优先级（外中断源2个，内部中断中分2个定时/计数中断和1个串行口中断，全部中断分高级和低级共2个优先级别）；
- 片外可扩展寻址各64KB外部程序、数据存储器空间；
- 具有布尔处理的位寻址功能的位处理机；
- 在0Hz下，具有两种工作模式（低功耗空闲模式和掉电模式）；
- 片内含看门狗定时器。

注：8031片内无ROM。

AT89C51包含了微型计算机所需的基本功能部件，可将这些部件划分为处理器（CPU）、存储器、I/O端口、定时器/计数器和中断系统5大模块。

2.1　单片机的处理器

AT89C51的处理器是一个具有二进制8位字长的处理单元，也就是说51系列单片机一次性可处理一个8位的二进制代码数据。处理器（CPU）是单片机最为核心的部分，主要用来完成产生控制信号，控制把数据从存储器或输入口传送到CPU或反向传送，对输入数据进行算术逻辑运算以及位操作处理等功能，是单片机的大脑和心脏，是单片机的控制和指挥系统。一个单片机的CPU是由运算器（含布尔运算）和控制器组成的。

2.1.1 运算器

运算器以算术/逻辑部件 ALU 为核心，加上累加器 ACC、暂存寄存器 B、程序状态字寄存器 PSW 以及布尔处理器和 BCD 码运算调整电路等构成了整个运算器的逻辑电路，具有完成数据运算及反映运算结果性质等功能。

这里我们主要介绍累加器 ACC、算术/逻辑部件 ALU、程序状态字寄存器 PSW、暂存寄存器 B，其中以 PSW 为主。

1. 累加器 ACC

ACC 是一个 8 位寄存器，其通过暂存寄存器与 ALU 相连，是 CPU 中工作最繁忙的寄存器，这是由于在进行算术或逻辑运算时，运算器所操作及输出的数据多是从 ACC 中取出或送到 ACC 中去，在指令系统中，累加器 ACC 的助记符为 A。

2. 算术/逻辑部件 ALU

ALU 主要完成二进制数的四则运算和布尔代数的逻辑运算，以及移位、判断、传送等功能，同时通过对运算结果的判断，会影响程序状态寄存器 PSW 的有关位。

3. 程序状态字寄存器 PSW

PSW 也是 8 位寄存器，用来存放运算结果的一些特征，即反映指令执行之后的有关状态信息，其中各位的内容是在指令执行的过程当中自动生成的，也可以根据用户需要进行改变，可供程序查询和判断用。

PSW 各标志位的定义如表 2-1 所示。

表 2-1　PSW 各标志位的定义

位地址	D7H	D6H	D5H	D4H	D3H	D2H	D1H	D0H
位序	PSW. 7	PSW. 6	PSW. 5	PSW. 4	PSW. 3	PSW. 2	PSW. 1	PSW. 0
位标志	CY	AC	F0	RS1	RS0	OV	F1	P

(1) 进位标志 CY 或 C（PSW. 7）　其功能有两个。一是存放算术运算的进位标志，例如在 8 位二进制数据的加减法运算时，若运算结果最高位 D7（数据各位由低到高为 D0 ~ D7）有进位或者借位，则 CY 由硬件置 1，即 CY =1，否则 CY =0。二是在位操作中，作位累加器使用如：MOV C，bit。另外，在执行带进位的循环移位指令时也会影响该位的值。在指令系统中用 C 代替 CY。

(2) 辅助进位标志 AC（PSW. 6）　也称为半进位标志位，在进行 8 位二进制数据的加减法运算时，如果低半字节的最高位 D3 向高位 D4 有进位或借位的情况产生，则 AC 由硬件置 1，否则 AC =0。AC 还可以用作 BCD 码运算二至十进制调整时的判别位。

(3) 用户标志位 F0（PSW. 5）/F1（PSW. 1）　该位通常不是在进行指令执行的过程中自动生成的，可通过软件对它置位、清零，作为软件标志；在编程时，也常测试其是否建起而进行程序分支。

(4) 工作寄存器指针 RS1、RS0（PSW. 4、PSW. 3）　可通过软件指令进行置位或清零，以选定 4 组工作寄存器中的一个组的物理地址，并将该地址作为存储数据的寄存器的实际地址。单片机复位时 RS0 和 RS1 均清零。RS1、RS0 工作寄存器选择如表 2-2 所示

表 2-2　RS1、RS0 工作寄存器选择

RS0	RS1	寄存器组 R0 ~ R7 组号	R0 ~ R7 对应的 RAM 地址
0	0	第 0 组	00H ~ 07H
0	1	第 1 组	08H ~ 0FH
1	0	第 2 组	10H ~ 17H
1	1	第 3 组	18H ~ 1FH

（5）溢出标志位 OV（PSW. 2）　反映运算结果是否溢出，溢出 OV = 1，反之 OV = 0。

溢出和进位是完全两个不同的概念，溢出是指有正负号的两个数进行运算时，结果超出了指定范围（符号数加减法运算的结果超出 - 128 ~ + 127；在乘法运算中，OV = 1，表示乘积超过 255，即积分别在 B 与 A 中；反之，OV = 0，表示积只在 A 中；在除法运算中，OV = 1，表示除数为 0，除法不能进行；反之，OV = 0，表示除数不为 0，除法可正常进行）。

而进位是指两个数最前一位（D7）相加减时有进位或错位。

【例 2-1】

```
    0 1 0 1 0 1 1 1        + 8 7
+   0 1 1 1 1 0 0 1      + 1 2 1
--------------------------------
    1 1 0 1 0 0 0 0      + 2 0 8
```

运算后：ACC = 11010000B，CY = 0，OV = 1，AC = 1，P = 1。

对于溢出标志位的算法可用 OV = CS⊕CY。

其中 CS 为次高位进位/借位，即 D6→D7 的进位或借位；CY 为最高位进位/借位，即 D7 向高位的进位或借位；⊕为异或运算。

（6）奇偶标志 P（PSW. 0）　反映累加器 A 中内容的奇偶性。A 中 1 的个数的为奇数则 P = 1，1 的个数为偶数则 P = 0。此标志对串行通信的数据传输非常有用，通过奇偶校验可检验传输的可靠性。

4. 暂存寄存器 B

暂存寄存器 B 是专门在进行乘除法运算时使用。在乘法运算时，累加器 ACC 存放被乘数，暂存寄存器 B 存放乘数，运算后的结果乘积的高 8 位放入 B 中，低 8 位放入 A 中；在除法运算时，累加器 ACC 存放被除数，暂存寄存器 B 存放除数，运算后结果余数放入 B 中，商放入 A 中。当不进行乘除法运算时，暂存寄存器可作为普通的寄存器使用。

2.1.2　控制器

控制器是 CPU 的中枢，它包括了定时控制逻辑部件、指令寄存器、指令译码器、数据指针 DPTR、程序计数器 PC、堆栈指针 SP、地址寄存器、地址缓冲器以及振荡电路等。

它的功能是将指令寄存器中的指令逐条进行译码，在振荡器的配合下，通过定时和控制电路时刻发出各条指令操作所需的内部和外部控制信号，协调各部分部件工作完成各条指令规定的操作。

下面介绍一下控制器几个主要部件的功能。

1. 程序计数器 PC

程序计数器 PC 是一个 16 位二进制的程序地址寄存器，其专门是用来存放下一条要执

行指令的地址。当一条指令按照 PC 所指的地址从程序存储器中取出后，PC 会自动加上该指令的字长，将地址指向下一条将要执行的指令的内存地址处，这样指令就按照程序设计的顺序被逐条执行出来。由于 PC 是一个 16 位的寄存器，说明其地址最大值可达到 FFFFH，即 64K，也就是说对于 51 单片机而言其外部可扩展的程序存储器的最大容量为 64K，这对我们的实际应用已经够了。

对于程序计数器 PC 有当前 PC 值的说法，当前 PC 值指的是当前执行指令所指向的 PC 值，即执行该指令时的 PC 值。

【例 2-2】 内存地址（PC 值）程序指令当前 PC 值

```
0000H:        MOV  A, #20H  ; PC = PC + 0002H = 0002H
```

例 2-2 中，0000H 是指 MOV　A，#20H 所在的程序存储器内存地址，而 0002H 为下一条将要执行的指令所在的内存地址，即当前 PC 值。

2. 堆栈指针 SP

在计算机中，堆栈是按照“先进后出”或者“后进先出”的原则来进行存取数据的数据存储器区域。这个区域可根据需要设置大小，称之为堆栈区。而 AT89C51 片内的数据存储器地址为 00H ~ FFH，其中的高 128B 地址为特殊功能寄存器（SFR）区，而低 128B 的 00H ~ 7FH 的地址区域为数据区域，这部分区域中的任何一个范围都可以作为堆栈区使用。而堆栈的设置主要是通过对堆栈指针 SP 的设定确定的。

51 单片机的堆栈指针 SP 为 8 位寄存器，是专门用来存放堆栈的栈顶地址的，可在片内 RAM 的低 128B 地址中开辟堆栈区，并且通过堆栈指针 SP 的自加 1 或自减 1 来随时跟踪栈顶地址。开机复位后，栈底地址为 07H。

【例 2-3】 利用堆栈进行数据保护。

```
MOV   SP, #60H
MOV   A, #20H
MOV   PSW, #80H
PUSH  ACC
PUSH  PSW
  ⋮
POP   PSW
POP   ACC
```

第一条指令为设定堆栈指针 SP 所指向的栈顶地址是 60H 单元；第二条指令是将 20H 这个数放入累加器 ACC 中；第三条指令是将 PSW 设置为 80H；第四条指令改变堆栈指针 SP 指向 61H 单元后将累加器中 A 的 20H 取出压入堆栈栈底 61H 单元；第五条指令改变堆栈指针 SP 指向 62H 单元后将 PSW 的值 80H 压入堆栈栈底 62H 单元；第六条指令将 80H 弹出堆栈送入 PSW 后改变堆栈指针 SP 指向 61H 单元；第七条指令将 20H 弹出堆栈送入 A 后改变堆栈指针 SP 指向 60H 单元。堆栈工作示意图如图 2-1 所示。

3. 数据指针 DPTR

由于 51 系列单片机可外接 64K 的数据存储器和 I/O 接口电路，所以单片机内置了 16 位的数据指针 DPTR，其高 8 位为 DPH，地址为 83H，低 8 位为 DPL，地址为 82H。DPTR 可以用来存放片内存储器的地址，也可以用来存放片外的存储器的地址。51 系列单片机用 MOV

和 MOVX 来区分是访问片内还是片外数据存储器空间，其中片内使用 MOV 命令，片外和 I/O 端口使用 MOVX 命令。而对于程序存储器中的数据信息，如表格，则使用 MOVC 命令，具体命令用法在后面的指令系统章节讲解。

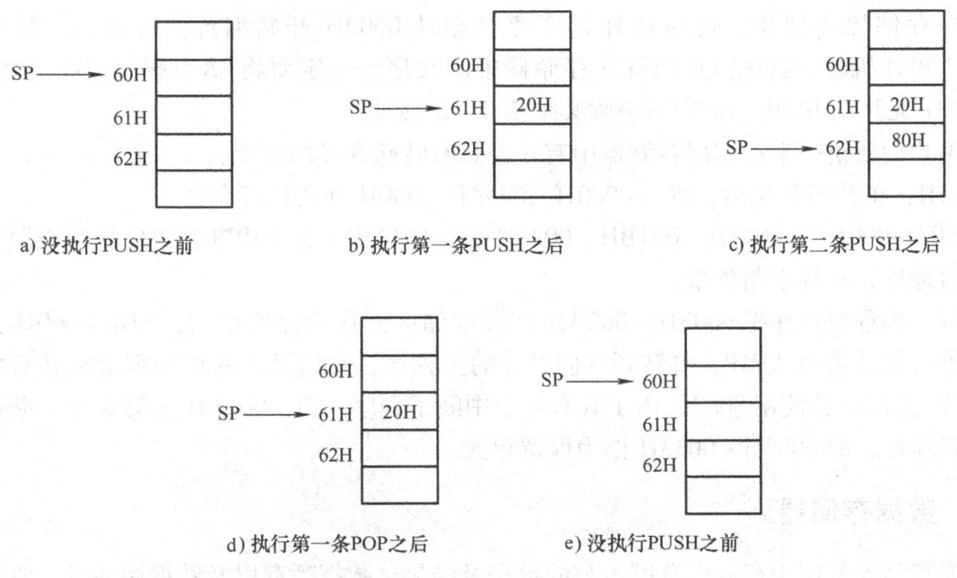

图 2-1　堆栈工作示意图

2.2　单片机的存储器

计算机的存储器结构有两种：一种称为哈佛结构，即程序存储器和数据存储器分开，进行相互独立编址；另一种结构称为普林斯顿结构，即程序存储器和数据存储器是统一的，地址空间进行统一编址。51 系列单片机存储器的结构是哈佛结构的，即程序存储器和数据存储器的地址空间是分开编址的。

51 系列单片机（除了 8031 和 8032 之外，其无内部 ROM）有四个物理上相互独立的存储空间：内部程序存储器、外部程序存储器、内部数据存储器和外部数据存储器。四个独立的存储空间的地址对用户而言是一样的，地址是重叠的，那么如何区分四种存储空间的地址呢？我们可利用不同的指令来访问不同的地址空间，这些指令我们将在未来的指令系统章节学习。下面我们来看一下程序存储器和数据存储器的区别。

2.2.1　程序存储器

程序存储器是用于存放程序和表格常数的，在程序存储器中程序和数据是以二进制数字的形式存在的。其中 AT89C51 片内有 4KB FLASH　ROM，8751 有 4KB EPROM（可改写 ROM，特点：一方面在停电以后，信息可以长期保存；另一方面，当不需要这些信息时，又可擦去和重写），而 8031 片内没有程序存储器，所以片内存储器的有无是区分 8031、8051、8751 的主要标志。

AT89C51 片内 4KB 程序存储器和片外用的 16 位地址线扩充的 64KB ROM 是统一编址的。

若单片机 $\overline{EA}$ 引脚为 1，即接高电平，则 AT89C51 的内、外部程序存储器都可以使用，先读取执行片内程序存储器中的程序，片内 ROM 占用 0000H ~ 0FFFH 的最低 4KB，当指令寻址范围超过 0FFFH，在 1000H ~ FFFFH 时，从片外 ROM 读取指令。

若$\overline{EA}$引脚为 0，即接低电平，则 AT89C51 单片机均在外部程序存储器中读取执行指令，内部程序存储器不使用，这时片外程序存储器从 0000H 开始编址。所以，当我们使用 AT89C51 单片机时，若执行片内程序存储器中的程序，一定要将$\overline{EA}$引脚进行接电源处理。（注：8031 无片内 ROM，所以$\overline{EA}$引脚必须接 0，即接地）

这里我们要讲一下在程序存储器中有 6 个具有特殊含义的单元：

0000H：单片机复位后，PC = 0000H，程序从 0000H 开始执行命令。

0003H、000BH、0013H、001BH、0023H 分别固定用于 5 个中断源对应的中断服务子程序的入口地址，亦称中断矢量。

所以，编程时往往把 0003H ~ 002AH 这段存储区间作为保留单元，而由 0000H 开始存放一条绝对跳转指令 AJMP，跳转到我们设计的主程序，我们设计的程序则由跳转后的地址开始存放。（注：若使用 8052，由于其有 6 个中断子程序入口，002BH 为第 6 个中断服务子程序入口地址，故 0003H ~ 0033H 作为保留单元。）

2.2.2 数据存储器

数据存储器是用于存放运算所参与的数据及结果、数据暂存以及数据缓冲等，它由读写存储器组成，分为片内和片外两部分。其中片外数据存储器地址为 0000H ~ FFFFH，片内数据存储器地址为 00H ~ FFH，两部分重叠部分地址由不同指令区分访问。

1. 片内数据存储器

内部数据存储器由地址 00H ~ FFH 这 256 个字节的地址空间组成，这 256 个字节空间被分为两个部分：内部数据区，地址为 00H ~ 7FH（0 ~ 127）；特殊功能寄存器（SFR）区，地址为 80H ~ FFH（128 ~ 255）。

（1）内部数据区　是我们经常用来存放数据的区域，是真正的 RAM 区，在这个区域中，有一个可按位寻址的位地址空间（一个字节地址可以由 8 个位地址组成），供布尔处理机执行位操作指令使用。特殊功能寄存器区间通常是用来设定和反映单片机内部器件状态的设置区域。

00H ~ 1FH 工作寄存器组区

该区域为 32 个工作寄存器划分出四组，每组由 8 个通用工作寄存器 R0 ~ R7 组成，如工作寄存器地址分配表 2-3 所示。通过对 PSW 程序状态字中的 RS1 和 RS0 的设置，可设定选择哪一组为工作寄存器，而没有被选用的单元作为一般的数据缓冲器使用。在 CPU 复位后，工作寄存器总是自动选择第 0 组的工作寄存器。

表 2-3　工作寄存器地址分配表

工作寄存器组号	RS1	RS0	R0	R1	R2	R3	R4	R5	R6	R7
			字节地址							
0	0	0	00H	01H	02H	03H	04H	05H	06H	07H
1	0	1	08H	09H	0AH	0BH	0CH	0DH	0EH	0FH
2	1	0	10H	11H	12H	13H	14H	15H	16H	17H
3	1	1	18H	19H	1AH	1BH	1CH	1DH	1EH	1FH

20H ~ 2FH 位寻址区

这 16 个字节地址可用位寻址方式访问其各位地址，共 128 个位地址，位地址为 00H ~ 7FH，位地址分布如表 2-4 所示。

表 2-4　低 128B RAM 分配表

区域名称	字节地址	位地址							
工作寄存器组区	00H ~ 07H	工作寄存器组　0 组							
	08H ~ 0FH	工作寄存器组　1 组							
	10 ~ 17H	工作寄存器组　2 组							
	18 ~ 1FH	工作寄存器组　3 组							
可位寻址区	20H	00H	01H	02H	03H	04H	05H	06H	07H
	21H	08H	09H	0AH	0BH	0CH	0DH	0EH	0FH
	22H	10H	11H	12H	13H	14H	15H	16H	17H
	23H	18H	19H	1AH	1BH	1CH	1DH	1EH	1FH
	24H	20H	21H	22H	23H	24H	25H	26H	27H
	25H	28H	29H	2AH	2BH	2CH	2DH	2EH	2FH
	26H	30H	31H	32H	33H	34H	35H	36H	37H
	27H	38H	39H	3AH	3BH	3CH	3DH	3EH	3FH
	28H	40H	41H	42H	43H	44H	45H	46H	47H
	29H	48H	49H	4AH	4BH	4CH	4DH	4EH	4FH
	2AH	50H	51H	52H	53H	54H	55H	56H	57H
	2BH	58H	59H	5AH	5BH	5CH	5DH	5EH	5FH
	2CH	60H	61H	62H	63H	64H	65H	66H	67H
	2DH	68H	69H	6AH	6BH	6CH	6DH	6EH	6FH
	2EH	70H	71H	72H	73H	74H	75H	76H	77H
	2FH	78H	79H	7AH	7BH	7CH	7DH	7EH	7FH
用户 RAM 区（堆栈区）	30H ~ 7FH								

我们可以看到在表 2-4 中，字节地址也有 00H，位地址也有 00H，也就是说字节地址（单元地址）和位地址之间出现了重叠地址，那我们怎么区分这些重叠的地址呢？

这里我们强调一下字节地址和位地址的区别，一个字节地址是由 8 个位地址组成的，从 RAM 位寻址区位地址表就可以看出来。在 51 系列单片机中，我们可采用不同的寻址方式加以区别（寻址方式在第 3 章中详细讲解），访问低 128B 地址单元用直接寻址及间接寻址 MOV A，45H；访问 128 个位地址用位寻址方式 CLR 45H。

另外位地址还可以用字节地址和位数相结合的方法进行表示，例如位地址 45H 也可以用 28H. 5 来表示。

30H ~ 7FH 用户 RAM 区（堆栈区、数据缓冲区）

对于堆栈区域，单片机具有 8 位的堆栈指针 SP，单片机的堆栈被限制在内部数据存储区 00H ~ 7FH 之间，对堆栈指针 SP 赋以不同的初值就可以指定不同的堆栈区域，栈区的设置应和 RAM 的分配统一考虑，将工作寄存器和位寻址区域分配好以后，再指定堆栈区域。

由于 51 系列单片机复位后，SP 为 07H，即指向工作寄存器 1 组，因此我们初始化程序都应对 SP 设置初值，一般设在 30H 之后，以防止工作寄存器组地址与堆栈地址相冲突。

（2）特殊功能寄存器（SFR）区　我们如果用字节地址类的指令访问操作在低 128B 中的数据，可以用直接寻址和间接寻址方式进行访问，而对于高 128B 中的内容我们只能通过直接寻址访问。

AT89C51 片内高 128B RAM 中，除了程序计数器 PC 外，还有 21 个特殊功能寄存器，见表 2-5。表中有 26 个特殊功能寄存器，有 5 个只属于 52 机型。特殊功能寄存器的字节地址是 80H ~ FFH，访问特殊功能寄存器仅允许使用直接寻址方式。

在 21 个特殊功能寄存器中，有 11 个特殊功能寄存器具有位寻址功能，在表 2-5 中，见 11 个带星号部分。表 2-6 列出了特殊功能寄存器的功能。

表 2-5　特殊功能寄存器地址表

符号	SFR 名称	字节地址	位定义(或位序)/位地址							
* P0	P0 口	80H	P0.7	P0.6	P0.5	P0.4	P0.3	P0.2	P0.1	P0.0
			87H	86H	85H	84H	83H	82H	81H	80H
SP	堆栈指针	81H								
DPL	数据指针低字节	82H								
DPH	数据指针高字节	83H								
PCON	电源控制寄存器	87H	SMOD	\	\	\	GF1	GF0	PD	IDL
* TCON	定时器控制寄存器	88H	TF1	TR1	TF0	TR0	IE1	IT1	IE0	IT0
			8FH	8EH	8DH	8CH	8BH	8AH	89H	88H
TMOD	定时器方式选择寄存器	89H	GATA	$C/\overline{T}$	M1	M0	GATA	$C/\overline{T}$	M1	M0
TL0	定时器/计数器 0 低字节	8AH								
TL1	定时器/计数器 0 低字节	8BH								
TH0	定时器/计数器 0 高字节	8CH								
TH1	定时器/计数器 0 高字节	8DH								
* P1	P1 口	90H	P1.7	P1.6	P1.5	P1.4	P1.3	P1.2	P1.1	P1.0
			97H	96H	95H	94H	93H	92H	91H	90H
* SCON	串行口控制寄存器	98H	SM0	SM1	SM2	REN	TB8	RB8	TI	RI
			9FH	9EH	9DH	9CH	9BH	9AH	99H	98H
SBUF	串行数据缓冲寄存器	99H								
* P2	P2 口	A0H	P2.7	P2.6	P2.5	P2.4	P2.3	P2.2	P2.1	P2.0
			A7H	A6H	A5H	A4H	A3H	A2H	A1H	A0H
* IE	中断允许控制寄存器	A8H	EA	\	ET2	ES	ET1	TX1	ET0	EX0
			AFH	AEH	ADH	ACH	ABH	AAH	A9H	A8H
* P3	P3 口	B0H	P3.7	P3.6	P3.5	P3.4	P3.3	P3.2	P3.1	P3.0
			B7H	B6H	B5H	B4H	B3H	B2H	B1H	B0H
* IP	中断优先级控制寄存器	B8H	\	\	PT2	PS	PT0	PX1	PT0	PX0
			BFH	BEH	BDH	BCH	BBH	BAH	B9H	B8H

（续）

符号	SFR 名称	字节地址	位定义（或位序）/位地址							
* B	暂存寄存器	F0H	B. 7	B. 6	B. 5	B. 4	B. 3	B. 2	B. 1	B. 0
			F7H	F6H	F5H	F4H	F3H	F2H	F1H	F0H
* PSW	程序状态字寄存器	D0H	D7H	D6H	D5H	D4H	D3H	D2H	D1H	D0H
			CY	AC	F0	RS1	RS0	OV	F1	P
* ACC	累加器	E0H	ACC. 7	ACC. 6	ACC. 5	ACC. 4	ACC. 3	ACC. 2	ACC. 1	ACC. 0
			E7H	E6H	E5H	E4H	E3H	E2H	E1H	E0H
* #T2CON	定时器 2 控制寄存器	C8H	TF2	EXP2	RCLK	TCLK	EXEN2	TR2	C/T2	CP/RL2
			CFH	CEH	CDH	CCH	CBH	CAH	C9H	C8H
#RCAP2L	定时器 2 捕捉寄存器	CAH								
#RCAP2H	定时器 2 捕捉寄存器	CBH								
#TL2	定时器/计数器 2 低字节	CCH								
#TH2	定时器/计数器 2 高字节	CDH								

注：表中＊表示可位寻址，#表示仅 52 机型有的特殊功能寄存器。

表 2-6　特殊功能寄存器功能表

SFR 符号	SFR 功能	SFR 符号	SFR 功能
* P0	设定 P0 I/O 口	SBUF	暂存串行口输入输出数据
SP	设定堆栈的栈底地址	* P2	设定 P2 I/O 口
DPL	数据指针低 8 位	* IE	设定是否相应中断信号
DPH	数据指针高 8 位	* P3	设定 P3 I/O 口
PCON	设定串行口波特率倍增率及单片机工作模式	* IP	设定中断优先级
* TCON	控制定时器的启停、判断溢出和外部中断情况	* B	暂存乘数和除数
TMOD	设定时器工作模式	* PSW	反映运算结果特性
TL0	赋 T0 低 8 位初值	* ACC	存放操作数
TL1	赋 T1 低 8 位初值	* #T2CON	控制定时器 2 的启停、判断溢出
TH0	赋 T0 高 8 位初值	#RCAP2L	捕获保存 T2 低 8 位初值
TH1	赋 T1 低 8 位初值	#RCAP2H	捕获保存 T2 高 8 位初值
* P1	设定 P1 I/O 口	#TL2	赋 T2 低 8 位初值
* SCON	设定串行口工作方式、接收\发送控制及状态	#TH2	赋 T2 高 8 位初值

注：表中＊表示可位寻址，#表示仅 52 机型有的特殊功能寄存器。

以上特殊功能寄存器已经介绍了如 ACC、PSW、PC、DPTR、SP、B 等，其他的将在以后的课程中介绍。

AT89C51 片外最大可扩展 64K 的数据存储器（RAM），地址范围为 0000H ~ FFFFH。对于片外数据存储器的操作是不同于程序存储器的，程序存储器是只能读不能写的，而片外数据存储器是即可读亦可写，用 MOVX 指令来实现读写操作，具体在后续章节介绍。

2.3　51 系列单片机的引脚

MCS-51 单片机引脚分布见图 2-2，有双列直插封装式（DIP 封装）、四侧无引脚扁平封装式（PLCC 封装）、四侧引脚扁平封装式（TQFP 封装），其中 TQFP 和 PLCC 封装方式类似，只不过引脚排列顺序不同。DIP 封装方式有 40 个引脚，PLCC 和 TQFP 封装方式都是由 44 条引脚构成，但 4 条 NC 引脚不起作用，这样，每种封装方式的功能引脚都是 40 个，这其中包含了 32 条 I/O 接口引脚、4 条控制引脚、2 条电源引脚、2 条时钟引脚。

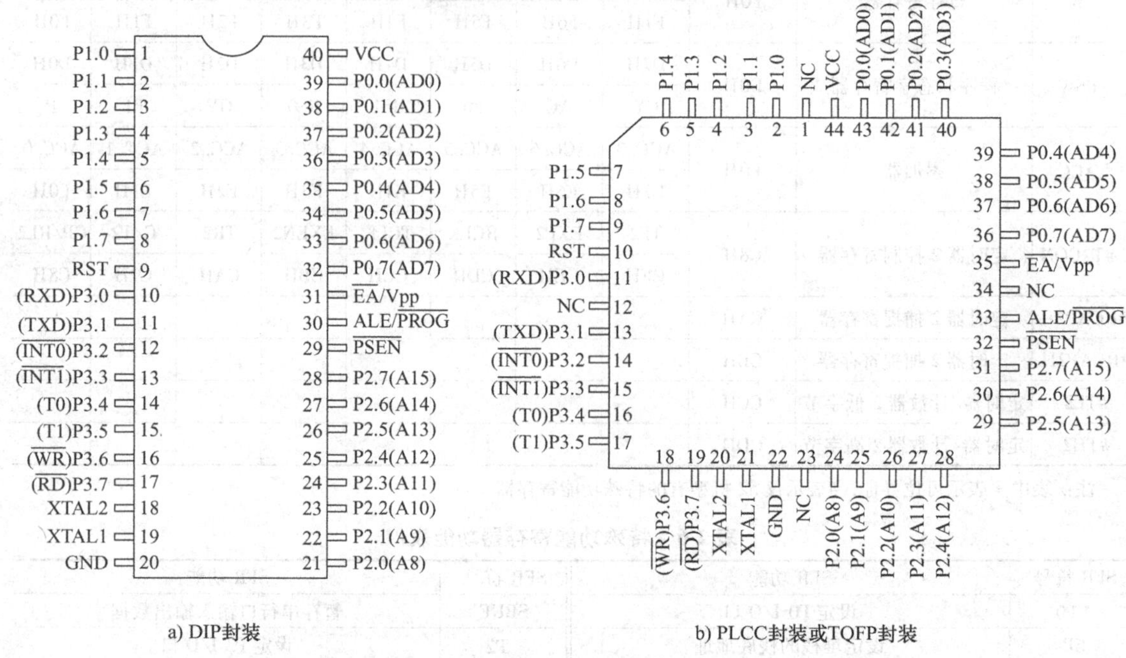

图 2-2　MCS-51 单片机引脚分布图

1. 电源引脚 VCC（40）和 GND（20）（2 条）

VCC（40）：单片机工作电源的输入引脚，接 +5V，GND（20）接地引脚。在实际应用中单片机的供电电压可以在 3.3 ~ 5.5V 之间，而一些低功耗的单片机的工作电压可以更小。

2. 时钟引脚 XTAL1（19）和 XTAL2（18）（2 条）

51 系列单片机的 HMOS 芯片内部时钟电路的振荡源可由两种方式提供，分别为内部自激振荡方式和外部振荡脉冲源方式。

当采用内部时钟电路自激振荡方式时，则需要在 XTAL1、XTAL2 之间跨接石英晶体元件和两个微调振荡电容，XTAL1 作为片内反相振荡放大器的输入引脚，XTAL2 作为反相振荡放大器的输出引脚就构成了自激振荡器。采用不同的石英晶体元件会产生不同的振荡频率，AT89C51 采用外部石英晶体元件的频率范围为 0 ~ 24MHz，典型应用值一般为 6MHz、12MHz、11.0592MHz，两个微调振荡电容 C1、C2 取 5 ~ 30pF。自激振荡方式电路如图 2-3a。

当采用外部时钟方式时，外部振荡脉冲信号直接由 XTAL2 端输入，此时，XTAL1 应接地，而片内振荡电路不起作用，如图 2-3b 所示。振荡电路常用于多块 51 单片机同时工作，以便同步，

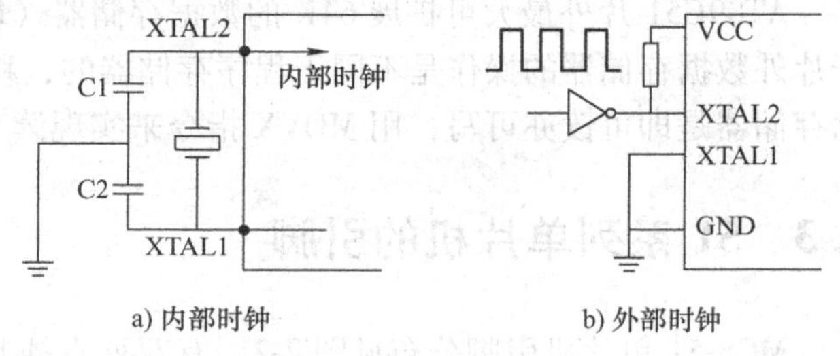

图 2-3　振荡电路

要求信号频率低于 12MHz。

3. 控制引脚（4 条）

（1）ALE/$\overline{\text{PROG}}$（30）地址锁存允许信号输出端　当单片机上电正常工作后，ALE 引脚就周期性地以时钟振荡频率的 1/6 的固定频率向外输出正脉冲信号。在存取片外存储器的数据时，配合 P0 口使用，用于锁存低 8 位地址。

在每次访问外部存储器时，单片机在 P0 口引脚上输出片外存储器低 8 位地址，同时还在 ALE 引脚上输出一个高电平脉冲，下降沿时将片外存储器的低 8 位地址锁存到片外的锁存器中，随后 P0 口可以对片外的存储器进行读写数据操作。而不访问片外的存储器时 ALE 引脚会向外输出正脉冲信号。

该引脚的第二个功能$\overline{\text{PROG}}$是对片内带有 4KEPROM 的 8751 固化程序时，作为编程脉冲输入端。

（2）$\overline{\text{PSEN}}$（29）片外程序存储器 ROM 允许输出端　$\overline{\text{PSEN}}$（29）是片外程序存储器的读选通信号端，低电平有效。从片外程序存储器取数据和执行片外程序时，每个机器周期内$\overline{\text{PSEN}}$激发两次脉冲，而当执行片外程序存储器的程序，并存取片外数据存储器时，$\overline{\text{PSEN}}$的这两次脉冲是不出现的，而且从内部程序存储器读取指令和数据时也不激发$\overline{\text{PSEN}}$。

当访问片外程序存储器时，单片机将片外地址的高 8 位和低 8 位分别输出到 P2 口和 P0 口外的地址寄存器，此时$\overline{\text{PSEN}}$产生负跳变脉冲信号，使得片外程序存储器选通，相应的存储单元的指令送到 P0 口，使单片机得到程序指令以便操作。

（3）$\overline{\text{EA}}$/V_{PP}（31）程序存储器地址允许输入端　片内程序存储器在某些情况下不够用时，必须进行片外扩展而使用片外的程序存储器，同时 51 系列单片机中的 8031 型号单片机片内无程序存储器，也必须使用片外程序存储器，为了使得单片机可以访问片外程序存储器中的指令就要对$\overline{\text{EA}}$引脚进行控制。

当$\overline{\text{EA}}$引脚接高电平时，CPU 先执行片内程序存储器指令，当 PC 中的值超过 0FFFH（4K）时，将自动转向执行外部程序存储器指令。

当$\overline{\text{EA}}$引脚接低电平时，CPU 只执行片外程序存储器指令。

8031 无片内 ROM，所以$\overline{\text{EA}}$必须接地；8751 对片内 EPROM 编程和 AT89C51 对 Flash ROM 编程时，该引脚 V_{PP}接 21V 的编程电压。

（4）RST/VPD（9）复位输入端　高电平有效，在振荡电路工作时，在此引脚输入保持两个机器周期的高电平就完成了对单片机的复位。此外，该引脚还有掉电保护功能，若该端接 +5V 的备用电源，一旦在使用中 V_{CC}突然消失，则可以保护片内 RAM 的信息不丢失。

复位电路根据需要有上电复位、按键脉冲复位、按键电平复位三种，如图 2-4 所示。

上电复位是通过在加电过程中对极性电容的充电来实现的。在上电瞬间，电容 C 通过电阻 R 进行充电，此时 RST 引脚为高电平，当电容充电饱和后，RST 引脚变为低电平。只要电源 V_{CC}的上升时间不超过 1ms，则实现自动上电复位。

按键脉冲复位是在上电复位原理的基础上，通过加弹簧按钮和充电电容构成的 *RC* 微分电路产生的正脉冲，单片机在上电工作后实现复位。

按键电平复位是在上电复位原理的基础上，通过连通一个弹簧按钮开关和分压电阻，使单片机可以在运行的过程中实现复位。

复位电路中的电容都是极性电容，电阻电容参数和 CPU 采用的时钟振荡频率有关。

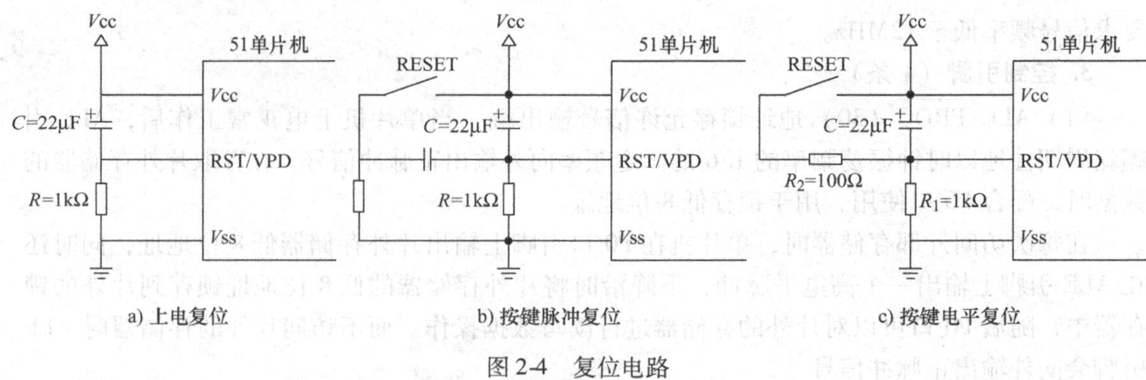

图 2-4 复位电路

复位后，P0 ~ P3 口均为高电平，SP 指针重新赋值为 07H，PC 和其他特殊功能寄存器都被清零，复位后的寄存器初值如表 2-7。

表 2-7 复位后特殊功能寄存器初值表

特殊功能寄存器	上电初值	特殊功能寄存器	上电初值
P0 ~ P3	FFH	TH0	00H
SP	07H	TH1	00H
DPL	00H	SCON	00H
DPH	00H	SBUF	××××××××B
PCON	0×××××××B	IE	0××00000B
TCON	00H	IP	×××00000B
TMOD	00H	B	00H
TL0	00H	PSW	00H
TL1	00H	ACC	00H

对于单片机的复位端 RST 如果持续给高电平那么单片机就会循环复位，始终处在复位状态，只有当复位端 RST 由高电平变为低电平后，单片机才从程序存储器的 0000H 单元开始执行程序。单片机初始复位不会影响内部数据存储器的状态。

4. 输入/输出口引脚 P0 ~ P3

（1）P0 口（P0.0 ~ P0.7 39 ~ 32） P0 口是一个漏极开路的 8 位准双向 I/O 口，在使用时要注意加上拉电阻。作为输出口时，每位能驱动 8 个 LSTTL 负载；作为输入口时，要对 P0 口写“1”，即通过指令 MOV P1，#0FFH，来完成。

在访问片外存储器时，它作为低 8 位地址线和 8 位双向数据线的分时复用线使用，此时要有锁存器与其配合使用。

（2）P1 口（P1.0 ~ P1.7 1 ~ 8） P1 口是一个带内部上拉电阻的 8 位准双向 I/O 口。作为输出口时，P1 口的每位可驱动 4 个 LSTTL 负载；作为输入口，被外部拉低的引脚由于内部电阻的作用，会输出电流，使用时也应先向口锁存器写“1”。

（3）P2 口（P2.0 ~ P2.7 21 ~ 28） P2 口也是一个带内部上拉电阻的 8 位准双向 I/O 口。作为输出口时，其每位也能驱动 4 个 LSTTL 负载，作为输入口使用时，也应先向口锁存器写“1”，作为输入口时，被外部拉低的引脚由于内部电阻的作用，会输出电流。在访问外部存储器时，它作为高 8 位地址线。

(4) P3 口（P3.0~P3.7 10~17） P3 口也是一个带内部上拉电阻的 8 位准双向 I/O 口。作为输出口时，其每位也能驱动 4 个 LSTTL 负载，作为输入口使用时也应先向口锁存器写“1”，作为输入口时，被外部拉低的引脚由于内部电阻的作用，会输出电流。P3 口除了作为一般准双向口使用外，每个引脚还有特殊的功能，如表 2-8。

表 2-8 P3 口第二功能表

引 脚	第 二 功 能	引 脚	第 二 功 能
P3.0	RXD（串行输入口）	P3.4	T0（定时器/计数器 0 请求脉冲输入端）
P3.1	TXD（串行输出口）	P3.5	T1（定时器/计数器 1 请求脉冲输入端）
P3.2	$\overline{INT0}$（外部中断 0 请求输入端）	P3.6	$\overline{WR}$（片外数据存储器写选通信号输出端）
P3.3	$\overline{INT1}$（外部中断 1 请求输入端）	P3.7	$\overline{RD}$（片外数据存储器读选通信号输出端）

2.4 单片机 CPU 时序

51 系列单片机与其他的微处理器和计算机一样，在执行指令的过程中都需要有节拍和时间的控制，我们将处理器在执行指令时所需的控制信号的时间顺序称之为时序。指令的执行过程是，处理器先将程序存储器中的所要执行指令的机器码进行译码，然后由时序部件产生微操作或控制信号来完成该指令的执行功能，而这些控制信号在时间上的相互关系就是 CPU 时序。

时序信号主要完成对内部各部件和外部芯片的控制，单片机的时序信号是通过 XTAL1、XTAL2 引脚上的时钟电路产生的，电路在引脚部分介绍过。

2.4.1 时序单位

51 系列单片机的基本时序单位有 4 个：

(1) 振荡周期 指为单片机提供定时信号的振荡源的周期，也称时钟周期，是单片机最小的时序单位。振荡周期由振荡电路产生，与外部振荡电路的晶体振荡器件有关，是振荡频率的倒数。

(2) 状态周期 又称为状态时间，是振荡周期的两倍。状态周期是振荡频率通过单片机内部的二分频电路分频后产生的，也就是说一个状态周期包含 2 个振荡周期。它分成 P2 和 P1，通常 P1 完成算术逻辑运算，P2 完成内部寄存器间的数据传送。

(3) 机器周期 若把一个指令的执行过程划分成几个单片机基本操作，则完成一个单片机基本操作的时间称为机器周期，一个机器周期可分为 6 个状态，每个状态由 P1 和 P2 组成，所以一个机器周期有 12 个振荡脉冲。

(4) 指令周期 执行一条指令所需的时间，至少包含一个机器周期。指令周期是时序单位中最大的时间单位，指令的时间长短与所包含的机器周期数有直接关系，51 系列单片机的指令按照执行的周期可分为单机器周期指令、双机器周期指令、四机器周期指令，其中四机器周期指令只有乘法和除法两条指令。

2.4.2 指令时序

单片机在执行所有的指令时都包含取指和执指两个阶段。取指就是指读取指令的阶段，在此阶段中处理器把程序计数器 PC 中的地址送到内部或者外部的程序存储器中，并从内部或者外部程序存储器中取出要执行的指令的机器码和操作数。执指就是指令的执行阶段，在此阶段处理器对指令的机器码进行译码，产生指令时序信号，然后完成该指令的操作。51 系列单片机的指令执行可分为 6 种基本时序，分别为：单字节单周期指令、单字节双周期指令、单字节四周期指令、双字节单周期指令、双字节双周期指令、三字节双周期指令。图 2-5 列举了几种指令的取指和执指的时序。

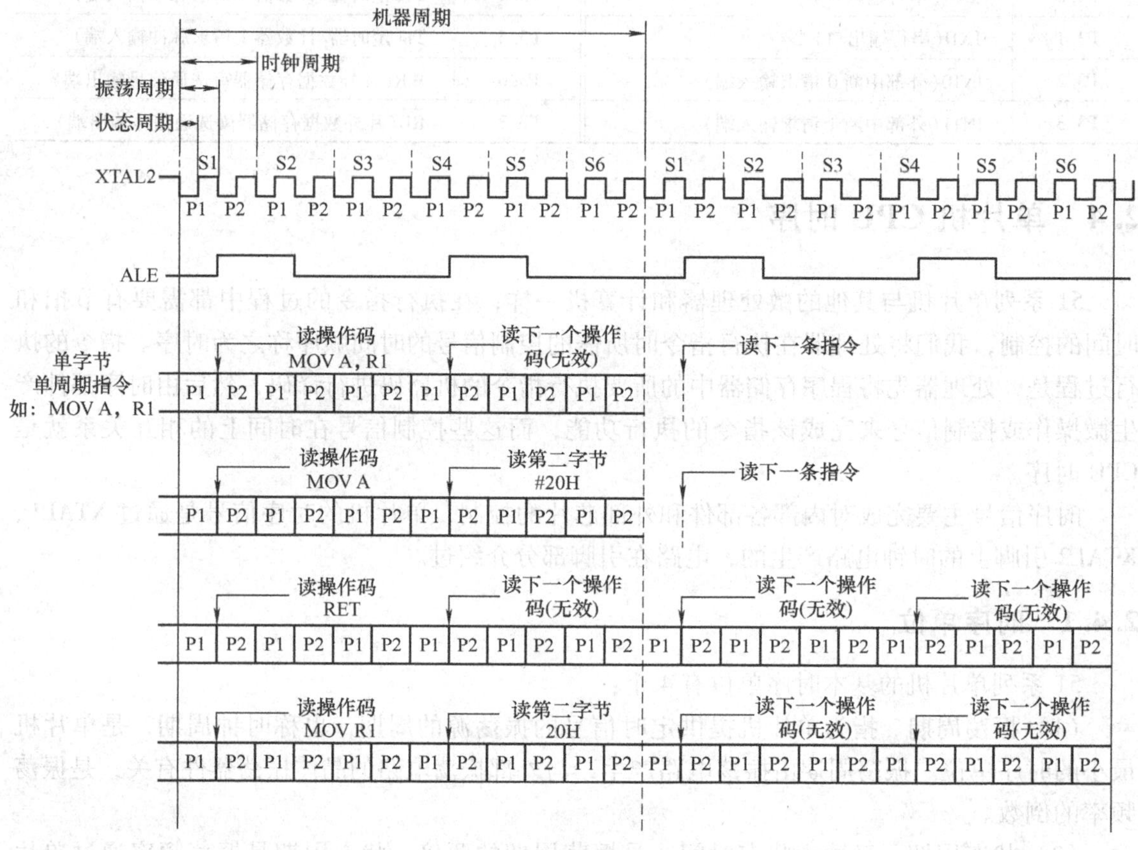

图 2-5 取指和执指时序

单字节单周期指令的机器码只有一个字节（8 位二进制代码），单片机从取出机器码到完成指令的执行仅需要一个机器周期，在 ALE 的第一个上升沿（S1P2），单片机从程序存储器中读取指令机器码，并送入指令寄存器，开始执行指令。在执指期间 CPU 在 ALE 的第二个上升沿（S4P2）时使得程序计数器 PC 进行自加，使第二个读操作无效，指令在 S6P2 时完成执行。

双字节单周期指令的机器码有两个字节，单片机在执行该类指令时要分两次读取程序存储器中的指令机器码。单片机在 ALE 的第一个上升沿（S1P2）读出指令机器码的第一个字节，经过指令译码器译码后便知道该条指令是双字节单周期指令，此时将程序计数器 PC 进行自加，并且在 ALE 的第二个上升沿（S4P2）时读取指令的第二个字节，同时再将程序计数器 PC 进行自加，最后指令在 S6P2 时完成执行。

单字节双周期指令的机器码也只有一个字节，但是单片机从取出指令到完成执行却需要两个机器周期。在第一个机器周期的 S1P2 期间，单片机将指令的机器码从程序存储器中读出，经过指令译码器译码后便知道该条指令是单字节双周期指令，此时将程序计数器 PC 进行自加，同时关闭此后的连续三个读操作，并且在第二个机器周期的 S6P2 时完成执行。

双字节双周期指令的机器码是双字节，从取指到执指完成需要两个机器周期。在第一个机器周期的 S1P2 期间，单片机将指令的机器码的第一个字节从程序存储器中读出，经过指令译码器译码后便知道该条指令是双字节双周期指令，此时将程序计数器 PC 进行自加，并且在 S4P2 期间读出第二个字节，同时再将程序计数器 PC 进行自加，关闭此后的连续两个读操作动作，最后在第二个机器周期的 S6P2 时完成执行。

2.5　单片机低功耗工作方式

单片机发展至今，对功耗的要求也越来越高，人们在不断努力降低单片机的功耗以便使单片机应用系统能够长期供电、提高集成度、提高系统稳定性。低功耗运行模式适用于靠电池或其他能量有限电源供电的单片机系统。在低功耗运行模式下，单片机停止正常的程序执行，关闭片内相应的耗能单元，从而延长供电电源的使用寿命。降低单片机的功耗有多种途径，一是采用低功耗型单片机，如 8051 的功耗为 630mW，而 890C51 的功耗为 120mW；二是系统提供高速和低速两类时钟供单片机选择，以减少功耗；三是将单片机设置为低功耗工作方式。

单片机在运行程序时，所有的外部接口芯片、设备都处于工作状态，此时单片机系统的功耗最高，而低功耗的目的是将不使用的外部器件关掉，使系统处于等待状态。单片机的低功耗工作方式有掉电方式和待机方式两种，是通过程序的编写来控制电源控制寄存器 PCON 实现的，在设计时应在不影响系统功能的情况下尽可能的降低功耗。

PCON 各标志位定义如下：

字节地址	87H							
位　序	D7	D6	D5	D4	D3	D2	D1	D0
位标志	SMOD	\	\	\	GF1	GF0	PD	IDL

1）SMOD：串行口波特率倍率控制位，若 SMOD 为 1 则串行口波特率加倍。

2）GF1：通用标志位，用户可通过指令改变其状态。

3）GF0：通用标志位。

4）PD：掉电（停机）方式控制位，“1”有效。

5）IDL：待机（休闲）方式控制位，“1”有效。

1. 掉电（停机）方式

由于 PCON 不能够进行位寻址，所以若想进入掉电方式，即将 PD 位置“1”，只能通过传送类指令完成，即 MOV PCON，#02H。退出掉电方式的唯一方法是硬件复位，复位后所有特殊功能寄存器 SFR 的内容都被初始化，但是不改变片内数据存储器 RAM 中的数据。

在掉电方式下，内部振荡器停止工作，由于没有时钟信号，所有的功能部件都停止工作，此时的工作电压 V_{CC} 可降低到 2V。而当系统要从掉电模式恢复正常的工作模式时，V_{CC} 也必须恢复到正常的工作电压值，并且维持大约 10ms，使振荡电路重新启动并稳定后才能够退出掉电方式。

2. 待机（休闲）方式

将 IDL 位置“1”，通过传送类指令 MOV PCON，#01H 完成进入待机方式。退出待机方式的方法有两种。一种是让被允许中断的中断源发出中断请求（例如利用外部中断 INT0，发出一个中断信号），中断系统收到这个中断请求后，片内硬件电路会自动使 IDL = 0，程序从使 IDL 置位之后开始执行；另一种是硬件复位，在 51 单片机的复位引脚 RST 上送一个大于两个机器周期的正脉冲，即大于复位时间，便可完成退出待机方式的操作，程序从进入空闲方式的下一条指令开始重新执行程序。

处理器进入待机状态后是不工作的，内部时钟信号不向 CPU 提供，只供给中断、定时器、串行口等内部器件，各功能部件都保持进入空闲状态前的内容，即数据存储器 RAM 和特殊功能寄存器 SFR 内容保持不变，ALE 和 $\overline{PSEN}$ 都变为高电平，其功耗降低。

练 习 题

1. MCS-51 设有 4 组工作寄存器，有什么特点？应如何正确使用？
2. MCS-51 系列单片机内部包含哪些主要逻辑功能部件？各有什么特点？
3. MCS-51 单片机的程序计数器（PC）有哪些特点？
4. 简述 MCS-51 的程序状态字 PSW 的作用。
5. 若存在两个十六进制数 9EH 和 76H，则两数在分别进行加法和减法运算后，PSW 的各位分别为何值？
6. AT89C51 的 ALE 线的作用是什么？AT89C51 不和片外 RAM/ROM 相连时，ALE 线上输出的脉冲频率是多少？有什么用？
7. AT89C51 的 $\overline{EA}$ 引脚有何功能，如何使用？
8. MCS-51 单片机有几组 I/O 口，各自功能是什么？
9. MCS-51 单片机的 I/O 口在作为数据输入口时应注意什么？
10. MCS-51 单片机的单元地址和位地址的区别。
11. 简述 MCS-51 内部数据存储器的空间分配。访问外部数据存储器和程序存储器有什么本质区别？
12. 堆栈有哪些功能？堆栈指示器（SP）的作用是什么？在程序设计时，为什么还要对 SP 重新赋值？
13. MCS-51 单片机的复位电路有几种？如何产生复位信号？复位后单片机各 I/O 口处于什么状态？
14. MCS-51 单片机的时钟周期、机器周期、指令周期是如何分配的？当主频为 12MHz 时，一个机器周期为多长？执行一条最长的指令需多长时间？
15. 试说明 MCS-51 单片机的低功耗工作方式。

第3章　MCS-51系列单片机的指令系统

任何一种处理器都必须经过设计人员对其进行以指令为基础的程序设计才能够使得处理器应用到系统中，完成相应的功能，也就是说指令系统是所有处理器完成任务所具备的最基本的条件，而不同机型的指令系统是不同的，本章主要介绍51系列单片机的寻址方式、指令格式及其功能。

3.1　MCS-51单片机指令系统简介

指令系统是一套控制计算机操作的编码，称之为机器语言，计算机只能识别和执行机器语言的指令。为了便于人们理解、记忆和使用，通常用符号来描述计算机的指令系统，而符号指令称之为汇编语言。各类机型计算机都有自己的汇编语言指令系统，并且能将汇编语言编译成机器语言指令。

51系列单片机指令系统包含5种功能类型的指令，7种寻址方式，共有111条指令。按照指令的字长划分，其中单字节指令49条，双字节指令45条，三字节指令17条；按照指令执行的时间长短划分，其中单机器周期指令64条，双机器周期指令45条，四机器周期指令2条；按指令功能划分，其中数据传送类28条、逻辑操作类25条、算术运算类24条、位操作类17条、控制转移类17条。

3.1.1　指令编码格式

一条指令表示计算机所完成的某种操作，通常它是由操作码和操作数量部分组成。操作码部分用来规定该指令的功能，操作数表示该指令在执行过程中所对应的操作对象。由于计算机只识别和执行机器语言的特点，所以每条指令都会对应一个二进制数，这个二进制数就是该条指令的机器码。指令格式为：

［标号］：操作码［目的操作数］，［源操作数］；注释

（1）标号：表示该指令的符号地址，表示存放指令或数据的程序存储器的单元地址，可以由1~8个字母或数字串组成，以冒号结尾。

（2）操作码：规定了指令所实现的操作功能，是指令或伪指令。

（3）操作数：指出了参加操作的数据或数据的地址，这一字段可能有也可能没有，若有两个操作数，一般情况操作数应以逗号分开。

（4）注释部分是方便阅读程序而加的解释，可有可无。

通过指令的格式可以判断出该条指令的字长。

单字节指令占用程序存储器的一个单元，其既包含操作码的信息，又包含操作数的信息。这其中有两种情况：一种是指令的功能和操作对象很明确，不需再用另一个字节来表示操作数，如INC A，其机器码为00000100B，其功能是将累加器A中的内容进行自加1；一种是用同一个字节的几位分别表示操作码和操作数，不用再增加字节来表示，如MOV A,

R1，其机器码为 11101001B，其功能是将工作寄存器 R1 中的内容送入累加器。

双字节指令占用程序存储器的两个单元，一般是用一个字节单元存放操作码，另一个字节单元存放操作数或操作数的地址，如 MOV A，#20H，其机器码为 01110100 00000010B，其功能是将 20H 立即数送入累加器。

三字节指令占用程序存储器的三个单元，一般是用一个字节单元存放操作码，另两个字节单元存放操作数或地址，如 MOV 50H，#45H，其机器码为 01110101 00000101 01000101B，其功能是将立即数 45H 送入片内数据存储器 50H 单元。

3.1.2 符号定义

在指令中经常会看到一些在操作数中使用的符号，这些符号定义如下：

Rn 工作寄存器 R0 ~ R7，n = 0 ~ 7。

Direct 8 位直接地址，存放数据的片内数据存储器的地址。

@Ri 间接地址，只能选中寄存器区中可做地址寄存器的 2 个寄存器 R0 和 R1，i = 0，1。

#data 立即数，一个十进制最大值为 255 的 8 位二进制或 2 位十六进制数。

#data16 立即数，一个十进制最大值为 65535 的 16 位二进制或 4 位十六进制数。

addr16 16 位目标地址，片外数据存储器或程序存储器以及外部芯片的地址，用于 LCALL 和 LJMP 指令中。

addr11 11 位目标地址，片内数据存储器或程序存储器的地址，用于 ACALL 和 AJMP 指令中。

rel 相关地址，8 位带符号偏移量，一般是程序存储器字节地址，通常在跳转类指令中使用，其对应的十进制范围为 -128 ~ +127。

bit 位地址，针对片内数据存储器中的可位寻址的位使用。

DPTR 数据指针，可用做 16 位的地址寄存器。

（X） X 指寄存器或十六进制数，则（X）为指向以 X 寄存器中的内容为目标地址的单元或以十六进制数据为目标地址的单元。

← 数据传送的方向，将左边的内容送入右边。

A 累加器。

ACC 直接寻址方式的累加器。

B 寄存器 B。

C 进位标志位，是布尔处理机的累加器，也称为位累加器。

注意：如果符号为目的操作数，在一般情况下表示对某个具体单元或寄存器中的内容进行修改或其他操作；如果符号为源操作数，一般情况表示对某个具体数或具体单元（或寄存器）中的内容进行传送、判断等操作，而不进行修改，目的操作数不能为立即数。

3.1.3 伪指令

伪指令也称为汇编指令，但是大多数的伪指令在汇编时不产生机器码，仅仅用来记忆汇编过程，及进行某种控制或对符号和标号进行赋值，所以其不属于指令系统中的 111 条指令，常用的伪指令有 8 条。

1. ORG addr16 定位伪指令

ORG 伪指令出现在程序块或数据块的开始，用来指明此语句后面的目标程序或数据块存放的起始地址。在一个源文件中可多次使用 ORG，规定不同的程序段的起始地址，但顺序要从小到大定义，并且不能重叠。

例如：
```
          ORG 0000H
          LJMP MAIN             ；上电转向主程序
          ORG 0023H             ；串行口中断入口地址
          LJMP SERVE1           ；转中断服务程序
          ORG 0100H             ；主程序
    MAIN：MOV A，#20H           ；将立即数 20H 送入累加器
```

上述指令中，指令 LJMP MAIN 在程序存储器的 0000H 单元，指令 LJMP SERVE1 在程序存储器的 0023H 单元，指令 MOV A，#45H 在程序存储器的 0100H 单元。

2. DB 字节定义伪指令

格式：[标号]：DB 字节数据项表

数据项表从标号制定的地址连续存放，可以是十进制数、十六进制数、由单引号括起来的字符串，每个字符串元素为一个 ASCII 码，各项数据用逗号分开。

例如：
```
         ORG 1000H          则（1000H）=53H   （1001H）=32H
   SEG1：DB 53H，“2”          （1002H）=44H   （1003H）=41H
   SEG2：DB ‘DAY’             （1004H）=59H
```

注：项表中的数取值范围为 00H～FFH，字符串长度小于 80。

3. DW 字定义伪指令

格式：[标号]：DW 双字节数据项表，类似于 DB，只是 DB 用于定义数据表，DW 用于定义 16 位字。项或项表指所定义的一个字（两个字节）或用逗号分开的字节串。每个字的低 8 位字节先放置，高 8 位字节后放置，低字节放置在低地址，高字节放置在高地址。

例如　ORG 1000H

TAB：DW 53H，“2”

则（1000H）=53H （1001H）=00H （1002H）=32H （1003H）=00H

4. DS 预留存储区伪指令

格式：[标号]：DS 表达式

用于保留待放存放的一定数量的存储单元，定义应保留的存储单元数。该指令的功能是由标号指定单元开始，定义一个存储区以备源程序使用，存储区内预留的存储单元个数由表达式的值决定。

例：
```
       ORG 3000H
  SEG：DS 08H         ；表示从 3000H 单元开始，连续预留 8 个存储单元
       DB 30H         ；（3008H）=30H
```

注意：对 MCS-51 单片机来说，DB、DW、DS 伪指令只能对程序存储器使用，不能对数据存储器使用。

5. EQU 为标号赋值伪指令

格式：名字 EQU 表达式　或者　名字=表达式

用于给一个表达式的值或一个字符串起个名字。程序中，该名字可以用作程序地址、数据地址或立即数使用，但必须是以字母开头的字母数字串，且名字必须唯一；表达式可以是8位或16位数据。

例如：START EQU 100H
　　　PORT EQO 2301H
　　　ORG START
　　　MOV DPTR，#PORT

在程序中PORT就是2301H。

6. DATA数据地址赋值伪指令

格式：名字 DATA 直接字节地址

该伪指令是给一个8位内部RAM单元起一个名字，相当于定义一个变量，一个单元可以有很多名字。如：ERR DATA 32H
　　　MOV ERR，#23H

在程序中ERR就是32H。

7. BIT位地址符号伪指令

格式：字符名 BIT 位地址

用于定义某特定位的标号。项指的是所定义的位。经定义后，便可用指令中最左面的标号来代替BIT项所指出的位。

例如：MN BIT P1.7

经BIT伪指令定以后，可以在指令中用MN来代替位地址P1.7。

8. END源程序结束伪指令

该伪指令指出源程序到此结束，其后的程序语句不予处理。

3.2　寻址方式

计算机指令由操作码和操作数组成。操作码指示计算机要执行的操作的性质，是指令的必需部分。操作数指出指令操作所需要提供的数据。什么是寻址方式？这是对操作数而言的，所谓的寻址就是指寻找操作数的地址，如何找到这个地址就是寻址方式。在MCS-51系列单片机中共有7种寻址方式：寄存器寻址、直接寻址、寄存器间接寻址、立即寻址、变址寻址、相对寻址和位寻址。下面所讲的都是指源操作数的寻址方式。

1. 寄存器寻址

寄存器寻址方式就是操作数存储在寄存器中，即指令的操作数为某个寄存器。可寻址的寄存器为：R0～R7、累加器A、暂存寄存器B、数据指针DPTR等。

值得注意的是，在寻址工作寄存器时，指令本身只能说明工作寄存器组内的某一个寄存器，由PSW的D4和D3两位来指明其所在的工作寄存器组号。例如，指令中标有操作数R3，且此时PSW.4、PSW.3两位的内容分别为“0”和“1”，则说明寻址1组工作寄存器的R3寄存器，即片内数据存储器的0BH单元。

例如：MOV A，R0表示把工作寄存器R0的内容传给累加器A。若执行指令前，A = 35H，R0 = 6FH，则执行该指令后，A = 6FH，R0的内容不变。

2. 直接寻址

直接寻址就是直接在指令中指定操作数的地址，即操作数为内部RAM单元的地址。可以作为直接寻址的片内RAM空间是低128字节和SFR，直接寻址方式的寻址范围仅限于内部数据存储器。

这里需要注意三个问题：一是如果操作数是A，则是寄存器寻址，如果是ACC，则是直接寻址，虽然二者都是指一个存储空间；二是对于特殊功能寄存器SFR和位地址空间，这是唯一的寻址方式；三是对于片外的数据存储器地址空间不能使用直接寻址。

例如：MOV　A，3AH代表的意思就是将地址为3AH的存储单元中数据取出来传送给累加器。

3. 寄存器间接寻址

寄存器间接寻址就是通过寄存器指定数据存储单元的地址，然后对该字节单元地址中的数据进行操作。即寄存器中存储的是地址，操作数为某个工作寄存器Ri（i=0，1）或者DPTR，即MCS-51单片机的地址寄存器只能为R0、R1、DPTR。以R0或R1为地址寄存器时，可以寻址片内数据存储器地址空间00H～FFH范围内的256个字节单元，以及片外数据存储器地址空间的256个字节单元；以16位寄存器DPTR作为间接寻址寄存器时，可寻址片外存储器的64KB地址空间。采用寄存器间接寻址方式时应在寄存器前加上“@”符号。（注：加@表示地址）

例如：MOVX A，@DPTR表示把以DPTR的内容为地址的外部数据存储器单元的内容传给累加器A。若执行指令前A=20H，DPTR=2000H，外部数据存储器2000H地址单元的内容为79H，则执行指令后A=79H。

对52系列单片机，内部数据存储器的80H～0FFH地址单元与特殊功能寄存器的地址重叠，访问这些单元时只能使用寄存器间接寻址方式。

4. 立即寻址

立即寻址就是直接给出操作数。取指令时，即可由程序存储器中直接取得操作数据。MCS-51单片机中除了一条指令（MOV DPTR，#data16）是16位长的立即数外，其余都是8位的立即数。

例如：MOV　A，#30H，无论执行之前A中的内容是多少，执行后A=30H。值得注意的一点是：在立即数寻址中立即数前面必须要加上一个“#”号，“#”表示其后面内容为立即数，而不是一个字节单元地址。

5. 变址寻址

变址寻址是以某个寄存器的内容为基础，然后在这个基础上再加上地址偏移量，形成真正的操作数地址，需要特别指出的是用来作为基础的寄存器可以是PC或是DPTR，地址偏移量存储在累加器A中，二者内容之和即为操作数据的真实地址或程序转移的目的地址。该寻址方式的特征是操作数为@A+DPTR或者@A+PC，数据传送时其处理数据都是从程序存储器中取出来的，常用来做查表。

例如：

```
MOV   A, #01H           ; A←01H
MOV   DPTR, #1010H      ; DPTR←1010H
MOVC  A, @A+DPTR        ; A←(A+1010H)
…
```

1010H：DB 02H，05H，06H

程序执行时将立即数 01H 送入累加器 A，然后将表格的首地址送入数据指针 DPTR，再将 DPTR 内存储的地址和 A 里面的偏移量相加最后根据得到的地址来查找相应的存储单元，并且将其内容送入累加器 A，结果 A = 05H。

6. 相对寻址

相对寻址主要是针对跳转指令而言的。以程序寄存器 PC 作为基址寄存器，指令中给出相对偏移量（rel），而实际目标地址为 PC 的当前内容与偏移量之和。也就是说跳转去的目标指令的地址是正在执行的指令地址加上偏移量。与典型的微型计算机的相对寻址相似，相对偏移量是一个带符号的 8 位二进制数（以补码形式表示）。其转移范围为：以 PC 当前值为基点，相对转移在 +127 ~ -128 个字节单元之间。相对寻址方式只适合对程序存储器的访问。

例如：在地址 1068H 处有一条相对转移指令。

1068H：　SJMP 30H　；PC←PC + 2 + rel

指令为双字节指令。PC 的当前值 = 1068H + 2 = 106AH，把它与偏移量 30H 相加，就形成了程序转移的目标地址 109AH（向后跳转）。

7. 位寻址

8051 设有独立的位处理器，对寻址的位进行处理。位寻址方式类似直接寻址方式，是对片内 RAM 的位寻址区和某些特殊功能寄存器中可位寻址的单元进行的位操作。与直接寻址方式的区别在于直接寻址访问的操作数是 8 位字长，而位寻址方式访问的操作数是 1 位字长。

例如：　CLR 92H

　　　　SETB P1.2

第一条指令时将位地址 92H 清零，该地址在片内低 128 空间中的可位寻址区域；第二条指令是将 P1.2 位或 P1.2 引脚置 1。

3.3 MCS-51 系列单片机的指令说明

3.3.1 数据传送类指令

数据传送操作是最基本最重要的操作之一。数据传送是否灵活、快速，对程序的编写和执行速度会产生很大影响。MCS-51 的数据传送操作可以在累加器 A、工作寄存器 R0 ~ R7、内部数据存储器、外部数据存储器之间进行。数据传送类指令相当于 C 语言中的赋值语句，主要用于数据的传送、保存以及交换。

1. 内部数据传送指令

格式：MOV　目的操作数，源操作数

其中，目的操作数不能采用立即寻址的方式。

（1）立即数传送指令（4 条）

立即数送累加器 A 和内部数据存储区：

```
MOV  A，#data         ；A←#data，将 data 数送入累加器 A，立即寻址方式
MOV  direct，#data    ；(direct)←#data，将 data 数送入 direct 单元
```

MOV　Rn，#data　　；Rn←#data，将 data 数送入 Rn 寄存器，n = 0 ~ 7

MOV　@ Ri，#data　；(Ri)←#data，data 数送入以 Ri（i = 0，1）中的内容为字节地址的单元中，即@ Ri 表示一个字节地址

（2）内部数据存储区（Rn、片内 RAM、SFR）与累加器 A 之间数据传送（6 条）

MOV　A，direct　；A←(direct)，将 direct 单元中的数送入累加器 A，直接寻址方式

MOV　direct，A　；(direct)←A，将累加器 A 中的数送入 direct 单元，寄存器寻址方式

MOV　Rn，A　；Rn←A，将累加器 A 中的数送入 Rn 寄存器，直接寻址方式

MOV　A，Rn　；A←Rn，将 Rn 寄存器中的数送累加器 A，n = 0 ~ 7，寄存器寻址方式

MOV　A，@ Ri　；A←(Ri) 将以 Ri（i = 0，1）中的内容为字节地址的单元中的数据存入累加器 A 中，寄存器间接寻址方式

MOV　@ Ri，A　；(Ri)←A 将累加器 A 中数送入以 Ri（i = 0，1）中的内容为字节地址的单元中

（3）内部数据存储区之间数据传送（5 条）

MOV　direct2，direct1　；(direct2)←(direct1)，将 direct1 单元中数送入 direct2 单元，直接寻址方式

MOV　direct，Rn　；(direct)←Rn，将 Rn 寄存器中的数送入 direct 单元，n = 0 ~ 7，寄存器寻址方式

MOV　Rn，direct　；Rn←(direct)，将 direct 单元中的数送入 Rn 寄存器，n = 0 ~ 7，直接寻址方式

MOV　direct，@ Ri　；(direct)←(Ri)，将以 Ri（i = 0，1）中的内容为字节地址的单元中的数送入 direct 单元中，寄存器间接寻址方式

MOV　@ Ri，direct　；(Ri)←(direct)，将 direct 单元中的数送入以 Ri（i = 0，1）中的内容为字节地址的单元中，直接寻址方式

例：设（30H）= 40H，（40H）= 10H，P1 = 0CAH，试判断下列程序执行后的结果。

```
MOV   R0，#30H     ；R0←#30H
MOV   A，@ R0      ；@ R0 指向 30H 单元，即 A←(30H)，A = 40H
MOV   R1，A        ；R1←A，R1 = 40H
MOV   B，@ R1      ；B←(40H)，B = 10H
MOV   @ R1，P1     ；(R1)←P1，(40H) = 0CAH
MOV   P2，P1       ；P2←P1，P2 = 0CAH
```

结果是：A = 40H，B = 10H，（40H）= 0CAH，P2 = 0CAH

2. 目标地址传送（16 位数据传送，1 条）

MOV　DPTR，#data16　；DPTR←#data16，将 16 位 data 数送入 DPTR 数据指针，立即数寻址方式

例：MOV DPTR，#2200H　；DPTR←#2200H

指令的执行结果是：DPTR = 2200H，其中，DPH = 22H，DPL = 00H。

3. 数据交换指令（必须以 A 为目的操作数）

（1）字节交换指令（3 条）

XCH　A，direct　　；A←→(direct)，将累加器 A 中的内容和 direct 单元中的内容交换，直接寻址方式

XCH　A，Rn　　；A←→Rn，将累加器 A 中的内容和 Rn 寄存器中的内容交换，n =0 ~7，寄存器寻址方式

XCH　A，@ Ri　　；A←→（Ri），将累加器中的内容和以 Ri（i =0，1）中的内容为字节地址的单元中内容交换，寄存器间接寻址方式

它表示将 A 内的数据和 Rn 中的数据交换，其中指令中目的操作数只能使用累加器 A，源操作数可以是直接寻址、寄存器寻址、寄存器间接寻址

例：设（A）=80H，（R7）=08H。执行指令：

XCH　A，R7　；A←→R7

结果：A =08H，（R7）=80H

（2）半字节交换（低 4 位交换）（1 条）

XCHD A，@ Ri　　；$A_{3\sim0}$←→$(Ri)_{3\sim0}$，将累加器 A 中的内容的低 4 位和以 Ri（i =0，1）中的内容为字节地址的单元中内容的低 4 位交换，各自的高 4 位不变，寄存器间接寻址方式

例：设 A =15H，R0 =30H，（30H）=34H。执行指令

XCHD A，@ R0　；$A_{3\sim0}$←→$(R0)_{3\sim0}$

结果：A =14H，（30H）=35H

4. 堆栈操作指令（2 条）

MCS-51 内部 RAM 中可以设定一个后进先出（LIFO）的堆栈，在特殊功能寄存器中有一个堆栈指针 SP，它指出栈顶的位置，在指令系统中有两条用于数据传送的栈操作指令。

（1）进栈指令

PUSH　direct　　；SP +1→SP，（direct）→（SP）；先将堆栈指针加 1，然后将 direct 单元中的内容送入堆栈指针所指向的单元，直接寻址

这条指令的功能是首先将栈指针 SP +1→SP，然后，把直接地址 direct 单元的内容送到当前栈指针 SP 所指的内部 RAM 单元中，其操作数必须为直接方式，如果将累加器 A 的内容压入堆栈则必须写成 ACC，不能以寄存器寻址方式执行。

例：设 SP =60H，ACC =30H，B =70H。执行下列指令：

PUSH　ACC　　；SP +1，61H→SP，ACC→(61H)

PUSH　B　　；SP +1，62H→SP，B→(62H)

结果：（61H）=30H，（62H）=70H，SP =62H

（2）退栈指令

POP　direct　　；（SP)→（direct)，SP -1→SP；先将堆栈指针所指向的单元中的内容送入 direct 单元，再将堆栈指针减 1，直接寻址

这条指令的功能是将栈指针 SP 所指的内部 RAM 单元中的内容送入指令中的直接地址单元，然后，栈指针寄存器 SP -1→SP，SP 指针继续指向当前栈顶。

例：设 SP =62H，（62H）=70H，（61H）=30H。执行下述指令：

```
POP   DPH          ; (62H)→DPH, SP-1→SP
POP   DPL          ; (61H)→DPL, SP-1→SP
```

结果是：DRTR = 7030H，SP = 60H

5. 外部数据交换指令（4条）

外部 RAM 中数据与累加器 A 之间的传送是通过间接寻址的方式来实现的。

MOVX　A，@DPTR　；A←(DPTR)，将片外指向 DPTR 单元中的数据送入累加器 A，寄存器间接寻址方式

MOVX　A，@Ri　；A←(Ri)，将片外指向 Ri（i=0，1）单元中的数据送入累加器 A，寄存器间接寻址方式

MOVX　@DPTR，A　；(DPTR) ←A，将累加器 A 中的数据送入片外指向 DPTR 单元，寄存器间接寻址方式

MOVX　@Ri，A　；(Ri)←A，将累加器 A 中的数据送入片外指向 Ri（i=0，1）单元，寄存器间接寻址方式

其中需要注意的几点是：

1）这里的地址寄存器只能使用 DPTR 和 Ri，并且当使用 Ri 时只能访问外部 RAM 的 256 字节。

2）与外部 RAM 传送数据只能通过累加器 A 来实现。

3）与外部 RAM 传送数据时使用 MOVX 指令。

6. 程序存储器传送指令（2条）

程序存储器数据传送指令必须使用 MOVC，并且只能通过累加器 A 来实现。主要是对存放于程序存储器中的数据表格进行查找传送。

MOVC　A，@A+PC　；PC←PC+1，A←(A+PC)，先将 PC+1 得到当前 PC 值，然后将累加器 A 中的内容和当前 PC 值相加，将此结果看作一个单元，并将该单元中的内容送入累加器 A 中，变址寻址方式

MOVC　A，@A+DPTR；A←(A+DPTR)，将累加器中的内容和指向 DPTR 单元中的内容相加，将此结果看作一个单元，并将该单元中的内容送入累加器中，变址寻址方式

由于程序存储器只能读不能写，因此程序存储器的数据传送都是单向的。

例：用数据传送指令实现下列要求的数据传送。

1）将片内 RAM 60H 单元内容送外部 RAM 1030H 单元。

2）将 ROM 1000H 单元内容送内部 RAM 70H 单元。

解答1）方法一：

```
MOV P2, #10H        ; 片外高字节地址 10H
MOV R0, #30H        ; 片外低字节地址 30H
MOV A, 60H
MOVX @R0, A
```

方法二：

```
MOV DPTR, #1030H    ; 片外字节地址 1030H
MOV A, 60H
MOVX @DPTR, A
```

解答 2)

```
MOV A, #00H
MOV DPTR, #1000H
MOVC A, @A+DPTR
MOV 70H, A
```

3.3.2 逻辑操作类指令

逻辑操作类指令具有单操作数指令和双操作数指令两种，单操作数指令以 A 为操作对象，主要有清零、取反和移位；双操作数指令有逻辑与、或以及异或。

1. 累加器清零、取反（2 条）

清零 CLR A　　；A←00H，将 A 中内容变为全“0”，寄存器寻址方式

取反 CPL A　　；A←$\overline{A}$，将 A 中内容按位取反，寄存器寻址方式

2. 移位指令（5 条）

MCS-51 的移位指令只能对累加器 A 进行移位，即其操作数只能是累加器 A，均是寄存器寻址方式。

RL A；循环左移

这条指令的功能是将累加器的内容依次向左循环移动 1 位，D7 位循环移入 D0 位，不影响其他标志。

RR A；循环右移

这条指令的功能是将累加器 A 的内容依次向右循环移动 1 位。对累加器 A 进行的循环右移，可实现对 A 中无符号数的除 2 运算。

RLC A；带进位循环左移

这条指令的功能是将累加器 A 的内容和进位标志 CY 一起向左循环移动 1 位，A7 移入进位位 CY，CY 移入 A0，不影响其他标志。

RRC A；带进位循环右移

这条指令的功能是将累加器 A 的内容和进位标志 CY 一起向右循环移动 1 位，A0 进入 CY，CY 移入 A7。

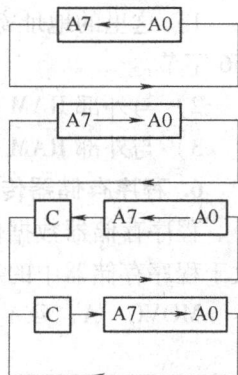

SWAP A　　；$A_{3\sim0}$←→$A_{4\sim7}$，将 A 中的高低 4 位互换，寄存器寻址方式

例：执行前 CY＝1，执行下列指令后，A 中的内容和 CY 的值如何变化。

```
MOV A, #12H     ; A=12H, CY=1
RL A            ; A=24H, CY=1
RLC A           ; A=49H, CY由1变为0
RR A            ; A=A4H, CY=0
RRC A           ; A=52H, CY=0
SWAP A          ; A=25H
```

3. 逻辑与、或、异或（18 条）

汇编语言的逻辑运算都是按位进行的。

（1）逻辑与运算　逻辑与运算用符号“∧”表示（6 条）。

```
ANL A, Rn       ; A←A∧Rn
ANL A, #data    ; A←A∧data
```

```
ANL   A, direct       ; A←A∧(direct)
ANL   A, @Ri          ; A←A∧(Ri)
ANL   direct, A       ; (direct)←(direct)∧A
ANL   direct, #data   ; (direct)←(direct)∧ data
```

其中，前4条指令运算结果存放在累加器A中，后2条指令的运算结果则存放在直接寻址的地址单元中。在程序设计中，逻辑与指令主要用于对目的操作数中的某些位进行屏蔽（清0）。方法是将需屏蔽的位与“0”相与，其余位与“1”相与即可。

例：分析下列两条指令的执行结果。

1）ANL 30H，#0FH

2）ANL A，#80H

第1）条指令执行后，将30H单元的高4位屏蔽（即清0），只保留了低4位。可用于将0~9的ASCII码转换为BCD码。设（30H）=35H（5的ASCII码），执行指令后变为（30H）=05H（5的BCD码）。

第2）条指令执行后，只保留了最高位，而其余各位均被屏蔽掉。可用于对累加器A中的带符号数的正负判断。若A中为负数，则执行该指令后A≠00H；若A中为正数，则结果为A=00H。

（2）逻辑或运算　逻辑或运算指令用符号“∨”表示（6条）。

```
ORL   A, Rn           ; A←A∨Rn
ORL   A, #data        ; A←A∨data
ORL   A, direct       ; A←A∨(direct)
ORL   A, @Ri          ; A←A∨(Ri)
ORL   direct, A       ; (direct)←direct∨A
ORL   direct, #data   ; (direct)←direct∨data
```

其中，前4条指令的操作结果存放在A中，后2条指令的操作结果存放在直接寻址的地址单元中。逻辑或指令可对目的操作数的某些位进行置位。方法是将需置位的位与“1”相或，其余位与“0”相或即可，常用于组合数据。

例：设A=07H，（R0）=07DH。执行指令：ORL　A，R0

```
   00000111
∨  01111101
-----------
   01111111
```

结果：A=7FH

（3）逻辑异或运算　逻辑或运算指令用符号“⊕”表示（6条）。

```
XRL   A, Rn           ; A←A⊕Rn
XRL   A, #data        ; A←A⊕data
XRL   A, direct       ; A←A⊕(direct)
XRL   A, @Ri          ; A←A⊕(Ri)
XRL   direct, A       ; (direct)←(direct)⊕A
XRL   direct, #data   ; (direct)←(direct)⊕data
```

前4条指令操作结果存放在累加器A中，后2条指令的操作结果存放在直接寻址的地址单元中。逻辑异或指令可用于对目的操作数的某些位取反，而其余位不变。方法是将要取反的这些位和“1”异或，其余位则和“0”异或。

例：分析下列程序的执行结果。

```
MOV  A, #77H        ; A = 77H
XRL  A, #0FFH       ; A = 77H⊕FFH = 88H
ANL  A, #0FH        ; A = 88H∧0FH = 08H
MOV  P1, #64H       ; P1 = 64H
ANL  P1, #0F0H      ; P1 = 64H∧F0H = 60H
ORL  A, P1          ; A = 08H∨60H = 68H
```

注：由于逻辑操作与、或、异或指令是按位操作的，所以在编程时灵活运用这三种逻辑指令可以用来对字节中的某些位进行清零、置1、取反等。

ANL：对于要保留的位用1与，清零的位用“0”与

ORL：对于要保留的位用0或，置1的位用“1”或

XRL：对于要保留的位用“0”异或，取反的位用“1”异或（异或：相同取0，不同取1）

3.3.3 算术运算类指令

在算术运算指令中，四则运算指令影响状态标志寄存器PSW，加1减1指令不影响PSW。在算术运算和逻辑运算指令中，累加器A是一个特别重要的8位寄存器，CPU对它具有其他寄存器所没有的操作指令，下面将介绍的加、减、乘、除指令都必须是以A作为目的操作数的。

1. 不带进位加法指令 ADD（4条）

加法指令的格式如下：

ADD　A，#data　　；A←A + data，累加器A中内容和立即数data相加，并把结果送入累加器A中，结果会影响PSW

ADD　A，direct　　；A←A +(direct)，累加器A中内容和direct地址中的内容相加，并把结果送入累加器A中，结果会影响PSW

ADD　A，@Ri　　；A←A +(Ri)，累加器A中内容和（Ri）（i = 0，1）中的内容相加，并把结果送入累加器A中，结果会影响PSW

ADD　A，Rn　　；A←A + Rn，累加器A中内容和寄存器Rn（n = 0 ~ 7）中内容相加，并把结果送入累加器A中，结果会影响PSW

该组指令的功能是将累加器A和源操作数相加，其结果再送累加器A，加数分别采用立即寻址、直接寻址、寄存器间接寻址和寄存器寻址方式。在加减法运算时，用户既可以根据编程需要把参与运算的两个操作数看作是无符号数（0 ~ 255），也可以把它们看作是带符号数（ - 128 ~ 127），此时应为补码形式，但运算结果会对PSW中的标志位产生同样的影响。

如果相加时，D7位有进位输出，则进位位CY置“1”，否则CY清“0”；如果D3位有进位输出，辅助进位位AC置“1”，否则AC清“0”；如果D6位有进位输出而D7位没有，或者D7位有进位输出而D6位没有，则溢出标志OV置“1”，否则OV清“0”，即表明运算结果出错，超出数值范围，这种情况只针对有符号数运算。

例：设（A）=0C3H，（R0）=0AAH。执行指令：ADD　A，R0

```
     A    195                    11000011
 +   R0   170                +   10101010
 ----------------           ----------------
          365（D）           （1）  01101101（B）
```

结果：A=6DH，CY=1，AC=0，OV=1，P=1。

例中，若 C3H 和 AAH 看作无符号数相加，结果大于 255，则应考虑 CY=1 溢出，判断 A=6DH 只是相加结果的低 8 位；若把 C3H 和 AAH 看作有符号数，则得到 2 个负数相加，结果为正数，则应考虑 OV=1 溢出，判断 A=6DH 只是运算结果的数值部分，不含符号位。

2. 带进位加法指令 ADDC（4 条）

带进位加法指令格式如下：

ADDC A，#data　　；A←A+data+CY，累加器 A 中内容和立即数 data 以及进位标志位 CY 相加，并把结果送入累加器 A 中，结果会影响 PSW

ADDC A，direct　　；A←A+(direct)+CY，累加器 A 中内容和 direct 地址中的内容以及进位标志位 CY 相加，并把结果送入累加器 A 中，结果会影响 PSW

ADDC A，@Ri　　；A←A+（Ri）+CY，累加器 A 中内容和（Ri）（i=0，1）中的内容以及进位标志位 CY 相加，并把结果送入累加器中 A 中，结果会影响 PSW

ADDC A，Rn　　；A←A+Rn+CY，累加器 A 中内容和寄存器 Rn（n=0~7）中内容以及进位标志位 CY 相加，并把结果送入累加器 A 中，结果会影响 PSW

格式和 ADD 指令相似，不同的是计算加法时还要加上 CY 中的值，加数分别采用立即寻址、直接寻址、寄存器间接寻址和寄存器寻址方式。这组指令常用于多字节加法运算中的高字节相加，考虑到了低字节相加时产生向高字节进位的情况。

例：A=AEH，R0=81H，C=1；执行指令：ADDC A，R0

```
   10101110
   10000001
 +        1
 -----------
 1 00110000
```

结果：CY=1，OV=1，AC=1，P=0，A=30H

3. 带借位减法指令 SUBB（4 条）

带借位减法格式如下：

SUBB A，#data　　；A←A-data-CY，累加器 A 中内容减去立即数 data 以及进位标志位 CY，并把结果送入累加器 A 中，结果会影响 PSW

SUBB A，direct　　；A←A-(direct)-CY，累加器 A 中内容减去 direct 地址中的内容以及进位标志位 CY 相加，并把结果送入累加器 A 中，结果会影响 PSW

SUBB A，@Ri　　；A←A-(Ri)-CY，累加器 A 中内容减去（Ri）（i=0，1）中

的内容以及进位标志位 CY，并把结果送入累加器 A 中，结果会影响 PSW

SUBB A，Rn　　；A←A－Rn－CY，累加器 A 中内容减去寄存器 Rn（n＝0～7）中内容以及进位标志位 CY，并把结果送入累加器 A 中，结果会影响 PSW

该组指令的功能是将累加器 A 减去源操作数及标志位 CY，其结果再送累加器 A。即被减数在累加器 A 中，减数分别采用立即寻址、直接寻址、寄存器间接寻址和寄存器寻址方式，还有一个减数为 PSW 中的 CY 位。CY 位在减法运算中用作借位标志。

MCS-51 指令系统，还能提供不带借位的减法指令。若要进行不带借位的减法运算，只需先将 CY 位清 0 即可。SUBB 指令对 PSW 的标志位会产生影响。

若 A 中的相减结果中含 1 的个数为奇数，则 P 位置 1，否则 P 位被清 0。

如果是无符号数相减，CY＝0，表示无借位；CY＝1，表示有借位。

如果是带符号数相减，OV＝0，表示无溢出；A 中为正确结果；OV＝1，表示有溢出（超出－128～127 的范围），运算结果错误。

例：设 A＝0C9H，R1＝54H，CY＝1。执行指令：SUBB　A，R1

```
   11001001
   01010100
 －       1
 ──────────
   01110100
```

结果：A＝74H，CY＝0，AC＝0，OV＝1，P＝0。

4. 乘法指令 MUL

格式：MUL　AB　　；BA←A×B，累加器 A 中内容和暂存寄存器 B 中的内容相乘，结果的低 8 位送入累加器 A，高 8 位送入暂存寄存器 B，寄存器寻址方式

若乘积大于 255（FFH）OV 置 1，否则清 0，进位标志位 CY 总是清 0。

例：设 A＝50H，B＝0A0H。执行指令：MUL　　AB

结果：B＝32H，A＝00H，即积为 3200H。

5. 除法指令 DIV

格式：DIV AB　　；A 商，B 余←A÷B，将累加器 A 中的内容除以暂存寄存器 B 中的内容，运算结果的商送入累加器 A，余数送入暂存寄存器 B，直接寻址方式

如果原来 B 中的内容为 0 即除数为零，则结果 A 和 B 中内容不定，并将溢出标志位 OV 置 1。在任何情况下，CY 都清 0。

例：设 A＝0FBH，B＝12H。执行指令：DIV　　AB

结果：A＝0DH，B＝11H，CY＝0，OV＝0。

6. 自加 1 减 1 指令（9 条）

（1）自加 1

INC A　　；A←A＋1，将累加器 A 中的内容加 1 并送入累加器 A，寄存器寻址方式

INC direct　　；(direct)←(direct)+1，将direct单元中的内容加1并送回到direct单元，直接寻址方式

INC @Ri　　；(Ri)←(Ri)+1，将Ri（i=0，1）指向的单元中的内容加1并送回Ri指向的单元，寄存器间接寻址方式

INC Rn　　；Rn←Rn+1，将寄存器Rn中的内容加1并送回寄存器Rn中，寄存器寻址方式

INC DPTR　　；DPTR←DPTR+1，将数据指针寄存器中内容加1并送回数据指针寄存器中，寄存器寻址方式

这组增量指令的功能把寄存器寻址、直接寻址和寄存器间接寻址方式所指出的操作数变量加1，结果再送回到原单元。若原来单元内容为0FFH，执行INC指令后，将溢出为00H，不影响任何标志（除累加器A加1影响P外）。当用本指令修改输出口Pi（i=0，1，2，3）时，原来接口数据的值将从口锁存器读入，而不是从引脚读入。

例：设A=0FFH，R3=0FH，(30H)=0F0H，R0=40H，(40H)=00H。执行指令：

```
INC   A           ; A+1→A
INC   R3          ; R3+1→R3
INC   30H         ; (30H)+1→(30H)
INC   @R0         ; (R0)+1→(R0)
```

结果：A=00H，R3=10H，(30H)=0F1H，(40H)=01H，P=0，不改变PSW中其他状态位。

(2) 自减1

DEC　A　　；A←A-1，将累加器A中的内容减1并送入累加器A，寄存器寻址方式

DEC　direct　　；(direct)←(direct)-1，将direct单元中的内容减1并送回到direct单元，直接寻址方式

DEC　@Ri　　；(Ri)←(Ri)-1，将Ri（i=0，1）指向的单元中的内容减1并送回Ri指向的单元，寄存器间接寻址方式

DEC　Rn　　；Rn←Rn-1，将寄存器Rn中的内容减1并送回寄存器Rn中，寄存器寻址方式

这组指令的功能是将指定的变量减1。若原来为00H，减1后下溢为0FFH，不影响标志（除累加器A减1影响P外）。当本指令用于修改输出口时，原始口数据的值将从内部锁存器Pi（i=0，1，2，3）读入，而不是从引脚读入。

例：设A=0FH，R7=19H，(30H)=00H，(R1)=40H，(40H)=0FFH。执行指令：

```
DEC   A           ; A-1→A
DEC   R7          ; R7-1→R7
DEC   30H         ; (30H)-1→(30H)
DEC   @R1         ; (R1)-1→(R1)
```

结果：A=0EH，P=1，R7=18H，(30H)=0FFH，(40H)=0FEH，不影响其他标志。

7. 十进制调整指令DA

其格式如下：DA　A

这条指令用于对累加器 A 中两个压缩型的 BCD 数相加所获得的 8 位结果进行调整，使结果可以调整为两位 BCD 码的数。由于 ADD、ADDC 指令本身只能实现二进制加法，用 DA 指令紧跟在加法指令后，就可实现十进制数相加或相减。即只对加法结果调整，必须跟在 ADD、ADDC 指令之后才能使用。

BCD 码是用 4 位二进制编码代表 1 位十进制数，用 0000B ~ 1001B 表示 0 ~ 9，1010B ~ 1111B 不使用，它是遵循逢十进位的原则的，1001B（9）加 1 不等于 1010B（A），而应该等于 0001 0000（10）。但是，BCD 加法在计算机中是按二进制数加法完成的，低 4 位的进位遵循逢十六进一的原则，只有当 1111B（F）加 1 才等于 0001 0000（10），这样会造成结果值少了 6，必须对结果进行修正，重新加上 6 之后，结果才正确。

修正的条件和方法：

1）相加后 A 低 4 位大于 9 或 AC = 1，则结果 A 低 4 位加上 6，即整个字节加上 06H。

2）相加后 A 高 4 位大于 9 或 CY > 1，则高 4 位加上 6，即整个字节加上 60H。

3）若上述两个条件同时发生，则高低 4 位均需要加上 6，即整个字节加上 66H。

例：设 A = 56H，R0 = 67H。执行指令：

```
ADD   A，R0
DA    A
```

结果：（A）= 23H，CY = 1。

3.3.4　位操作类指令

位操作就是所谓的位处理，就是以位（bit）为单位进行的运算和操作。位变量也称为布尔变量或开关变量，位操作指令是布尔处理器的软件资源。

1. 位传送指令（2 条）

位传送操作就是可寻址位与累加位 CY 之间的相互传送（2 条）。

```
MOV bit，C        ；C→bit，将进位标志位送入某一个位地址中，位寻址方式
MOV C，bit        ；bit→C，将某一个位地址中的内容送入进位标志位中，位寻址方式
```

主要用于两个可位寻址之间的数据传送。由于没有 2 个可寻址位之间的传送指令，因此它们之间无法实现直接传送。使用这 2 条指令以 CY 做中介来实现。

```
例：MOV   C，06H                ；（20H）.6→CY
    MOV   P1.0，C               ；CY→P1.0
```

结果：（06H）→P1.0

2. 位状态控制指令（4 条）

这些指令对 CY 及可寻址位进行置位（置 1）或复位（清 0）操作。

```
SETB C        ；1→CY
SET bit       ；1→bit
CLR C         ；0→CY
CLR bit       ；0 →bit
```

3. 位逻辑操作指令（6 条）

位运算都是逻辑运算，有与、或、非三种（6 条）。

```
ANL C，bit    ；CY←CY∧bit
```

```
ANL C, /bit      ; CY←CY∧/bit
ORL C, bit       ; CY∨bit
ORL C, /bit      ; CY←CY∨/bit
CPL C            ; /C→C
CPL bit          ; /bit→bit
```

这组指令的功能是，将位累加器 C 的内容与直接位地址的内容或直接位地址内容的反进行逻辑与、逻辑或运算，结果仍送回 C 中。斜线“/”表示逻辑非。这里注意在位操作指令中，没有位的异或运算。

4. 位条件转移指令

该类指令是以位的状态作为判断条件实现程序转移，相当于 C 语言的 if 判断，对这些指令说明如下：

(1) 以 CY 状态为条件的转移指令

```
JC   rel   ; CY 为转移控制位
           ; 若 CY=1，则 PC←PC+2+rel，即跳转
           ; 若 CY≠1，则 PC←PC+2，即顺序执行程序
JNC rel    ; CY 为转移控制位
           ; 若 CY=0，则 PC←PC+2+rel，即跳转
           ; 若 CY≠0，则 PC←PC+2，即顺序执行程序
```

例：设计子程序，功能为比较片内 RAM 的 50H 和 51H 单元中两个 8 位无符号数的大小，把大数存入 60H 单元。若两数相等，则把标志位 70H 置 1。

相应的程序为

```
BIJIAO: MOV A, 50H
        CJNE A, 51H, LOOP
        SETB 70H
        RET
LOOP:   JC LOOP1
        MOV 60H, A
        RET
LOOP1:  MOV 60H, 51H
        RET
```

(2) 以位状态为条件的转移指令

```
JB bit, rel      ; bit 为控制转移位
                 ; 若 bit=1，则 PC←PC+3+rel，即跳转
                 ; 若 bit≠1，则 PC←PC+3，即顺序执行程序
JNB bit, rel     ; bit 为控制转移位
                 ; 若 bit=0，则 PC←PC+3+rel，即跳转
                 ; 若 bit≠0，则 PC←PC+3，即顺序执行程序
JBC bit, rel     ; bit 为控制转移位，并使该位清 0
                 ; 若 bit=1，则 PC←PC+3+rel，0→bit 即跳转，且将 bit 置 0
```

；若 bit≠1，则 PC←PC +3，即顺序执行程序

这 3 条指令都是三字节指令，因此，如果状态满足，则程序转移：PC←PC +3 + rel；否则程序顺序执行：PC←PC +3。

例：在片内 RAM30H 单元中存有一个带符号数，试判断该数的正负性，若为正数，将 6EH 位清 0；若为负数，将 6EH 位置 1。

```
PANDUAN：MOV A，30H        ；30H 单元中的数送 A
         JB ACC.7，LOOP    ；符号位等于 1，是负数，转移
         CLR 6EH           ；符号位等于 0，是正数，清标志位
         RET               ；返回
LOOP：   SETB 6EH          ；标志位置 1
         RET               ；返回
```

3.3.5 控制转移类指令

程序的顺序执行是由 PC 自动加实现的。要改变程序的执行顺序，实现分支转向，应通过强制改变 PC 值的方法来实现，这就是控制转移类指令的基本功能。汇编语言共有两类转移：无条件转移和有条件转移。另外，本小节还要介绍子程序调用及返回指令。

1. 无条件转移指令

不规定条件的程序转移称之为无条件转移（4 条）。

（1）长转移指令

LJMP addr16　　；PC←addr16，跳转到一个 16 位的程序存储器单元

指令执行后把 16 位地址（addr16）送 PC，从而实现程序转移。转移范围达 64KB。长转移指令是三字节指令，依次是操作码、高 8 位地址、低 8 位地址。

例：LJMP 1000H　；程序转向 1000H 地址处执行

　　LJMP ABD　　；程序转向 ABD 地址处执行

（2）绝对转移指令（短转移指令）

AJMP　addr11　　；PC←PC +2，然后 $PC_{10\sim0}$←addr11；把 11 位目标地址装入 PC 的低 11 位，形成新的 PC 值，即目的地址，转去执行程序

这是 2KB 范围内的无条件转跳指令，程序转移到指定的地址。该指令在运行时先将 PC +2，然后通过把 PC 的高 5 位和 addr11 相连而得到程序转跳的目的地址，并送入 PC，因此目标地址必须与它下面的指令存放地址在同一个 2KB 区域内。

例：设标号 KWR 地址为 4050H，addr11 = 00100000000B = 100H，则执行下条指令后，

　　KWR：　AJMP　addr11

程序转移到 4100H。4050H 的高 5 位为 01000B，转移偏移为 00100000000B，二者相连得到 0100000100000000B，即为目标地址 4100H。

（3）短转移指令（相对转移指令）

SJMP　rel　　；PC←PC +2，然后 PC←PC + rel

SJMP 相对寻址方式转移指令，其中 rel 为相对偏移量，转移的范围是 -127 ~ 128，如 rel 为正数则向前转移，rel 为负数则向后转移。此外，在汇编语言程序中，为等待中断或程序结束，常需要程序“原地踏步”，对此可使用 SJMP 指令完成。SJMP 指令格式为 HERE：

SJMP HERE 或 HERE：SJMP $（$代表 PC 的当前值）。

例：LOOP：　SJMP　PLOOP

如果 LOOP 标号值为 0200H，即 SJMP 这条指令的机器码存放于 0200H 和 0201H 这两个单元中；标号 PLOOP 值为 0234H，即转跳的目标地址为 0234H，则指令机器码的第二个字节 rel（相对偏移量）应为

$$rel = 0234H - 0202H = 32H$$

例：确定以下指令的转移目标地址各为多少。

1）2300H：SJMP 25H

2）2300H：SJMP D7H

解：1）25H（0010 0101）为正数，程序将向后转移，所以

目标地址 = PC + 2 + rel =（PC）当前值 + rel = 2300H + 2 + 25H = 2327H

2）D7H（1101 0111）为负数，程序将向前转移，D7H = $(-29H)_{补}$，所以

目标地址 = PC + 2 + rel = 2300H + 2 + (- 29H) = 22D9H

（4）变址寻址转移指令（间接转移指令）

JMP @ A + DPTR　　；PC←A + DPTR

转移的目的地址 = A + DPTR。本指令以 DPTR 内容为基址，以 A 的内容做变址，因此只要把 DPTR 的值固定，而给 A 赋以不同的值，就可实现程序的多分支转移，键盘译码程序就是本指令的一个典型应用。

例：如果累加器 A 中存放待处理命令（编号 0 ~ 7），程序存储器中存放着标号为 PMTAB 的转移表。则执行下面的程序，将根据 A 内命令编号转向相应的命令处理程序。

```
        MOV   DPTR, #PMTAB    ; 转移表首址→DPTR
        JMP   @ A + DPTR
PMTAB:  LJMP  PM0             ; 转向命令 0 处理入口
        LJMP  PM1             ; 转向命令 1 处理入口
        LJMP  PM2             ; 转向命令 2 处理入口
        LJMP  PM3             ; 转向命令 3 处理入口
        LJMP  PM4             ; 转向命令 4 处理入口
        LJMP  PM5             ; 转向命令 5 处理入口
        LJMP  PM6             ; 转向命令 6 处理入口
        LJMP  PM7             ; 转向命令 7 处理入口
```

2. 条件转移指令

所谓条件转移就是指程序转移是有条件的。执行条件转移指令时，如指令中规定的条件满足，则进行程序转移，否则程序顺序执行，相当于 C 语言中的 if…go to 语句。

（1）累加器判零转移指令（2 条）

```
JZ rel     ; 若 A = 0，则 PC←PC + 2 + rel，跳转执行
           ; 若 A≠0，则 PC←PC + 2，顺序执行
JNZ rel    ; 若 A≠0，则 PC←PC + 2 + rel，跳转执行
           ; 若 A = 0，则 PC←PC + 2，顺序执行
```

这两条指令都是二字节指令，是以累加器 A 中内容是否为 0 为判断条件的相对转移指

令，以 rel 为偏移量，均是相对寻址方式。

例：将片内 RAM 的从 40H 单元开始的数据块传送到片外 RAM 的从 1000H 开始的单元中，当遇到传送的数据为 0 时，停止传送。

```
STRART：MOV R0，#40H        ；片内 RAM 数据块首地址
        MOV DPTR，#1000H    ；片外 RAM 数据块首地址
LOOP：  MOV A，@R0          ；取数
        JZ ABD              ；等于零，结束
        MOVX @DPTR，A       ；不为零，送数
        INC R0              ；地址指针加 1
        INC DPTR            ；地址指针加 1
        SJMP LOOP           ；转 LOOP，继续取数
ABD：   SJMP ABD            ；踏步
```

（2）数值比较转移指令（4 条） 数值比较转移指令把两个操作数进行比较，将比较结果作为条件来控制程序转移。

```
CJNE A，#data，rel    ；若 A=data，则 PC←PC+3，即顺序执行
                      ；若 A≠data，则 PC←PC+3+rel，即跳转，且改变 CY 值
                      ；若 A≥data，则 CY=0，若 A<data，则 CY=1
CJNE A，direct，rel   ；若 A=(direct)，则 PC←PC+3，即顺序执行
                      ；若 A≠(direct)，则 PC←PC+3+rel，即跳转，且改变 CY 值
                      ；若 A≥(direct)，则 CY=0，若 A<(direct)，则 CY=1
CJNE Rn，#data，rel   ；若 Rn=data，则 PC←PC+3，即顺序执行
                      ；若 Rn≠data，则 PC←PC+3+rel，即跳转，且改变 CY 值
                      ；若 Rn≥data，则 CY=0，若 Rn<data，则 CY=1
CJNE @Ri，direct，rel ；若（Ri）=(direct)，则 PC←PC+3，即顺序执行
                      ；若（Ri）≠(direct)，则 PC←PC+3+rel，即跳转，且改变 CY 值
                      ；若（Ri）≥(direct)，则 CY=0，若（Ri）≤(direct)，则 CY=1
```

这组指令是三字节指令，其功能是比较两个操作数的大小。如果它们的值不相等则转移。在 PC 指向下一条指令的起始地址后，通过把指令最后一个字节的有符号的相对偏移量加到 PC 上，并计算出转向地址。两个操作数比较时，首先要做减法，如果第一操作数（无符号整数）小于第二操作数，则进位标志 CY 置 1，否则清 0，比较转移不影响任何一个操作数的内容。

例：执行下列程序后将根据 A 的内容大于 60H、等于 60H、小于 60H 三种情况作不同的处理。

```
        CJNE  A，#60H，NEQ      ；A 不等于 60H 转移
EQ：    …                       ；A=60H 处理程序
        …
NEQ：JC    LOW                  ；A<60H 转移
        …                       ；A>60H 转移
        …
LOW：…                          ；A<60H 处理程序
```

（3）减 1 判断条件转移指令（2 条）　这是一组把减 1 结果与条件转移两种功能结合在一起的指令。

```
DJNZ  direct, rel   ; (direct) - 1→(direct), direct 单元中的内容减 1, 其送回到 direct
                      单元中, 若结果不为 0, 转移 PC←PC + 3 + rel
                    ; 若结果为 0, 顺序执行 PC←PC + 3
DJNZ  Rn, rel       ; Rn - 1→Rn, Rn 中的内容减 1, 其送回到 Rn 元中
                    ; 若结果不为 0, 转移 PC←PC + 2 + rel
                    ; 若结果为 0, 顺序执行 PC←PC + 2
```

对源操作数作减 1 操作，然后判断结果是否为 0，不为 0 则转移，结果为 0 则顺序执行。这 2 条指令主要用于按次数控制程序循环，类似于 C 语言的 for 循环。如预先把寄存器或内部 RAM 单元赋值循环次数，则利用减 1 条件转移指令，以减 1 后是否为 0 作为转移条件，即可实现按次数控制循环。两条指令都不影响标志位。

例：将片内 RAM 的 30H ~ 39H 单元置初值 00H ~ 09H。

```
        MOV R0, #30H        ; 设定地址指针
        MOV R2, #0AH        ; 数据区长度设定
        MOV A, #00H         ; 初值装入 A
LOOP:   MOV @ R0, A         ; 送数
        INC R0              ; 修改地址指针
        INC A               ; 修改待传送的数据
        DJNZ R2, LOOP       ; 未送完, 转 LOOP 地址继续送, 否则传送结束
HERE:   SJMP HERE           ; 踏步
```

3. 子程序调用与返回指令

子程序结构是一种重要的程序结构。在一个程序中经常遇到反复多次执行某程序段的情况，如果重复书写这个程序段，会使程序变得冗长而杂乱。对此，可采用子程序结构，即把重复的程序段编写为一个子程序，通过主程序调用而使用它，这样不但减少了编程工作量，而且也缩短了程序的长度。

调用和返回构成了子程序调用的完整过程。为了实现这一过程，必须有子程序调用指令和返回指令。调用指令在主程序中使用，而返回指令则应该是子程序的最后一条指令。执行完这条指令之后，程序返回主程序断点处继续执行。主程序调用子程序以及子程序嵌套示意图如图 3-1 所示。

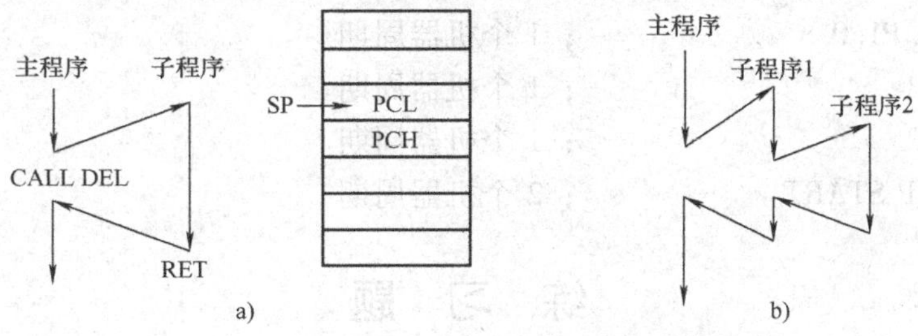

图 3-1　主程序调用子程序以及子程序嵌套示意图

（1）长调用指令

LCALL　addr16

该指令是三字节指令，调用地址在指令中直接给出。指令执行后，断点进栈保存，以 addr16 作地址调用子程序，长调用指令的子程序调用范围是 64KB。指令的操作内容表示为

PC←PC +3；获得下一条指令地址

SP←SP +1，(SP)←$PC_{0\sim7}$

SP←SP +1，(SP)←$PC_{8\sim15}$；把此时的 PC 内容压入堆栈，作为返回地址

PC←addr16；把目标地址装入 PC 转去执行子程序

（2）绝对调用指令

ACALL　addr11

这是一条二字节指令，子程序调用范围是 2KB。

PC←PC +2；获得下一条指令地址

SP←SP +1，(SP)←$PC_{0\sim7}$

SP←SP +1，(SP)←$PC_{8\sim15}$；把此时的 PC 内容压入堆栈，作为返回地址

$PC_{10\sim0}$←addr11，$PC_{11\sim15}$；把目标地址装入 PC 转去执行子程序，PC 高 5 位不变

（3）返回指令（2 条）

RET　　；子程序返回指令

RETI　　；中断服务子程序返回指令

子程序返回指令执行子程序返回功能，从堆栈中自动取出断点地址送给程序计数器 PC，使程序在主程序断点处继续向下执行。因此本指令的操作内容可表示为

$PC_{15\sim8}$←(SP)，SP←SP - 1，$PC_{7\sim0}$←(SP)，SP←SP - 1

中断服务子程序返回指令，除具有上述子程序返回指令所具有的全部功能之外，还能恢复中断逻辑，即清除内部相应的中断状态寄存器（该触发器由 CPU 相应中断时置位，指示 CPU 当前是否在处理高级或低级中断）。因此中断服务程序必须以 RETI 为结束指令，它与子程序返回指令是不能互换的。CPU 执行 RETI 指令后至少再执行一条指令，才能响应新的中断请求。其操作的内容为

$PC_{15\sim8}$←(SP)，SP←SP - 1，$PC_{7\sim0}$←(SP)，SP←SP - 1

4. 空操作指令

NOP；PC←PC + 1

该指令除了 PC +1 外 CPU 不做任何操作，而转向下一条指令，只消耗一个机器周期的时间，空操作指令是单字节指令。NOP 指令常用于程序的等待或时间的延迟。

例：以下程序段可使 P1.0 引脚向外输出周期为 4 个机器周期的方波。

```
START：CPL P1.0          ；1 个机器周期
       NOP               ；1 个机器周期
       NOP               ；1 个机器周期
       SJMP START        ；2 个机器周期
```

练　习　题

1. MCS-51 单片机有哪几种寻址方式？这几种寻址方式的作用空间如何？

2. 指出下列每条指令的源操作数寻址方式和功能。

（1） MOV A，#40H　　　（2） MOV A，40H
（3） MOV A，@R1　　　（4） MOV A，R3
（5） MOVC A，@A+PC　　（6） SJMP LOOP

3. 在 8051 片内 RAM 中，已知（30H）=38H，（38H）=40H，（40H）=48H，（48H）=90H，试分析下段程序各条指令的作用，说出按顺序执行完指令后的结果。

```
MOV   A，40H
MOV   R1，A
MOV   P1，#0F0H
MOV   @R1，30H
MOV   DPTR，#1234H
MOV   40H，38H
MOV   R1，30H
MOV   90H，R1
MOV   48H，#30H
MOV   A，@R1
MOV   P2，P1
```

A=__；R1=__；DPTR=__；（40H）=__；P1=__；P2=__；（90H）=__.

4. DA　A 指令有什么作用？怎样使用？

5. 试编程将片外数据存储器 80H、90H 单元的内容交换。

6. 执行算术运算指令时，如何用 CY、OV 判断 A 中结果正确与否？

7. 写出下列指令的机器码，指出指令中的 50H 或 66H 各代表什么？

（1）
```
MOV   A，#50H
MOV   A，50H
MOV   50H，#20H
MOV   C，50H
MOV   50H，20H
```

（2）
```
MOV   @R，#66H
MOV   R6，#66H
MOV   66H，#45H
MOV   66H，C
MOV   66H，R1
```

8. 写出能完成下列数据传送的指令或指令序列：

（1） R1 中内容传送到 R2
（2） 内部 RAM　20H 单元内容送 30H 单元
（3） 外部 RAM　20H 单元内容送内部 RAM 20H 单元
（4） 外部 RAM　2000H 单元内容送内部 RAM 20H 单元
（5） 外部 ROM　2000H 单元内容送内部 RAM 20H 单元
（6） 外部 ROM　2000H 单元内容送外部 RAM 3000H 单元
（7） 外部 RAM　4000H 单元中内容和 5000H 单元中内容相交换的程序

9. 试写出能完成如下操作的指令或指令序列：

1） 使 20H 单元中数的高两位变“0”，其余位不变。
2） 使 20H 单元中数的高两位变“1”，其余位不变。
3） 使 20H 单元中数的高两位变反，其余位不变。
4） 使 20H 单元中数的所有位变反。

10. 设逻辑运算表达式为

$$Y = A \times (\overline{\overline{B} + C}) + D \times (\overline{E + \overline{F}})$$

其中，变量 A、B、C、分别为 P1.0、P1.4、定时器溢出标志 TF1，D、E、F 分别为 13H，22H.3，外中断方式标志 IE1，输出变量 Y 为 P1.5，请编一程序以软件方法实现上述逻辑功能。

11. 布尔累加器 C=1，P1 口内容为 10100011B，P3 口内容为 01101100B，请指出执行下列程序段后，C、P1 口、P3 口内容的变化结果。

```
MOV    P1.3，C
MOV    P1.4，C
MOV    C，P1.6
MOV    P3.6，C
MOV    C，P1.0
MOV    P3.4，C
```

12. 说明 RET 和 RETI 两者的区别。

第 4 章　MCS-51 汇编语言程序设计

指令的使用就是程序的设计，是将多条指令按照一定的条件、次序等逻辑关系组合起来，实现具体功能的过程。对于程序设计者而言，程序的有效性和简洁性是至关重要的，这一章介绍几种常用的程序设计方法和具体程序，并且对程序设计软件 Keil C51 加以讲解。

4.1　汇编语言程序设计概述

计算机程序由一系列指令序列组成。计算机通过对每条指令的译码和执行来完成相应的操作。指令必须以二进制代码的形式存放在内存中，才能够被计算机所识别和理解，并加以执行。由二进制代码表示的指令称为机器指令，相应的程序称为机器语言程序。机器语言程序由二进制代码 0、1 组成，不便于编程和记忆。由此产生了用指令助记符表示的汇编语言指令，对应的程序称为汇编语言程序。

汇编语言程序的基本单位仍然是机器指令，只是采用助记符表示，便于人们记忆。因此汇编语言是一种依赖于计算机微处理器的语言，每种机器都有它专用的汇编语言（如 8086CPU 与 8031 单片机的汇编语言即不相同），故汇编语言一般不具有通用性和可移植性。由于进行汇编语言程序设计必须熟悉机器的硬件资源和软件资源，因此具有较大的难度和复杂性。

高级语言，如 BASIC、FORTRAN、C 语言等都是面向过程的语言，不依赖于机器，因而具有很好的通用性和可移植性，并且具有很高的程序设计效率，便于开发复杂庞大的软件系统。

既然高级语言有很多优点，为什么还要学习汇编语言呢？理由如下：

1）汇编语言仍然是各种系统软件（如操作系统）设计的基本语言。利用汇编语言可以设计出效率极高的核心底层程序，如设备驱动程序。迄今在许多高级应用编程中，32 位汇编语言编程仍然占有较大的市场。

2）用汇编语言编写的程序一般比用高级语言编写的程序执行得快，且所占内存较少。

3）汇编语言程序能够直接有效地利用机器硬件资源，在一些实时控制系统中更是不可缺少的。

4）学习汇编语言对于理解和掌握计算机硬件组成及工作原理是十分重要的，也是进行计算机应用系统设计的先决条件。

4.1.1　汇编语言的特点

1）助记符指令和机器指令一一对应，所以用汇编语言编写的程序效率高，占用存储空间小，运行速度快，因此汇编语言能编写出最优化的程序。

2）使用汇编语言编程比使用高级语言困难，因为汇编语言是面向计算机的，汇编语言的程序设计人员必须对计算机硬件有相当深入的了解。

3）汇编语言能直接访问存储器及接口电路，也能处理中断，因此汇编语言程序能够直接管理和控制硬件设备。

4）汇编语言缺乏通用性，程序不易移植，各种计算机都有自己的汇编语言，不同计算机的汇编语言之间不能通用；但是掌握了一种计算机系统的汇编语言后，学习其他的汇编语言就不太困难了。

4.1.2 汇编语言的语句格式

［标号］：［操作码］ ［操作数］；［注释］

4.1.3 汇编语言程序设计的步骤与特点

所谓的汇编语言程序设计就是指根据任务要求，采用汇编语言编制程序的过程。

汇编语言程序设计的步骤：

1）拟订设计任务书，确立需要实现的任务要求。

2）建立数学模型，根据任务要求建立相应的数学模型。

3）确定算法，确立实现数学模型的数学算法。

4）分配内存单元，根据编程思想、程序逻辑关系编制程序流程图。

所谓的编制程序流程图是指用各种图形、符号、指向线等来说明程序设计的过程。国际通用的图形和符号说明如下：

椭圆框：开始和结束框，在程序的开始和结束时使用。

矩形框：处理框，表示要进行的各种操作。

菱形框：判断框，表示条件判断，以决定程序的流向。

流向线：流程线，表示程序执行的流向。

圆圈：连接符，表示不同页之间的流程连接。

5）编制源程序。进一步合理分配存储器单元和了解 I/O 接口地址；按功能设计程序，明确各程序之间的相互关系；用注释行说明程序，便于阅读、调试和修改。

6）上机调试，测试是否成功，找出其中的错误，以便更好地改善程序结构。

7）程序优化，提高程序功能及效率。

4.2 Keil μVision3 软件

4.2.1 简介

Keil μVision3 是美国 Keil Software 公司出品的一款编程软件，它支持高级语言如 C、C++的编译，也支持低级语言如汇编语言的编译，这使得它在微处理器的软件开发应用方面变得十分便利和广泛。

Keil 软件提供了丰富的库函数并内嵌多种符合当前工业标准的集成开发调试工具，可完成从工程监理到管理、编译、链接、目标代码的生成、仿真等完整的开发流程。尤其重要的一点，Keil C51 编译后生成的目标汇编代码效率非常高，多数语句生成的汇编代码很紧凑，容易理解。在开发大型软件时更能体现高级语言的优势。

μVision3 工具集中组件如图 4-1 所示。

1. C51 与 A51

（1）C51　C51 是 C 语言编译器，其使用方法为：

C51 sourcefile［编译控制指令］或者 C51 @ commandfile

其中，sourcefile 为 C 源文件（. C）。大量的编译控制指令完成 C51 编译器的全部功能。包括 C51 输出文件 C. LST，. OBJ，. I 和 . SRC 文件、源文件（. C）的控制等。而 Commandfile 为一个连接控制文件，其内容包括：. C 源文件及各编译控制指令，它没有固定的名字，开发人员可根据自己的习惯指定，它适于用控制指令较多的场合。

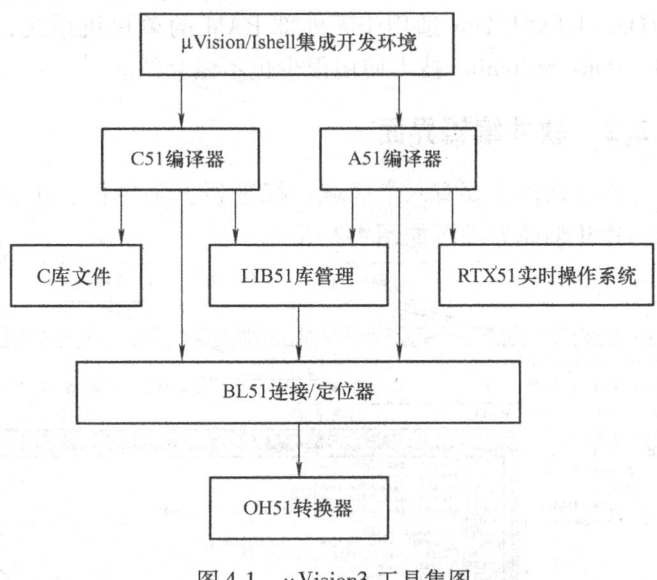

图 4-1　μVision3 工具集图

（2）A51　A51 是汇编语言编译器，使用方法为：

A51 sourcefile［编译控制指令］或 A51 @ commandfile

其中，sourcefile 为汇编源文件（. asm 或 . a51），而编译控制指令的使用与其他汇编如 ASM 语言类似，可参考其他汇编语言材料。Commandfile 同 C51 中的 Commandfile 类似，它使 A51 使用和修改方便。

2. L51 和 BL51

（1）L51　L51 是 Keil C51 软件包提供的连接/定位器，其功能是将编译生成的 OBJ 文件与库文件连接定位生成绝对目标文件（. ABS），其使用方法为：

L51 目标文件列表［库文件列表］［to outputfile］［连接控制指令］或 L51 @ commandfile

源程序的多个模块分别经 C51 与 A51 编译后生成多个 OBJ 文件，连接时，这些文件全列于目标文件列表中，作为输入文件，如果还需与库文件（. LIB）相连接，则库文件也必须列在其后。outputfile 为输文件名，缺少时为第一模块名，后缀为 . ABS。连接控制指令提供了连接定位时的所有控制功能。Commandfile 为连接控制文件，其具体内容包括了目标文件列表，库文件列表及输出文件、连接控制命令，以取代第一种繁琐的格式，由于目标模块库文件大多不止 1 个，因而第 2 种方法较多见，这个文件名字也可由使用者随意指定。

（2）BL51　BL51 也是 C51 软件包的连接/定位器，其具有 L51 的所有功能，此外它还具有以下 3 点特别之处：

1）可以连接定位大于 64KB 的程序。

2）具有代码域及域切换功能（Code Banking & Bank Switching）

3）可用于 RTX51 操作系统

RTX51 是一个实时多任务操作系统，它改变了传统的编程模式，甚至不必用 main( ) 函数，单片机系统软件向 RTOS 发展是一种趋势，这种趋势对于 186 和 386 及 68K 系列 CPU 更为明显和必要，8051 的 CPU 较为简单，程序结构等都不太复杂，RTX51 作用显得不太突出，其专业版软件 PK51 软件包甚至不包括 RTX51 Full，而只有一个 RTX51 Tiny 版本的 RTOS。RTX51 Tiny 适用于无外部 RAM 的单片机系统，因而可用面很窄，在本文中不做介绍。Bank Switching 技术使用很少也不做介绍。

4.2.2 软件编辑界面

Keil 软件主要有六个区域：标题栏、菜单栏、工具栏、项目窗口、编译窗口和信息窗口。Keil 编译界面图如图 4-2 所示。

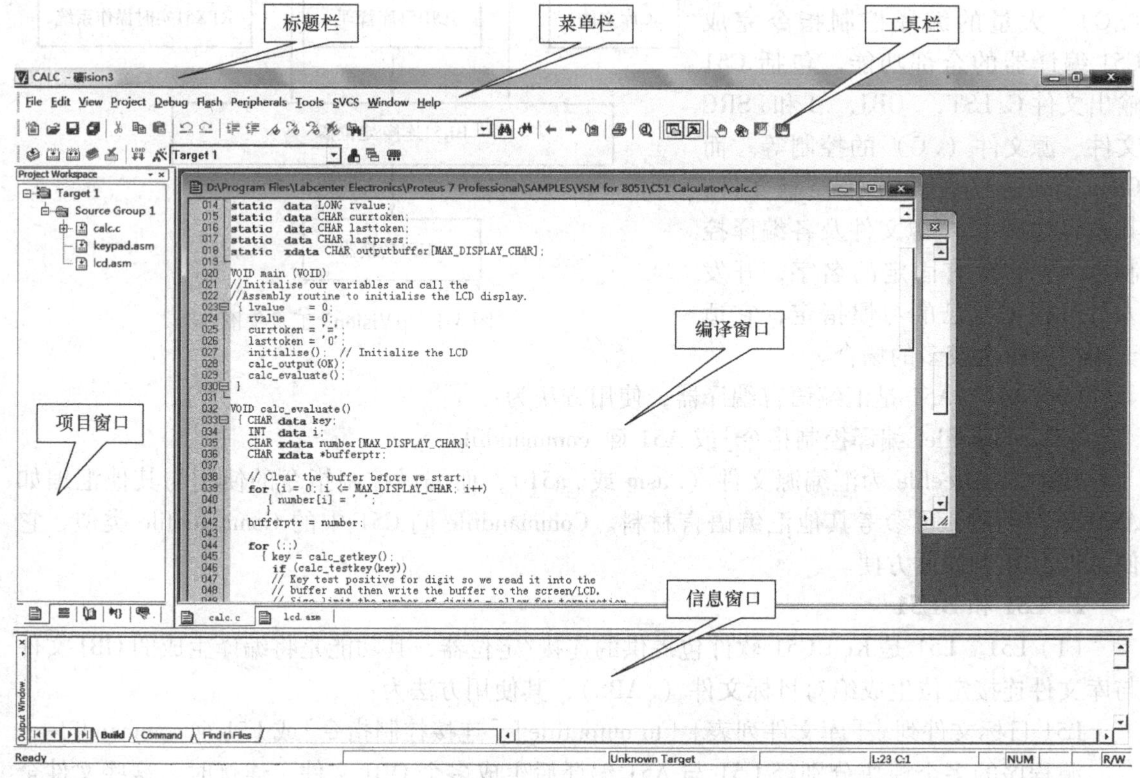

图 4-2　Keil 编译界面图

1. 标题栏

该区域主要反映出当前项目所存储的位置及名称。

2. 菜单栏

该区域中包含各种命令操作，利用菜单栏可实现 Keil 的所有功能，菜单栏主要包括"File"、"Edit"、"View"、"Project"、"Debug"、"Flash"、"Peripherals"、"Tools"、"SVCS"、"Window"、"Help" 11 个下拉菜单。

1）"File"菜单　该菜单包括新建编译文件、打开已有编译文件、关闭文件、保存文件、处理器芯片管理、注册管理、打印文件、显示最近的编译文件、退出等常用操作。其中的编译文件如果为 C 语言则扩展名为 .C，如果为汇编文件则扩展名为 .A51 或 .Asm。

2）"Edit"菜单　该菜单提供了单片机程序源代码的各种编辑方式，包括对当前编译文件的撤销、恢复、剪切、复制、粘贴、文本缩进、标签设置、光标移动、查找、替换、更改字体、编辑器命令等操作。

3）“View” 菜单　该菜单提供了各种窗口和工具栏的显示和隐藏，包括显示/隐藏状态条、文件工具栏、编译工具栏、调试工具栏、项目工作管理窗口、输出窗口、浏览器窗口、反汇编窗口、观察和堆栈窗口、存储器窗口、代码报告窗口、性能分析窗口、逻辑分析窗口、字符变量窗口、串口观察窗口等。

4）“Project” 菜单　该菜单提供了项目的管理和编译，包括新建项目、导入项目、打开项目、关闭项目、项目管理、CPU 选择、移除文件、项目维护、清除编译生成的中间文件、编译文件并生成烧写文件、重新编译所有文件并生成烧写文件、编译文件等。

5）“Debug” 菜单　该菜单提供了项目调试和仿真中使用的各种命令，包含开始/停止调试模式、运行程序（直到遇到断点）、单步运行程序、单步运行程序（跳过子程序）、执行到当前函数的结束、执行到光标所在行、停止运行、打开断点对话框、设置/取消当前行的断点、使能/禁止当前行断点、禁止断点、取消断点、显示下一条指令、设置参数等。

6）“Flash” 菜单　该菜单提供了对 Flash 存储器中的程序下载、擦除以及配置等命令，需要外部仿真器的支持。包含下载程序、擦除程序、配置工具等。

7）“Peripherals” 菜单　该菜单提供了对单片机上各种资源进行操作的命令，供项目仿真调试时使用，需注意的是不同的单片机其资源不同。其指令包含 CPU 复位、打开中断、打开并行口、打开串行口、打开定时器、打开 A-D 转换设置、打开 D-A 转换设置、打开 I^2C 总线控制器、打开 CAN 总线控制器、打开看门狗设置等。

8）“Tools” 菜单　该菜单提供了第三方软件的控制命令。

9）“SVCS” 菜单　该菜单提供了软件版本的控制使用命令。

10）“Window” 菜单　该菜单提供了对窗口的排列管理控制。

11）“Help” 菜单　该菜单提供了各种帮助命令。

3. 工具栏

Keil 除了在菜单栏提供了完整的操作命令外，也提供了相当完善的工具栏，以便进行快速操作。

（1）文件操作工具栏（见图 4-3）

图 4-3　文件操作工具栏图

（2）编译工具栏　提供了编译项目的文件名称和需进行编译的各种操作，如图 4-4 所示。

图 4-4　编译工具栏图

（3）调试工具栏　在程序运行调试时出现和使用，其提供了项目仿真和调试过程中经常使用的命令，如图 4-5 所示。

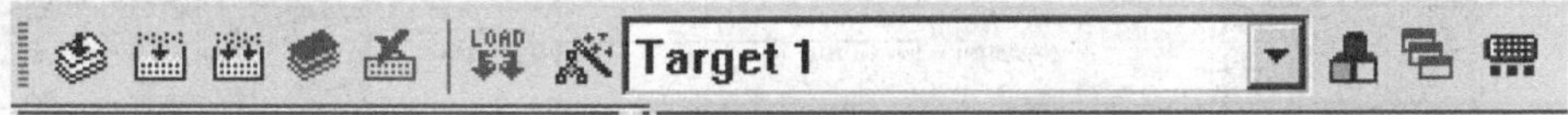

图 4-5　调试工具栏图

4. 项目窗口

该窗口反映了当前项目的属性、所含程序文件的信息等。

5. 编译窗口

该窗口用于显示程序文件，并可在窗口内对程序内容进行编写和修改。

6. 信息窗口

该窗口内反映出各种操作命令在执行过程和结束后的一些信息，如编写的程序是否有语法错误、错误在哪一行等。

4.2.3 项目及程序的建立

建立一个 Keil 应用程序需要六个步骤：建立项目文件；选择项目处理器；配置软硬件环境；创建程序文件并输入源代码；保存程序文件；添加程序文件到项目中。

1. 建立项目文件

如图 4-6a 所示，单击 Project 菜单中的 New μVision Project，出现如图 4-6b 所示页面。

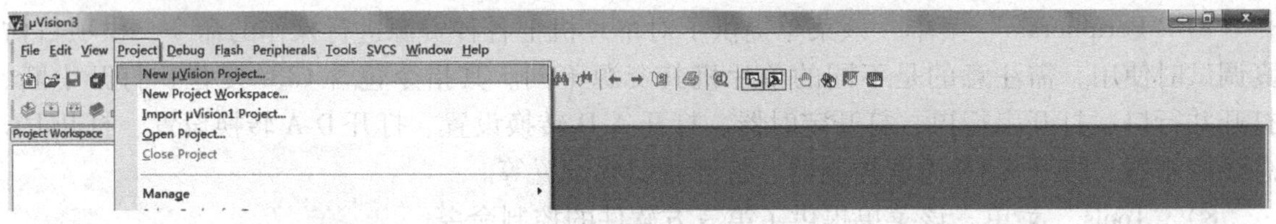

a)

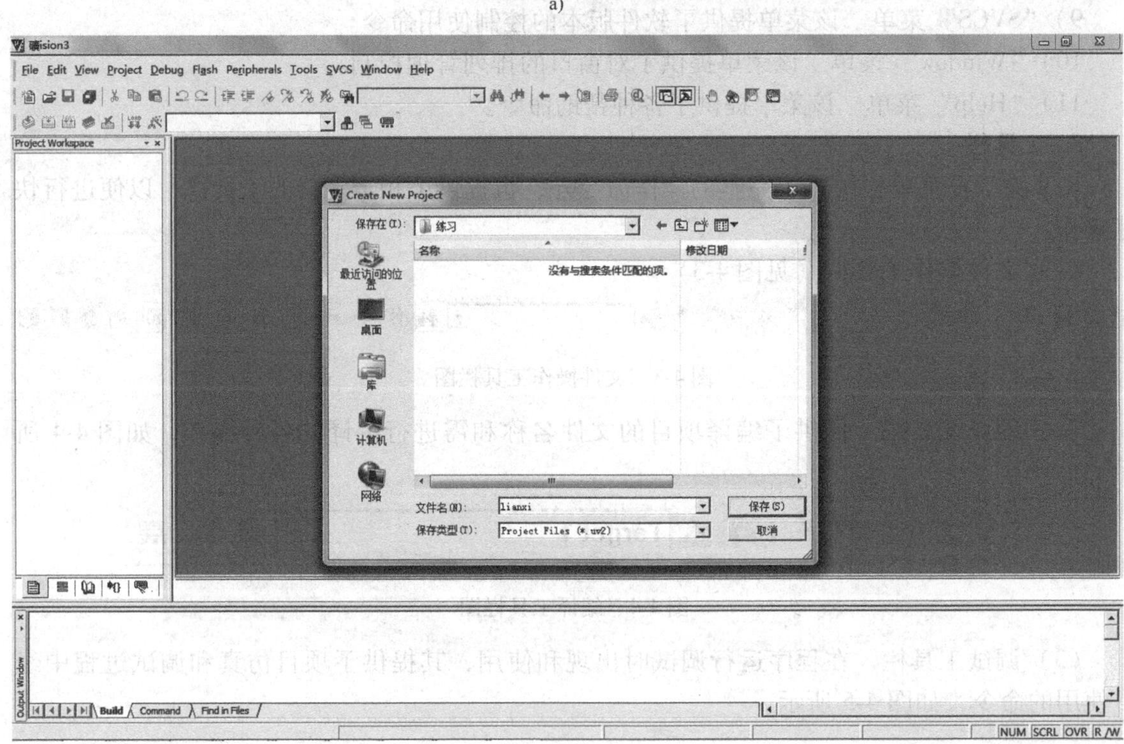

b)

图 4-6　建立项目文件界面

2. 选择项目处理器

如图 4-6b 单击保存后，弹出处理器选择界面如图 4-7 所示，根据需要可选择相应的微型处理器型号。

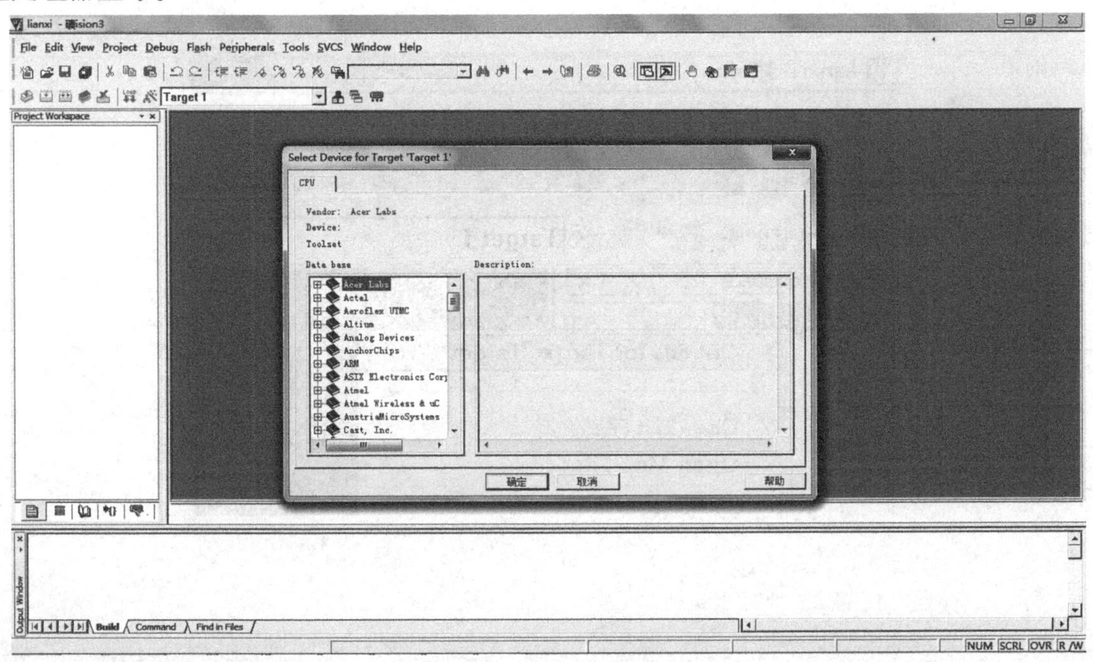

图 4-7　处理器选择界面

3. 配置软硬件环境

选择好处理器之后确定，单击“是”，出现如图 4-8 所示项目管理界面。

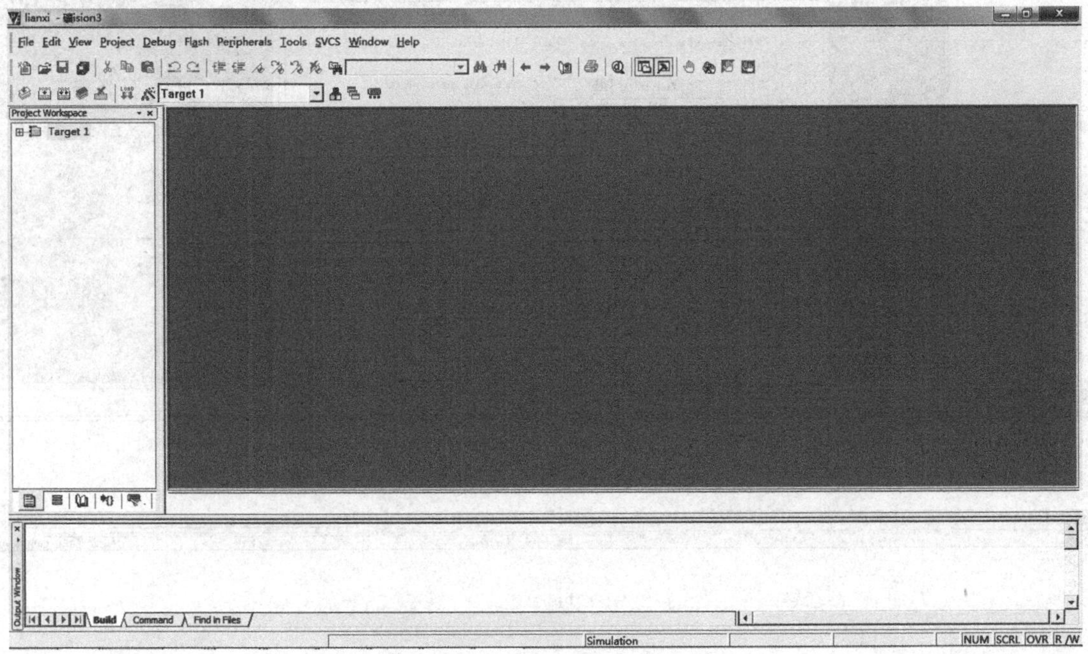

图 4-8　项目管理界面

如图 4-9a 所示，右键单击 Target1 扩展菜单中的 Options for Target ‘Target1’，出现如图 4-9b 所示界面，即可对项目的软件和硬件进行配置，如工作频率、处理器型号、存储器的使用等。

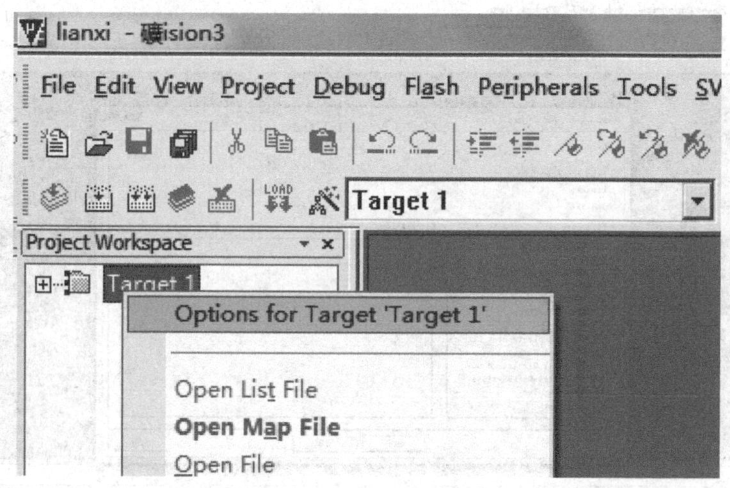

a)

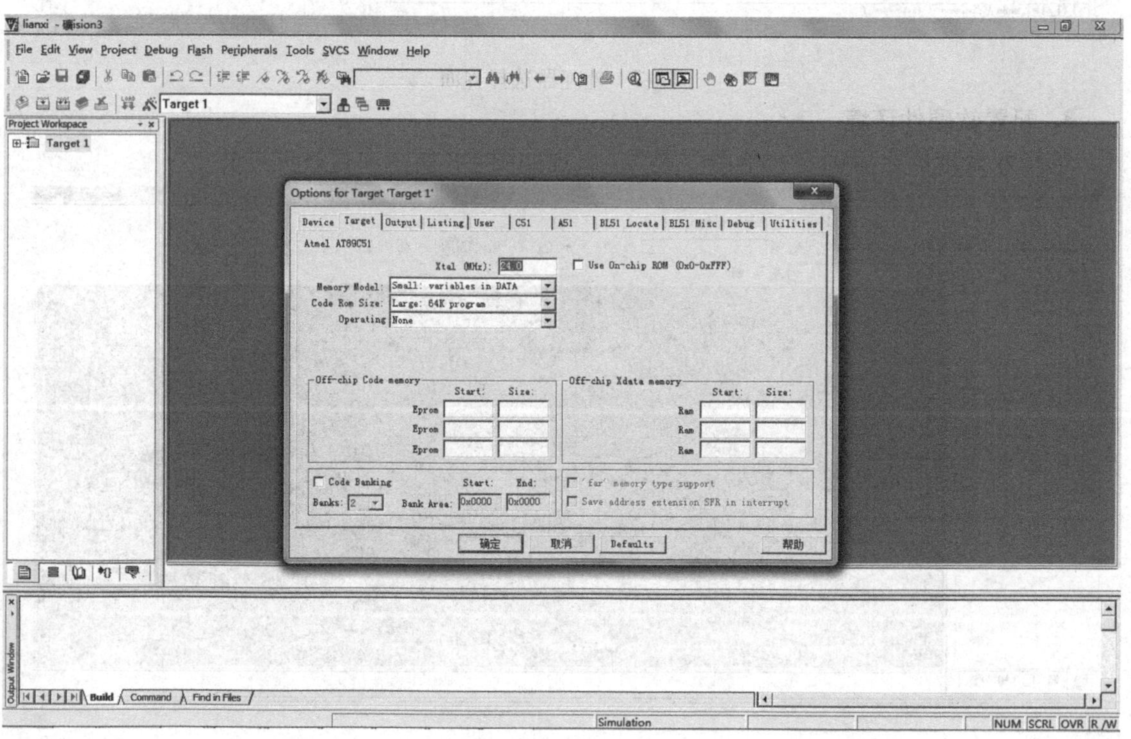

b)

图 4-9　软硬件环境配置界面

注意：在 Output 标签中需将 Create HEX fil 选中，这样才能生成烧写文件 . Hex。其生成的目录及名称由 Output 标签中的第一行信息决定。

4. 创建程序文件并输入源代码

如图 4-10a 所示，单击 File 菜单下的 New，建立新的程序文件如图 4-10b 所示。这样就可以在程序编译窗口中进行编写程序源代码的操作。

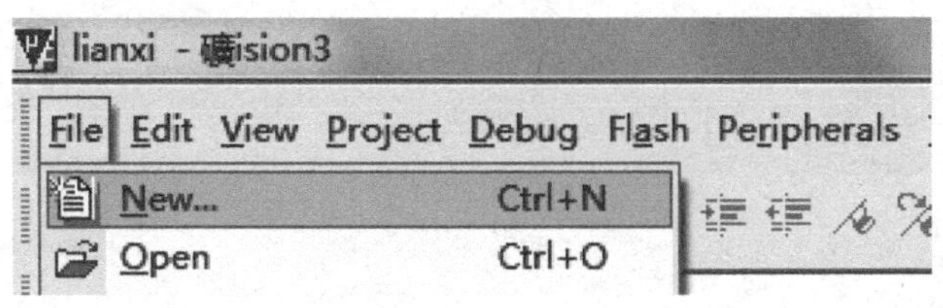

a)

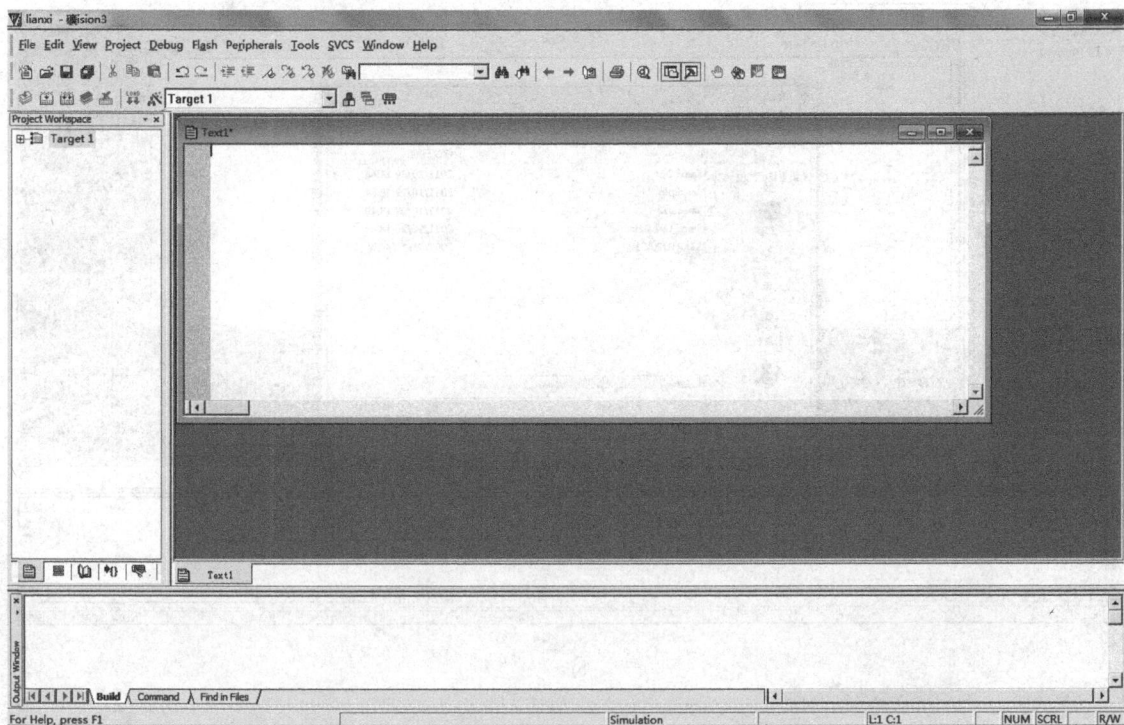

b)

图 4-10　建立程序文件

5. 保存程序文件

当源程序编写好之后，可按如图 4-11 所示步骤进行存储，这里要注意的是，如果用 C 语言编写的程序则其文件扩展名为 . C，如果用汇编语言编写的程序则其文件扩展名为 . A51 或 . Asm。

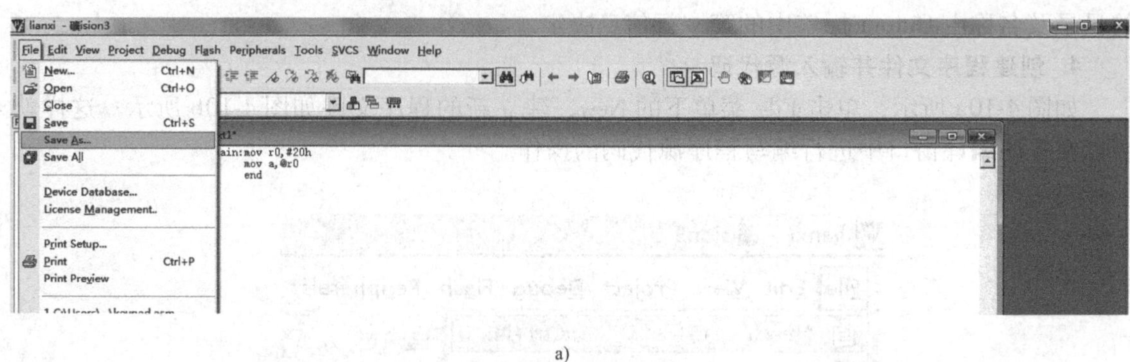

a)

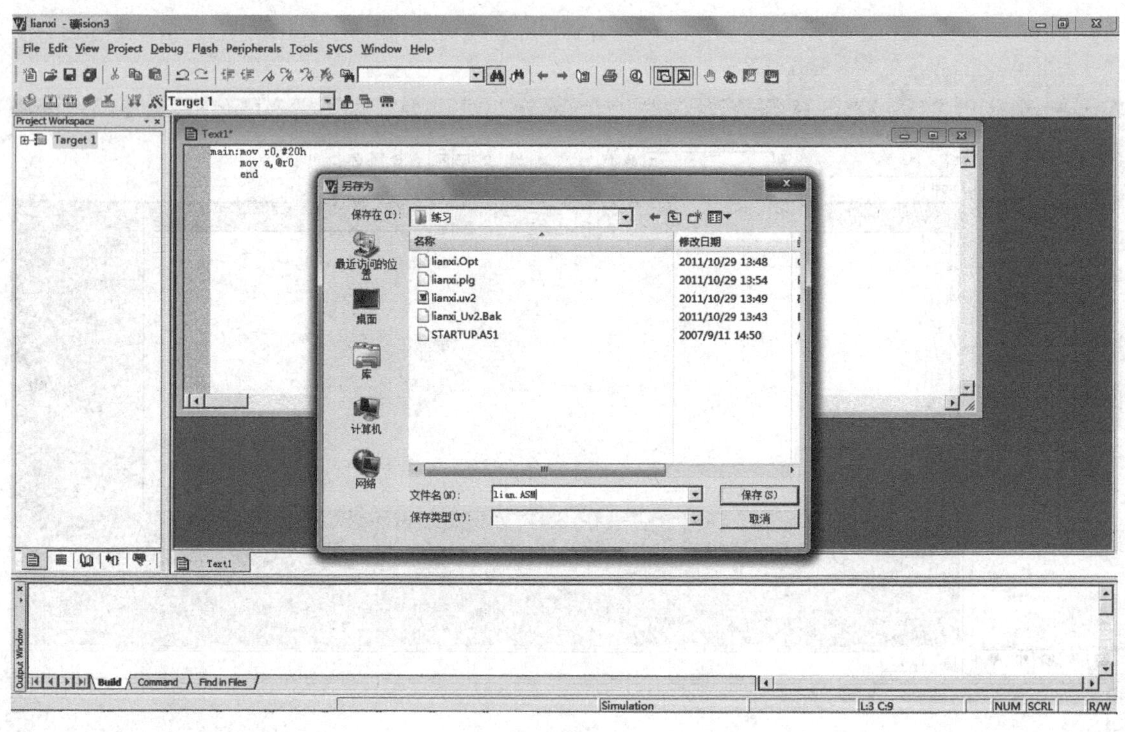

b)

图 4-11　程序文件保存

6. 添加程序文件到项目

当源程序文件编写保存之后，需要将其加入到已建立的项目之中，才能进行编译和生成单片机烧写文件。操作如图 4-12 所示，将 Target1 前的“+”号展开，出现 Source Group 1，右键单击 Source Group 1 扩展菜单中的 Add files 进行程序文件的添加。

当一个 Keil 应用程序项目建立完成之后，就可以通过编译工具或指令，以及调试工具或指令，进行程序的编译和调试操作。

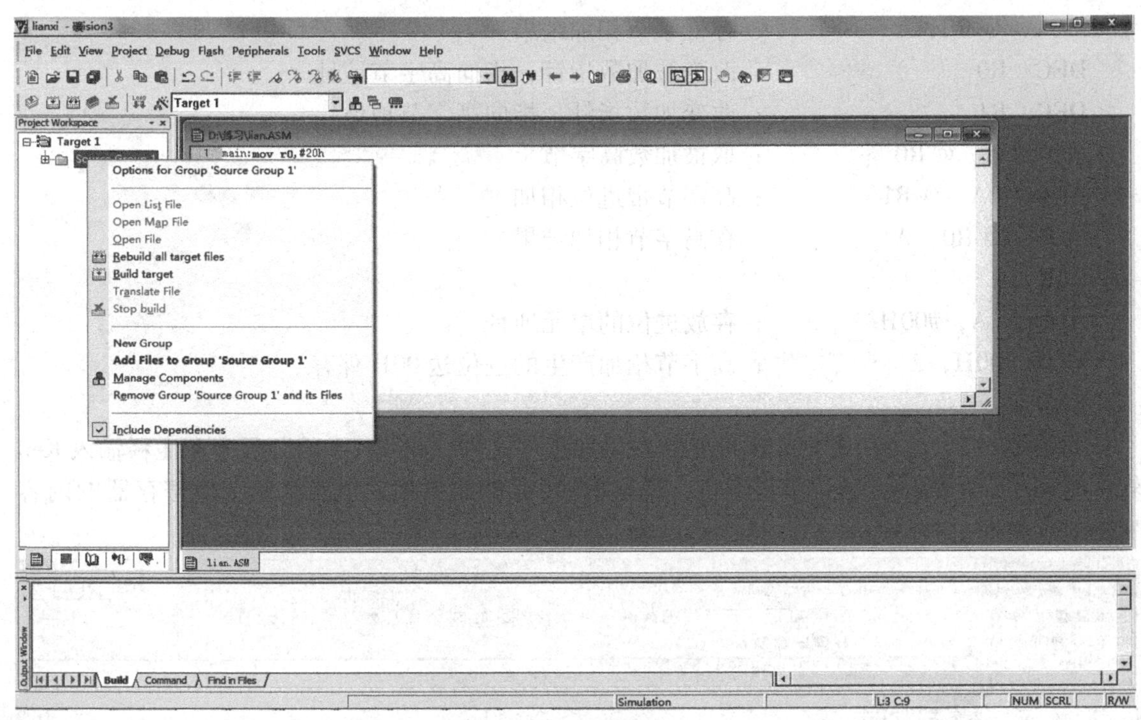

图 4-12　程序文件添加

4.3　单片机汇编语言程序的基本结构形式

计算机要完成某一具体工作，必须按照一定顺序一条条执行指令，这种按工作要求编排指令序列的过程称为程序设计。程序设计常采用以下几种基本结构：顺序结构、分支结构和循环结构，再加上广泛使用的子程序和中断服务子程序。

4.3.1　顺序结构程序

按照编写的顺序依次执行的程序称为顺序结构程序。顺序结构程序是最简单、最基本的程序。程序按编写的顺序依次往下执行每一条指令，直到最后一条。它能够解决某些实际问题，或成为复杂程序的子程序。

【例 4-1】　双字节无符号数相加，其中被加数在内部 RAM 的 51H 和 52H 单元中；加数在内部 RAM 的 54H 和 55H 单元中；要求把相加之和存放在 51H 和 52H 单元中，进位存放在位寻址区的 00H 单元中。假设被加数是 2467H，加数是 79F2H，程序流程图如图 4-13 所示。

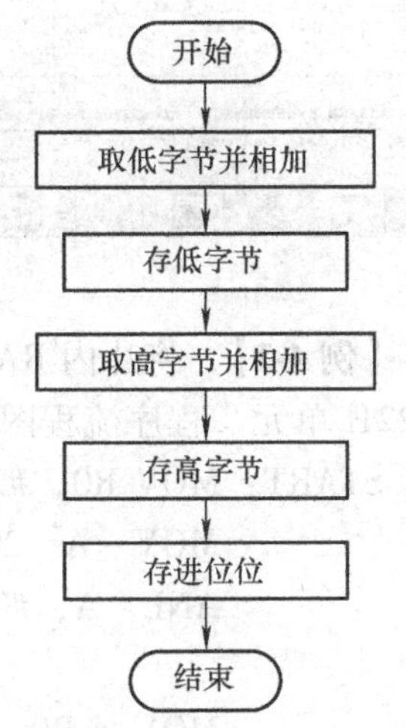

图 4-13　例 4-1 程序流程图

```
MOV   R0, #52H        ; 被加数的低字节地址指针
MOV   R1, #55H        ; 加数的低字节地址指针
MOV   A, @R0          ; 取被加数低字节
ADD   A, @R1          ; 低字节相加
```

```
MOV   @R0, A          ; 存低字节相加结果
DEC   R0              ; 改变被加数指针，指向高字节地址
DEC   R1              ; 改变加数指针，指向高字节地址
MOV   A, @R0          ; 取被加数高字节
ADDC  A, @R1          ; 高字节带进位相加
MOV   @R0, A          ; 存高字节相加结果
CLR   A
ADDC  A, #00H         ; 存放进位的单元地址
MOV   00H, A          ; 高字节相加产生的进位送 00H 保存
END
```

如图4-14 所示，利用 Keil 软件建立项目和程序文件，将例4-1 的源程序和注释输入 Keil 软件的程序编译器中，通过单步运行，观察 RAM 存储器中相关单元以及工作寄存器的内容变化。

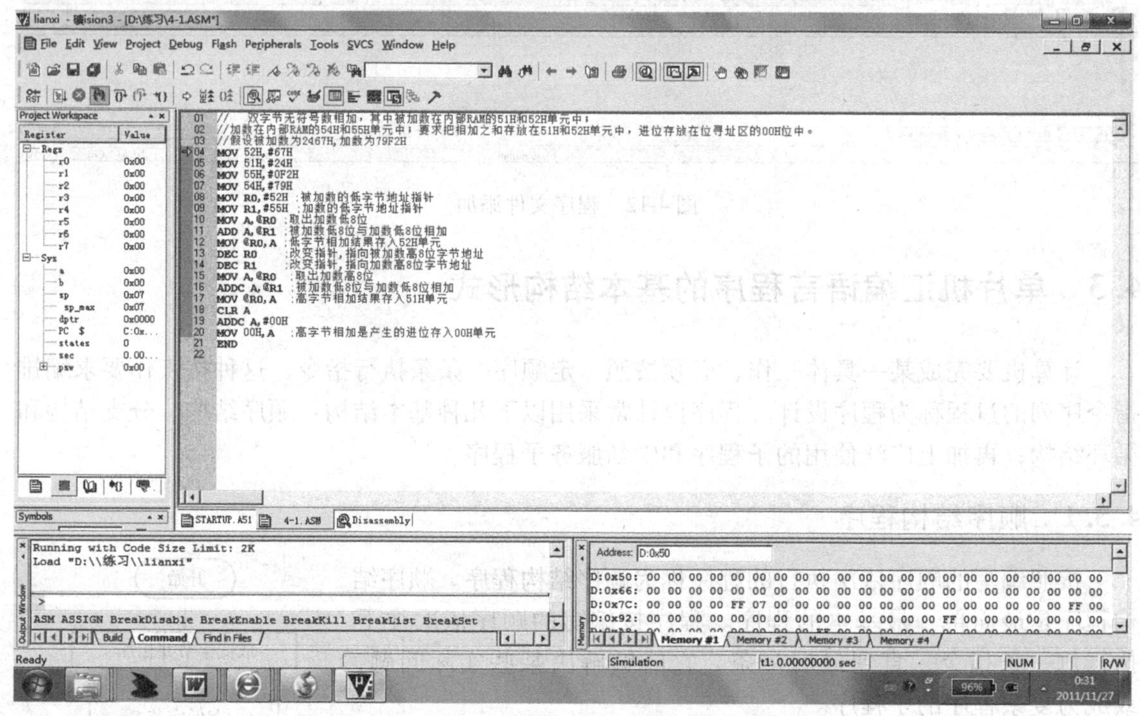

图4-14　例 4-1Keil 示意图

【例 4-2】　将片内 RAM20H 单元的内容拆成两段，每段 4 位，并将它们分别存入 21H 和 22H 单元。程序流程图如图 4-15 所示。

```
START: MOV R0, #21H        ; 设定指向 21H 单元的指针
       MOV   A, 20H        ; 将 20H 单元数据送入累加器 A
       ANL   A, #0FH       ; 保留累加器 A 中的低 4 位，高 4 位清零，取已知数
                           ;   的低 4 位
       MOV @R0, A          ; 将低 4 位数据送入 21H 单元
       INC R0              ; 改变指针，指向 22H 单元
```

```
MOV A, 20H          ; 将20H单元数据送入累加器A
SWAP   A            ; 交换累加器A中的高低4位
ANL   A, #0FH       ; 保留累加器A中的低4位，高4位清零，取已知数
                    ; 的高4位
MOV @R0, A          ; 将高4位数据送入22H单元
END
```

【例 4-3】 将工作寄存器 R2 中数据的高 4 位和 R3 中的低 4 位拼成一个数，并将这个数存入 30H。程序流程图如图 4-16 所示。

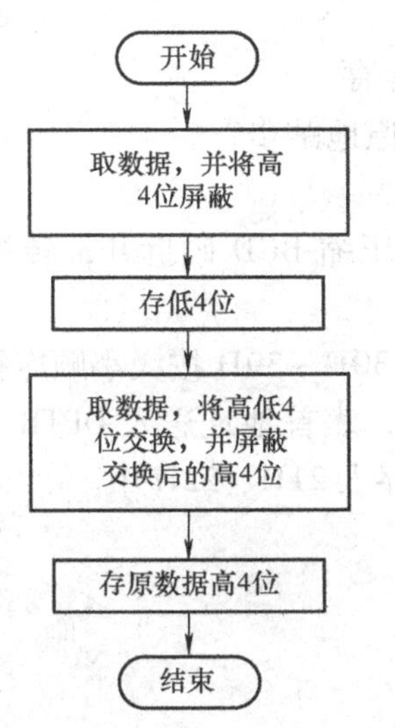

图 4-15　例 4-2 程序流程图

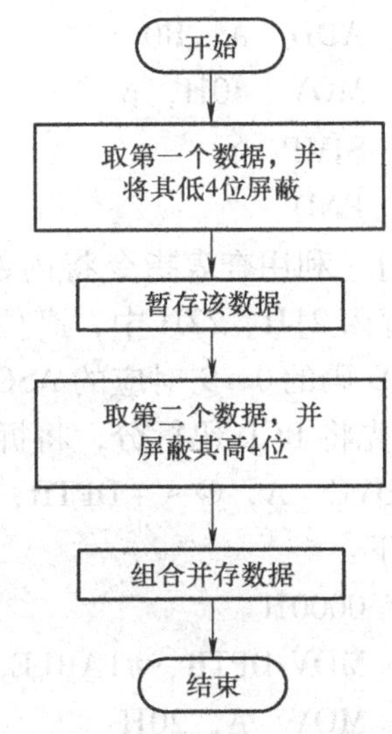

图 4-16　例 4-3 程序流程图

```
MOV R0, #30H        ; R0为指向30H单元地址的指针
MOV A, R2           ; 取出R2中的数据
ANL A, #0F0H        ; 屏蔽低4位
MOV B, A            ; 中间结果存B寄存器
MOV A, R3           ; 将R3中的内容送入累加
                    ; 器A
ANL A, #0FH         ; 屏蔽高4位
ORL A, B            ; 组合数据
MOV @R0, A          ; 结果存30H单元
END
```

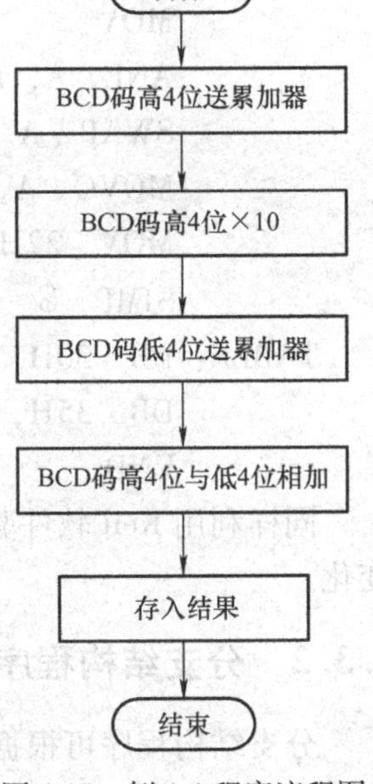

图 4-17　例 4-4 程序流程图

【例 4-4】 将片内 RAM 30H 单元中的两位压缩 BCD 码转换成二进制数送到片内 RAM 40H 单元中。

解：两位压缩 BCD 码转换成二进制数的算法为：$(a_1a_0)BCD = 10\times a_1 + a_0$

程序流程图如图 4-17 所示。

程序如下：

```
ORG  0000H
```

```
START: MOV  A, 30H          ; 取两位 BCD 压缩码 a1a0 送 A
       ANL  A, #0F0H        ; 取高 4 位 BCD 码 a1
       SWAP A               ; 高 4 位与低 4 位换位
       MOV  B, #0AH         ; 二进制数 10 送入 B
       MUL  AB              ; 将 10×a1 送入 A 中
       MOV  R0, A           ; 结果送入 R0 中保存
       MOV  A, 30H          ; 再取两位 BCD 压缩码 a1a0 送 A
       ANL  A, #0FH         ; 取低 4 位 BCD 码 a0
       ADD  A, R0           ; 求和 10×a1 + a0
       MOV  40H, A          ; 结果送入 40H 保存
       SJMP $               ; 程序执行完,"原地踏步"
       END
```

【例 4-5】 利用查表指令将内部 RAM 中 20H 单元的压缩 BCD 码拆开，转换成相应的 ASCII 码，存入 21H、22H 中，高位存在 22H。

解： BCD 码的 0 ~ 9 对应的 ASCII 码为 30H ~ 39H，将 30H ~ 39H 按大小顺序排列放入表 TABLE 中，先将 BCD 码拆分，将拆分后的 BCD 码送入 A，表首地址送入 DPTR，然后应用查表指令 MOVC　A，@ A + DPTR，查表即得结果，然后存入 21H、22H 中。

程序如下：

```
ORG     0000H
START: MOV DPTR, #TABLE     ; 设定表首地址
       MOV  A, 20H
       ANL  A, #0FH         ; 取低 4 位
       MOVC A, @A+DPTR      ; 取出对应的 ASCII 码
       MOV  21H, A
       MOV  A, 20H
       ANL  A, #0F0H
       SWAP A               ; 取高 4 位
       MOVC A, @A+DPTR      ; 取出对应的 ASCII 码
       MOV  22H, A
       SJMP $
TABLE: DB   30H, 31H, 32H, 33H, 34H
       DB   35H, 36H, 37H, 38H, 39H
       END
```

同样利用 Keil 软件验证例 4-2、例 4-3、例 4-4、例 4-5，观察相关单元和寄存器内容的变化。

4.3.2　分支结构程序

分支结构程序可根据程序要求无条件或有条件的改变程序执行的顺序，选择程序流向，确定程序的走向。它主要靠条件转移指令、比较转移指令和位转移指令来实现。分支程序的

结构如图 4-18 所示。

分支程序的设计要点如下：

1）先建立可供条件转移指令测试的条件。

2）选用合适的条件转移指令。

3）在转移的目的地址处设定标号。

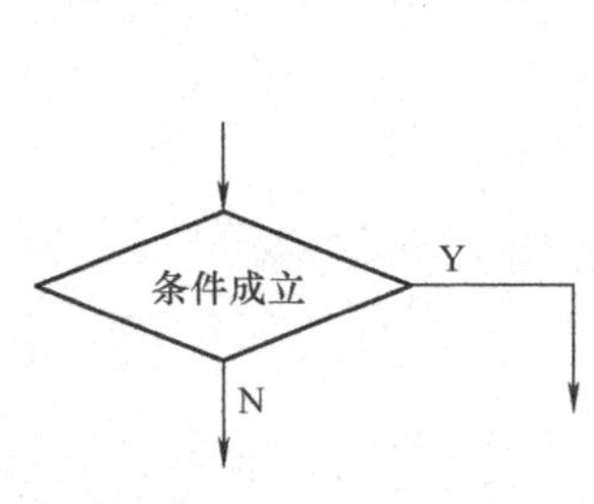

图 4-18　分支程序的结构

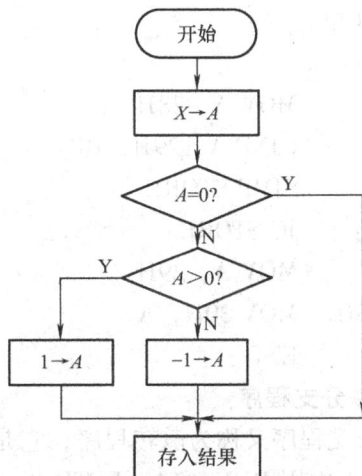

图 4-19　例 4-6 程序流程图

1. 单分支程序

【例 4-6】　变量 X 存放在 20H 单元内，函数值 Y 存放在 21H 单元中，试按下式的要求给 Y 赋值。$Y=\{1\quad X>0;\ 0\quad X=0;\ -1\quad X<0\}$ 本题的程序流程如图 4-19 所示。

```
        ORG  0000H
        XSUM   DATA   20H
        YSUMDATA   21H
        MOV   A，XSUM           ；A←X
        JZ   DONE               ；若 X=0，则转 DONE
        JNB   ACC.7，ZHENG      ；若 X>0，则转 ZHENG
        MOV   A，#0FFH          ；若 X<0，则 Y=-1
        SJMP   DONE
ZHENG：MOV   A，#01H            ；若 X>0，则 Y=1
DONE：  MOV   YSUM，A           ；存函数值
        SJMP  $
        END
```

【例 4-7】　存放于 21H 和 22H 中的两个无符号二进制数，求其中的大数并存于 23H 单元。

程序：

```
TART：  MOV A，21H
        CJNE A，22H，LOOP1     ；比较两个单元中的数
        SJMP LOOP3              ；相等则程序结束
LOOP1：JC LOOP2                ；不相等，判断 CY
```

```
        MOV   23H, A          ; CY =0, 21H 单元中数据大
        SJMP LOOP3
LOOP2:  MOV   23H, 22H        ; CY =1, 22H 单元中数据大
LOOP3:  END
```

【例 4-8】 片内 RAM 28H 和 29H 两个单元中存在两个无符号数，将两个数中的小数存入 30H 单元

程序：

```
        MOV A, 28H
        CJNE A, 29H, BIG
        SJMP STORE
BIG:    JC STORE
        MOV A, 29H
STORE:  MOV 30H, A
        END
```

2. 多分支程序

多分支程序又称为散转程序，它是根据某种输入或运算结果，分别转向各个处理程序。在 MCS-51 中用 JMP @A+DPTR 指令来实现程序的散转，转移的地址最多为 256 个。其结构如图 4-20 所示。

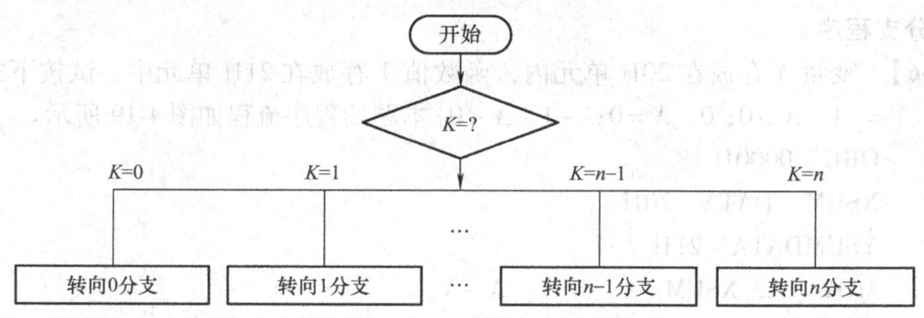

图 4-20　多分支程序流程图

多分支程序的设计方法：

(1) 应用转移指令表实现的多分支程序　直接利用转移指令（AJMP 或 LJMP）将欲分支的程序组形成一个转移表，然后将标志单元内容读入累加器 A，转移表首地址送入 DPTR 中，再利用散转指令 JMP @A+DPTR 实现分支。

(2) 应用地址偏移量表实现的分支程序　直接利用地址偏移量形成转移表，特点是程序简单、转移表短，转移表和处理程序可位于程序存储器的任何地方。

(3) 应用转向地址表实现的分支程序　直接使用转向地址表，表中各项即为各转向程序的入口。散转时，使用查表指令，按某单元的内容查找到对应的转向地址，将它装入 DPTR，然后清累加器 A，再用 JMP @A+DPTR 指令直接转向各个分支程序。

(4) 应用 RET 指令实现的分支程序　用子程序返回指令 RET 实现散转。其方法是：在查找到转移地址后，不是将其装入 DPTR 中，而是将它压入堆栈中（先低位字节，后高位字节，即模仿调用指令）。然后通过执行 RET 指令，将堆栈中的地址弹回到 PC 中实现程序的

转移。

【例 4-9】 128 个分支转移程序，根据入口条件转移到 128 个目的地址。

入口：(R3) = 转移目的地址的序号 00H ~ 7FH。

出口：转移到相应子程序入口。

程序流程图如图 4-21 所示。

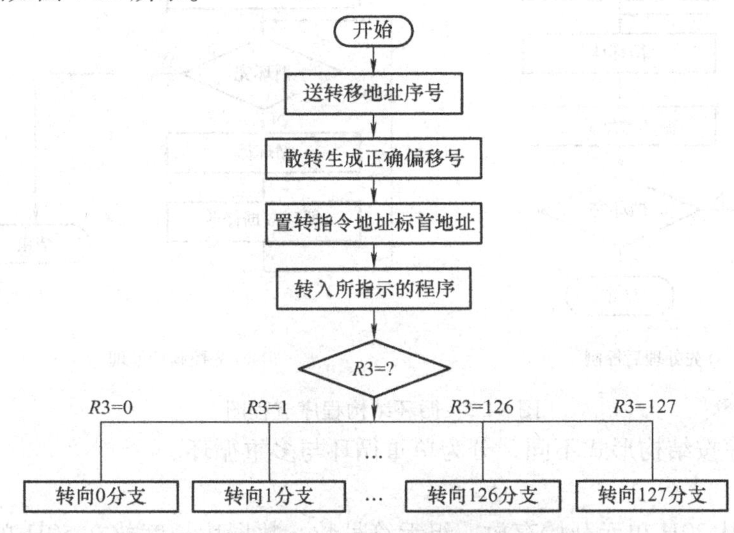

图 4-21　例 4-9 程序流程图

```
程序：JMP－128：MOV A，R3
               RL   A                ；设定偏移量
               MOV DPTR，#JMPTAB     ；设定 128 个子程序首地址
               JMP @ A + DPTR        ；跳转到某一个子程序地址处
      JMPTAB： AJMP ROUT00           ；128 个子程序首地址
                  …
               AJMP POUT7F
```

4.3.3　循环结构程序

程序中含有可以重复执行的程序段（循环体），采用循环程序可以有效地缩短程序，减少程序占用的内存空间，使程序的结构紧凑、可读性好。

循环结构程序一般由 4 部分组成：

(1) 循环初始化　位于循环程序开头，用于完成循环前的准备工作，如设置各工作单元的初始值以及循环次数。

(2) 循环体　循环程序的主体，是循环程序的工作程序，在执行中会被多次重复使用。要求编写得尽可能简练，以提高程序的执行速度。

(3) 循环控制　位于循环体内，一般由循环次数修改、循环修改和条件语句等组成，用于控制循环次数和修改每次循环时的参数。

(4) 循环结束　用于存放执行循环程序所得的结果，以及恢复各工作单元的初值。

以上 4 个部分可以有两种组织方式。

1）先循环处理，后循环控制（即先处理后控制），如图 4-22a 所示。

2）先循环控制，后循环处理（即先控制后处理），如图 4-22b 所示。

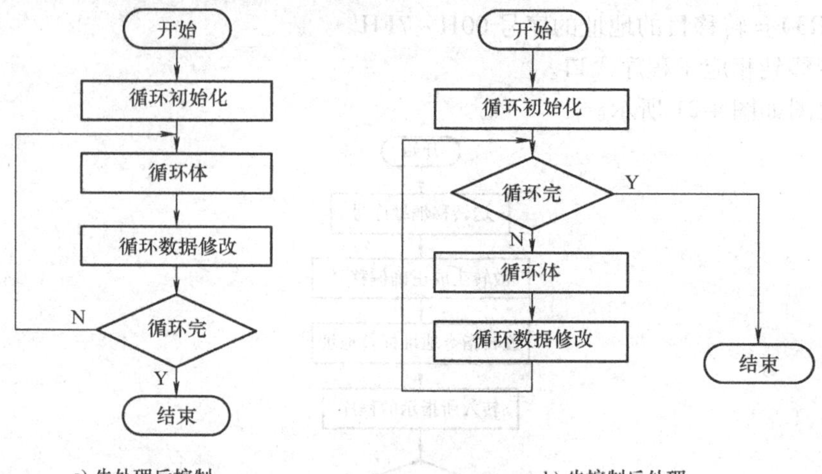

a) 先处理后控制　　b) 先控制后处理

图 4-22　循环结构程序流程图

循环结构程序按结构形式不同，分为单重循环与多重循环。

1. 单重循环

【例 4-10】 从 20H 单元开始存放一组无符号数，数据块长度放在 50H 单元，编写一个求和程序，将和存入 60H 单元，假设和不超过 8 位二进制数。

在置初值时，将数据块长度置入一个工作寄存器，将数据块首地址送入另一个工作寄存器，一般称它为数据块地址指针。每做一次加法之后，修改地址指针，以便取出下一个数来相加，并且使计数器减 1。当计数器减到 0 时，求和结束，把和存入 60H 即可。程序中各单元的地址是任意的。

```
        CLR   A              ; 清累加器
        MOV   R2, 50H        ; 数据块长度送 R2
        MOV   R1, #20H       ; 数据块首地址送 R1
LOOP:   ADD   A, @R1         ; 循环做加法
        INC   R1             ; 修改地址指针
        DJNZ  R2, LOOP       ; 修改计数器并判断
        MOV   60H, A         ; 存和
        END
```

【例 4-11】 编制程序将片内 RAM 的 30H ~ 4FH 单元中的内容传送至片外 RAM 的 2000H 开始的单元中。

解： 每次传送数据的过程相同，可以用循环程序实现。30H ~ 4FH 共 32 个单元，循环次数应为 32 次（保存在 R2 中），为了方便每次传送数据时地址的修改，送片内 RAM 数据区首地址送 R0，片外 RAM 数据区首地址送 DPTR。程序流程图如图 4-23 所示。

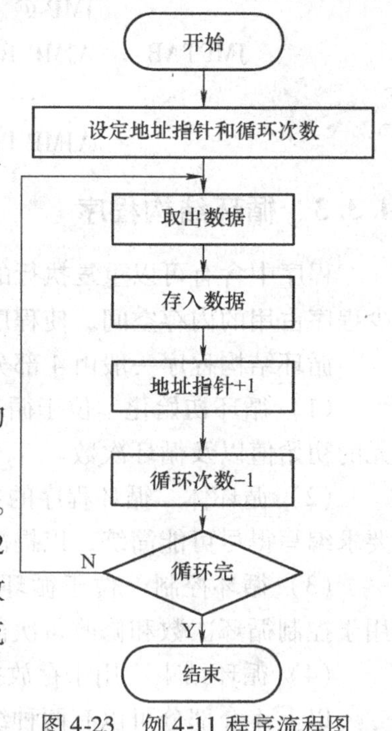

图 4-23　例 4-11 程序流程图

程序如下：片内外 20H 个字节数据传送。

```
        ORG 0100H
START： MOV   R0，#30H         ；设定片内指针
        MOV   DPTR，#2000H     ；设定片外指针
        MOV   R2，#20H         ；设置循环次数
LOOP：  MOV   A，@R0           ；将片内 RAM 数据区内容送 A
        MOVX  @DPTR，A         ；将 A 的内容送片外 RAM 数据区
        INC   R0               ；源地址递增
        INC   DPTR             ；目的地址递增
        DJNZ  R2，LOOP         ；若 R2 减 1 不为 0，则转到 LOOP 处继续循环，否
                               则循环结束
        SJMP  $                ；等待
        END
```

2. 多重循环程序

定义：若循环中还包括循环，则称为多重循环（或循环嵌套）。

【例 4-12】 编制程序设计 50ms 的延时程序。

解： 延时程序与 MCS-51 指令执行时间（机器周期数）和晶振频率 f_{OSC} 有直接的关系。当 $f_{OSC}=12\text{MHz}$ 时，机器周期为 1μs，执行一条 DJNZ 指令需要 2 个机器周期，时间为 2μs。而延时时间 50ms ÷ 2μs > 255，因此单重循环程序无法实现，可采用双重循环的方法编写 50ms 的延时程序。

```
ORG   0100H
DELAY：MOV   R7，#200      ；设置外循环次数（此条指令需要 1 个机器周期）
DLY1： MOV   R6，#123      ；设置内循环次数
DLY2： DJNZ  R6，DLY2      ；R6←R6－1，若结果为 0，则顺序执行，否则转回
                           DLY2 继续循环，延时时间为 2μs×123＝246μs
       NOP                 ；延时时间为 1μs
       DJNZ  R7，DLY1      ；R7←R7－1，若结果为 0，则顺序执行否则转回
                           DLY1 继续循环，延时时间为（246＋2＋1＋1）×
                           200＋2＋1＝50.003ms
       RET                 ；子程序结束
       END
```

3. 设计循环程序时应注意的问题

1）循环程序是一个有始有终的整体，它的执行是有条件的，所以要避免从循环体外直接转到循环体内部。

2）多重循环程序是从外层向内层一层一层进入的，循环结束时是由内层到外层一层一层退出的。在多重循环中，只允许外重循环嵌套内重循环。不允许循环相互交叉，也不允许直接从循环程序的外部跳入循环程序的内部。

3）编写循环程序时，首先要确定程序结构，处理好逻辑关系。一般情况下，一个循环体的设计可以从第一次执行情况入手，先画出重复执行的程序框图，然后再加上循环控制和置循环初值部分，使其成为一个完整的循环程序。

4）循环体是循环程序中重复执行的部分，应仔细推敲，合理安排，应从改进算法、选择合适的指令入手对其进行优化，以达到缩短程序执行时间的目的。

4.3.4　子程序结构程序

能够完成确定任务，并能被其他程序反复调用的程序段称为子程序。子程序可以多次重复使用，避免重复性工作，缩短整个程序，节省程序存储空间，有效地简化程序的逻辑结构，便于程序调试。调用子程序的程序叫做主程序或称调用程序。

1. 子程序的调用与返回

主程序调用子程序的过程：在主程序中需要执行这种操作的地方执行一条调用指令（LCALL 或 ACALL），转到子程序，完成规定的操作后，再在子程序最后应用 RET 返回指令返回到主程序断点处继续执行下去。

（1）子程序的调用

子程序的入口地址：子程序的第一条指令地址称为子程序的入口地址，常用标号表示。

程序的调用过程：单片机收到 ACALL 或 LCALL 指令后，首先将当前的 PC 值（调用指令的下一条指令的首地址）压入堆栈保存（低 8 位先进栈，高 8 位后进栈），然后将子程序的入口地址送入 PC，转去执行子程序。

（2）子程序的返回

主程序的断点地址：子程序执行完毕后，返回主程序的地址称为主程序的断点地址，它在堆栈中保存。

子程序的返回过程：子程序执行到 RET 指令后，将压入堆栈的断点地址弹回给 PC（先弹回 PC 的高 8 位，后弹回 PC 的低 8 位），使程序回到原先被中断的主程序地址（断点地址）去继续执行。

注意：中断服务程序是一种特殊的子程序，它是在计算机响应中断时，由硬件完成调用而进入相应的中断服务程序。RETI 指令与 RET 指令相似，区别在于 RET 是从子程序返回，而 RETI 是从中断服务程序返回。

2. 保存与恢复寄存器内容

（1）保护现场　主程序转入子程序后，使主程序的信息不会在运行子程序时丢失的过程称为保护现场。保护现场通常在子程序的开始时由堆栈完成。如：

```
PUSH   PSW
PUSH   ACC
  ⋮
```

（2）恢复现场　从子程序返回时，将保存在堆栈中的主程序的信息还原的过程称为恢复现场。恢复现场通常在从子程序返回之前将堆栈中保存的内容弹回各自的寄存器。如：

```
  ⋮
POP   ACC
POP   PSW
```

3. 子程序的参数传递

主程序在调用子程序时传送给子程序参数和子程序结束后送回主程序参数的过程统称为

参数传递。

入口参数：子程序需要的原始参数。主程序在调用子程序前将入口参数送到约定的存储器单元（或寄存器）中，然后子程序从约定的存储器单元（或寄存器）中获得这些入口参数。

出口参数：子程序根据入口参数执行程序后获得的结果参数。子程序在结束前将出口参数送到约定的存储器单元（或寄存器）中，然后主程序从约定的存储器单元（或寄存器）中获得这些出口参数。

传送子程序参数的方法如下：

1）应用工作寄存器或累加器传递参数。优点是程序简单、运算速度较快，缺点是工作寄存器有限。

2）应用指针寄存器传递参数。优点是能有效节省传递数据的工作量，并可实现可变长度运算；

3）应用堆栈传递参数。优点是简单，能传递的数据量较大，不必为特定的参数分配存储单元。

4）利用位地址传送子程序参数。

4. 子程序的嵌套

在子程序中若再调用子程序，称为子程序的嵌套。MCS-51 单片机允许多重嵌套，如图 4-24 所示。

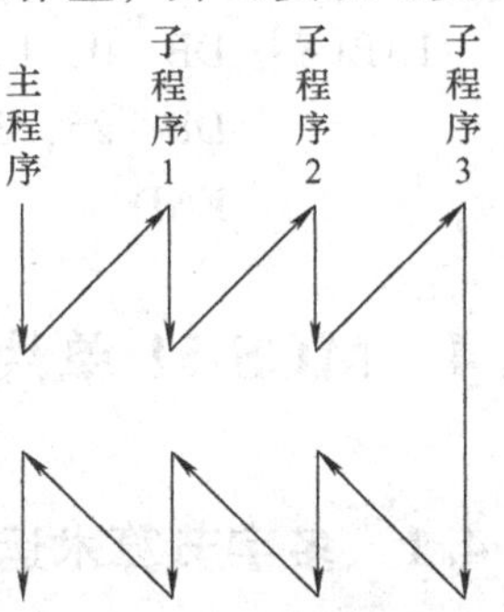

图 4-24　子程序的嵌套

5. 编写子程序时应注意的问题

1）子程序的入口地址一般用标号表示，标号习惯上以子程序的任务命名。例如，延时子程序常以 DELAY 作为标号。

2）主程序通过调用指令调用子程序，子程序返回主程序之前，必须执行子程序末尾的一条返回指令 RET。

3）单片机能自动保护和恢复主程序的断点地址。但对于各工作寄存器、特殊功能寄存器和内存单元的内容，则必须通过保护现场和恢复现场实现保护。

4）子程序内部必须使用相对转移指令，以便子程序可以放在程序存储器 64KB 存储空间的任何子域并能为主程序调用，汇编时生成浮动代码。

5）子程序的参数传递方法同样适用于中断服务程序。

【例 4-13】　编制程序实现 $c = a^2 + b^2$，（a，b 均为 1 位十进制数）。

解： 计算某数的二次方可采用查表的方法实现，并编写成子程序。只要两次调用子程序，并求和就可得运算结果。设 a，b 分别存放于片内 RAM 的 30H，31H 两个单元中，结果 c 存放于片内 RAM 的 40H 单元。程序流程图如图 4-25 所示。

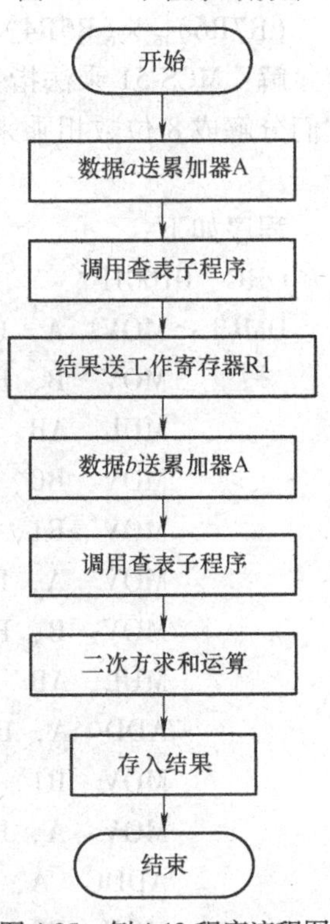

图 4-25　例 4-13 程序流程图

主程序如下：

```
ORG   0100H
SR:       MOV   A，30H            ；将 30H 中的内容 a 送入 A
```

```
        ACALL   SQR          ; 转求二次方子程序 SQR 处执行
        MOV  R1, A           ; 将 a² 结果送 R1
        MOV  A, 31H          ; 将 31H 中的内容 b 送入 A
        ACALL   SQR          ; 转求二次方子程序 SQR 处执行
        ADD  A, R1           ; a² + b² 结果送 A
        MOV  40H, A          ; 结果送 40H 单元中
        SJMP  $              ; 程序执行完，"原地踏步"
//求二次方子程序如下（采用查平方表的方法）:
SQR:    INC  A
        MOVC  A, @A+PC       ; RET 指令为 1 个字节长度
        RET
TABLE:  DB  0, 1, 4, 9, 16
        DB  25, 36, 49, 64, 81
        END
```

4.4 MCS-51 单片机汇编语言程序设计举例

4.4.1 多字节算术运算程序

【例 4-14】 编程实现双字节十六进制乘法运算：

$(R7R6)_{16} \times (R5R4)_{16} \rightarrow (R3R2R1R0)_{16}$

解： MCS-51 乘法指令只能完成两个 8 位无符号数相乘，因此 16 位无符号数求积必须将它们分解成 8 位数相乘来实现。其方法有先乘后加和边乘边加两种。现以边乘边加为例设计。

程序如下：

```
ORG  0100H
DMUL: MOV  A, R6             ; 被乘数的低位送 A
      MOV  B, R4             ; 乘数的低位送 B
      MUL  AB                ; 被乘数的低位乘以乘数的低位
      MOV  R0, A             ; 积的低位送 R0
      MOV  R1, B             ; 积的高位送 R1
      MOV  A, R7             ; 被乘数的高位送 A
      MOV  B, R4             ; 乘数的低位送 B
      MUL  AB                ; 被乘数的高位乘以乘数的低位
      ADD  A, R1             ; 部分积相加，形成进位 CY
      MOV  R1, A             ; 部分积相加送 R1
      MOV  A, B              ; 部分积的进位 CY 加到高位
      ADDC  A, #00H
      MOV  R2, A
```

```
        MOV   A, R6                ; 被乘数的低位送 A
        MOV   B, R5                ; 乘数的高位送 B
        MUL   AB                   ; 被乘数的低位乘以乘数的高位
        ADD   A, R1                ; 部分积相加，形成进位 CY
        MOV   R1, A                ; 回送部分积
        MOV   A, R2
        ADDC  A, B                 ; 部分积相加
        MOV   R2, A                ; 回送部分积
        MOV   A, #00H              ; 部分积的进位 CY 加到高位
        ADDC  A, #00H
        MOV   R3, A                ; 回送部分积
        MOV   A, R7                ; 被乘数的高位送 A
        MOV   B, R5                ; 乘数的高位送 B
        MUL   AB                   ; 被乘数的高位乘以乘数的高位
        ADD   A, R2                ; 部分积相加，形成进位 CY
        MOV   R2, A                ; 回送部分积
        MOV   A, R3
        ADDC  A, B                 ; 部分积相加
        MOV   R3, A                ; 回送部分积
        END
```

4.4.2　数制转换程序

【例 4-15】 将双字节二进制数转换成 BCD 码（十进制数）。

解： 将二进制数转换成 BCD 码的数学模型为

$(a_{15}a_{14}\cdots a_1a_0)_2=(a_{15}\times 2^{15}+a_{14}\times 2^{14}+\cdots+a_1\times 2^1+a_0\times 2^0)_{10}$

上式右侧即为欲求的 BCD 码。它可做如下变换

$$(a_{15}\times 2^{14}+a_{14}\times 2^{13}+\cdots+a_1)\times 2+a_0$$

括号里的内容可变为

$$(a_{15}\times 2^{13}+a_{14}\times 2^{12}+a_{13}\times 2^{11}+\cdots+a_2)\times 2+a_1$$

括号里的内容可变为

$$(a_{15}\times 2^{12}+a_{14}\times 2^{11}+a_{13}\times 2^{10}+\cdots+a_3)\times 2+a_2$$

$$\vdots$$

经过 16 次的变换后，括号里的内容可变为

$$(0\times 2+a_{15})\times 2+a_{14}$$

所以括号里的内容的通式为 $a_{i+1}\times 2+a_i$，即为二进制数转换成 BCD 码的公因式。

在程序设计中，可利用左移指令（乘以 2）实现 $a_{i+1}\times 2$，采用循环计算 16 次公因式的方法来完成二进制数转换成 BCD 码。

入口参数：16 位无符号数高 8 位送 20H 单元，低 8 位送 21H 单元。

出口参数：共有 5 位 BCD 数，万位→R6 位；千、百位→R5 位；十、个位→R4 位。

程序流程图如图 4-26 所示。

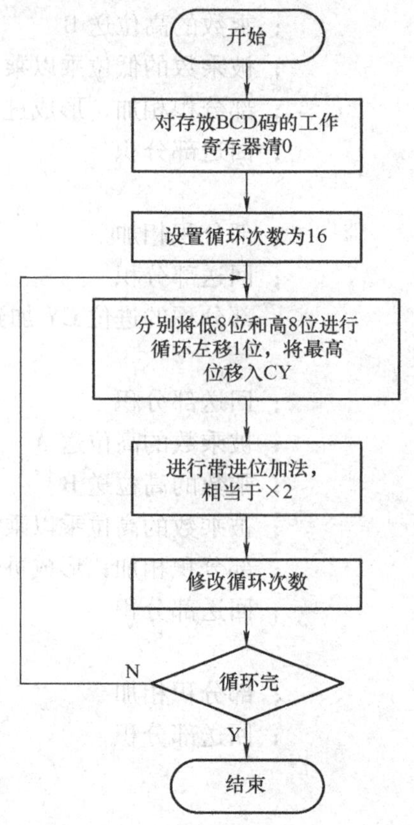

图 4-26　例 4-15 程序流程图

程序如下：

```
ORG   0100H
BINBCD1:    CLR   A              ; A 清 0
            MOV   R4, A          ; 出口参数寄存器清 0
            MOV   R5, A
            MOV   R6, A
            MOV   R7, #10H       ; 设置循环次数为 16
LOOP:       CLR   C              ; 标志位 CY 清 0，为二进制数 ×2 做准备
            MOV   A, 21H
            RLC   A
            MOV   21H, A
            MOV   A, 20H
            RLC   A
            MOV   20H, A         ; a_{i+1} ×2
            MOV   A, R4
            ADDC  A, R4          ; 带进位自身相加，相当于 ×2
            DA    A
```

```
        MOV   R4, A
        MOV   A, R5
        ADDC  A, R5
        DA    A
        MOV   R5, A
        MOV   A, R6
        ADDC  A, R6
        MOV   R6, A          ; 双字节十六进制数的万位数不会超过 6 位, 不用调整
        DJNZ  R7, LOOP       ; 若 16 位未循环完, 转向 LOOP 继续循环, 否则向下执行指令
        END
```

4.4.3 查表分支键盘程序

【例 4-16】 假定有 4×4 键盘，键扫描后把被按键的键码放在累加器 A 中，键码与处理子程序入口地址的对应关系如表 4-1 所示。

表 4-1 键码与处理子程序入口地址对应关系

键 码	入口地址	键 码	入口地址
0	RK0	2	RK2
1	RK1	⋮	⋮

假定处理子程序在 ROM 的 64KB 范围内分布，要求以查表方法，使按键码转向对应的处理子程序。

参考程序如下：

```
     MOV   DPTR, #BS           ; 子程序入口地址表首址
     RL    A                   ; 键码值乘以 2
     MOV   R2, A               ; 暂存 A
     MOVC  A, @A + DPTR        ; 取得入口地址低位
     PUSH  ACC                 ; 进栈暂存
     MOV   R2, A
     INC   A
     MOVC  A, @A + DPTR        ; 取得入口地址高位
     MOV   DPH, A
     POP   DPL
     CLR   A
     JMP   @A + DPTR           ; 转向键处理子程序
BS:  DB    RK0L                ; 处理子程序入口地址表
     DB    RK0H
     DB    RK1L
     DB    RK1H
```

```
        DB   RK2L
        DB   RK2H
        …
        END
```

【例 4-17】 编制程序用单片机实现四则运算。

解：运算规则存放在寄存器 R2 中，当（R2）= 00H 时做加法运算，当（R2）= 01H 时做减法运算，当（R2）= 02H 时做乘法运算，当（R2）= 03H 时做除法运算。

20H 单元存入被加数、被减数、被乘数、被除数，输出商或运算结果的低 8 位。21H 单元存入加数、减数、乘数、除数，输出余数或运算结果的高 8 位。

程序简化流程图如图 4-27 所示。

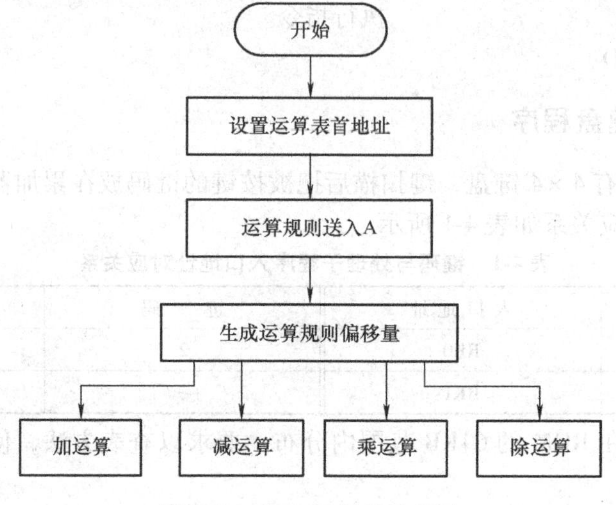

图 4-27　例 4-17 程序流程图

程序如下：

```
        ORG   0100H
START： MOV   20H，#DATA1H  ；给 20H、21H 送入数据 DATA1，DATA2，用于计算
        MOV   21H，#DATA2H
        MOV   DPTR，#TABLE  ；将基址 TABLE 送 DPTR
        CLR   C             ；CY 清 0
        MOV   A，R2         ；将运算键键值送 A
        RL    A             ；将 A 左移，即键值 ×2，形成正确的散转偏移量
        JMP   @A + DPTR     ；程序跳到（A）+（DPTR）形成的新地址
TABLE： AJMP  PRG0          ；程序跳到 PRG0 处，将要做加法运算
        AJMP  PRG1          ；程序跳到 PRG1 处，将要做减法运算
        AJMP  PRG2          ；程序跳到 PRG2 处，将要做乘法运算
        AJMP  PRG3          ；程序跳到 PRG3 处，将要做除法运算
PRG0：  MOV   A，20H        ；被加数送 A
        ADD   A，21H        ；做加法运算，结果送入 A，并影响进位 CY
```

```
        MOV   20H, A          ; 和的低 8 位结果送入 20H 单元
        CLR   A               ; A 清 0
        ADDC  A, #00H         ; 将进位 CY 送入 A，作为和的高 8 位
        MOV   21H, A          ; 和的高 8 位结果送入 21H 单元
        RET                   ; 返回主程序
PRG1:   MOV   A, 20H          ; 被减数送 A
        CLR   C               ; CY 清 0
        SUBB  A, 21H          ; 做减法运算，结果送入 A，并影响借位 CY
        MOV   20H, A          ; 差的低 8 位结果送入 20H 单元
        CLR   A               ; A 清 0
        RLC   A               ; 将借位 CY 左移进 A，作为差的高 8 位（负号）
        MOV   21H, A          ; 差的高 8 位（负号）结果送入 21H 单元
        RET                   ; 返回主程序
PRG2:   MOV   A, 20H          ; 被乘数送 A
        MOV   B, 21H          ; 乘数送 B
        MUL   AB              ; 做乘法运算，积的低 8 位送入 A，高 8 位送入 B，
                              影响 CY，OV 标志位
        MOV   20H, A          ; 积的低 8 位结果送入 20H 单元
        MOV   21H, B          ; 积的低 8 位结果送入 21H 单元
        RET                   ; 返回主程序
PRG3:   MOV   A, 20H          ; 被除数送 A
        MOV   B, 21H          ; 除数送 B
        DIV   AB              ; 做除法运算，商送入 A，余数送入 B
        MOV   20H, A          ; 商送入 20H 单元
        MOV   21H, B          ; 余数送入 21H 单元
        RET                   ; 返回主程序
        END
```

4.4.4　数据排序

【例 4-18】　设 MCS-51 单片机内部 RAM 起始地址为 30H 的数据块中共存有 64 个无符号数，编制程序使它们按从小到大的顺序排列。

解：设 64 个无符号数在数据块中的顺序为：a_{64}，a_{63}，…，a_2，a_1，使它们从小到大顺序排列，现以冒泡法为例进行介绍。

冒泡法又称两两比较法。它先使 a_{64} 和 a_{63} 比较，若 $a_{64} > a_{63}$，则两个单元中的内容交换，否则就不交换。然后对 a_{63} 和 a_{62} 进行比较，按同样的原则处理。一直比较下去，最后完成 a_2 和 a_1 的比较及交换，经过 $N-1=63$ 次比较（用 63 次内循环来完成）后，a_1 的位置上必然得到数组中的最大值，犹如一个个气泡从水底冒出来一样，如图 4-28 所示（图中只画出了 6 个数的比较过程）。

第一次冒泡

N=6		1次比较	2次比较	3次比较	4次比较	5次比较
a_1	9	9	9	9	9	34
a_2	5	5	5	5	34	9
a_3	13	13	13	34	5	5
a_4	7	7	34	13	13	13
a_5	34	34	7	7	7	7
a_6	23	23	23	23	23	23

第二次冒泡

N=6		1次比较	2次比较	3次比较	4次比较	5次比较
a_1	34	34	34	34	34	34
a_2	9	9	9	9	23	23
a_3	5	5	5	23	9	9
a_4	13	13	23	5	5	5
a_5	7	23	13	13	13	13
a_6	23	7	7	7	7	7

图 4-28　冒泡法比较过程

第二次冒泡过程和第一次完全相同，比较次数也可以是 63 次（其实只需要 62 次，因为 a_1 的位置上是数据块中的最大数，不需要再比较），冒泡后在 a_2 的位置上得到数组中第二大的数，如图 4-28 所示。如此冒泡（即大循环）共 63 次（内循环 63×63 次）便可完成 64 个数的排序。

实际编程时，可通过设置“交换标志”来控制是否再需要冒泡，若刚刚进行完的冒泡过程中发生过数据交换（即排序尚未完成），则应继续进行冒泡；若进行完的冒泡中未发生过数据交换（即排序已经完成），冒泡应该停止，即完成排序。例如：对于一个已经排好序的数组：1，2，3，…，63，64，排序程序只要进行一次循环便可根据“交换标志”的状态而结束排序程序，这自然可以减少 63 - 1 = 62 次的冒泡时间。

冒泡法程序流程图如图 4-29 所示。

程序如下：

```
        ORG   0100H
        MOV   R3，#63H        ；设置外循环次数在 R3 中
LP0：   MOV   R0，#30H        ；设置数据区首地址指针 R0
        CLR   7FH             ；交换标志位 2FH.7 清 0
        MOV   A，R3           ；取外循环次数
        MOV   R2，A           ；设置内循环次数
LP1：   MOV   20H，@R0        ；数据区数据送 20H 单元中
```

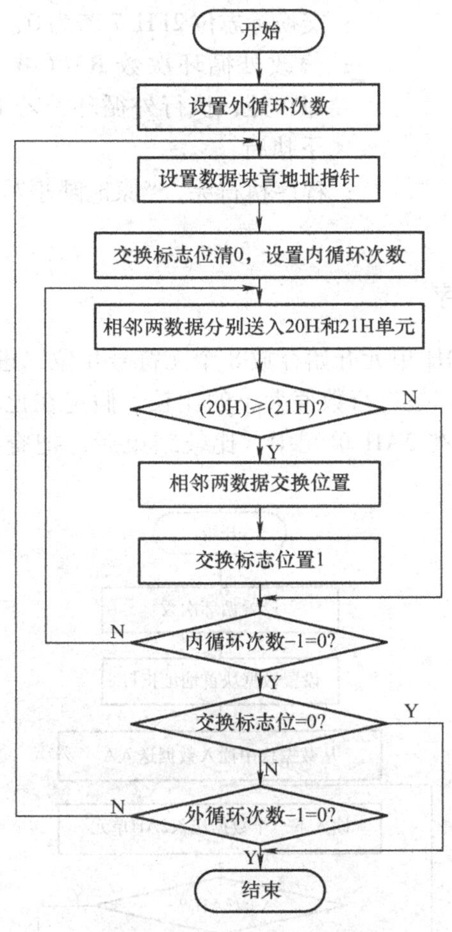

图 4-29　冒泡法程序流程图

```
      MOV   A, @R0         ; 20H 内容送 A
      INC   R0             ; 修改地址指针（R0+1）
      MOV   21H, @R0       ; 下一个地址的内容送 21H
      CLR   C              ; CY 清 0
      SUBB  A, 21H         ; 前一个单元的内容与下一个单元的内容比较
      JC    LP2            ; 若有借位（CY=1），前者小，程序转移到 LP2 处执
                           ; 行，若无借位（CY=0），前者大，不转移，程序往
                           ; 下执行
      MOV   @R0, 20H       ; 前、后内容交换
      DEC   R0
      MOV   @R0, 21H
      INC   R0             ; 修改地址指针（R0+1）
      SETB  7FH            ; 置位交换标志位 2FH.7 为 1
LP2:  DJNZ  R2, LP1        ; 修改内循环次数 R2（减少），若 R2≠0，则程序转到
                           ; LP1 处仍执行循环，若 R2=0，程序结束循环，程序
                           ; 往下执行
```

```
        JNB   7FH, LP3     ；交换标志位2FH.7若为0，则程序转到LP3处结束循环
        DJNZ  R3, LP0      ；修改外循环次数R3（减少），若R3≠0，程序转到
                             LP0处，执行外循环，若R3=0，程序结束循环，往
                             下执行
LP3:    SJMP  $            ；程序执行完，“原地踏步”
        END
```

4.4.5 数据极值查找程序

【例4-19】 内部RAM20H单元开始存放8个无符号8位二进制数，找出其中的最大数。

极值查找操作的主要内容是进行数值大小的比较。假定在比较过程中，以A存放大数，与之逐个比较的另一个数放在2AH单元中。比较结束后，把查找到的最大数送2BH单元中。程序流程如图4-30所示。

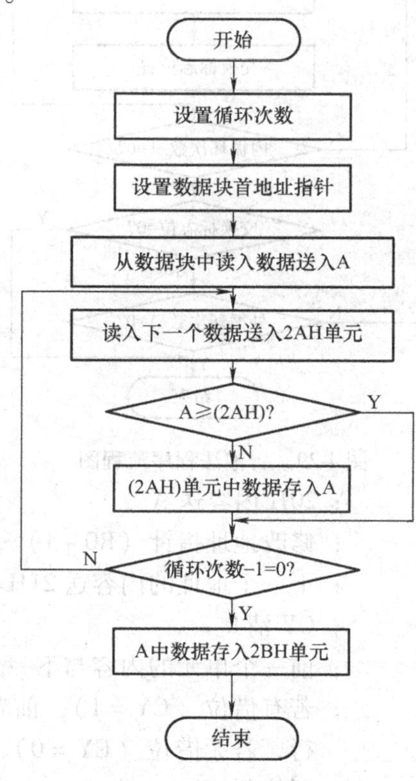

图4-30 例4-19程序流程图

程序如下：

```
        MOV   R0, #20H     ；数据区首地址
        MOV   R7, #08H     ；数据区长度
        MOV   A, @R0       ；读第一个数
        DEC   R7
LOOP:   INC   R0
        MOV   2AH, @R0     ；读下一个数
```

```
        CJNE   A, 2AH, CHK        ; 数值比较
CHK:    JNC   LOOP1               ; A 值大转移
        MOV   A, @R0              ; 大数送 A
LOOP1:  DJNZ   R7, LOOP           ; 继续
        MOV   2BH, A              ; 极值送 2BH 单元
HERE:   AJMP   HERE               ; 停止
        END
```

【例 4-20】 存放于片内 30H ~ 40H 的一组无符号数，找出其中最小的数，并存于 50H 单元。

```
        MOV A, #0FFH
        MOV R2, #11H
        MOV R1, #30H
LOOP:   CLR C
        SUBB A, @R1
        JC   NEXT
        MOV A, @R1
        SJMP NEXT1
NEXT:   ADD A, @R1
NEXT1:  INC R1
        DJNZ   R2, LOOP
        MOV   50H, A
        END
```

4.4.6 找数问题

在一些实际应用中，需要在一些采集的数据中找到具体数据进行处理，这就涉及数据查找。

【例 4-21】 编写程序，查找在内部 RAM 的 20H ~ 50H 单元中是否有 0AAH 这一数据。若有，则将 51H 单元置位，若未找到，将 51H 清 0。

```
        MOV R0, #20H
        MOV R7, #31H
LOOP2:  MOV A, @R0
        CJNE A, #0AAH, LOOP       ; 20H ~ 50H 单元中数据分别于 0AAH 进行比较
        MOV 51H, #01H             ; 相等则 51H 单元为"1"
        SJMP LOOP1
LOOP:   MOV 51H, #00H             ; 不相等则 51H 单元为"0"
        INC R0                    ; 改变指针
        DJNZ R7, LOOP2            ; 进入下一次循环
LOOP1:  END
```

【例 4-22】 编写程序，查找在内部 RAM 的 20H ~ 50H 单元中出现 00H 的次数，并将查

找到的结果存入 51H 单元。

```
        MOV R0, #20H
        MOV R7, #31H
        MOV 51H, #00H
LOOP1:  MOV A, @R0
        CJNE A, #00H, LOOP
        INC  51H
LOOP:   INC R0
        DJNZ R7, LOOP1
        END
```

4.4.7 汇编语言的编辑、汇编与调试

1. 汇编语言的编辑

源程序的编辑：编写程序，并以文件的形式存于磁盘中的过程称为源程序的编辑。编辑好的源程序应以“. ASM”扩展名存盘，以备汇编程序调用。

计算机上进行源程序的编辑的过程：利用计算机中常用的编辑软件（EDLIN、PE 等）或利用开发系统中提供的编辑环境。

2. 汇编语言的汇编

汇编：把汇编语言源程序翻译成目标代码（机器码）的过程称为汇编。

汇编语言源程序的汇编分为人工汇编和机器汇编两类。

1）人工汇编是指利用人脑直接把汇编语言源程序翻译成机器码的过程。其特点是简单易行，但效率低、出错率高。

2）机器汇编是利用软件（称为汇编程序）自动把汇编语言源程序翻译成目标代码的过程。汇编工作由计算机完成，一般的单片机开发系统中都能实现汇编语言源程序的汇编。源程序经过机器汇编后，形成的若干文件中含有两个主要文件：一是列表文件（. LST），另一个是目标码文件（. OBJ）。

工程中应用的程序都是采用机器汇编来实现的。通用的 MCS-51 汇编程序是 MCS-51. EXE，它能实现对汇编语言源程序的汇编。汇编语言源程序为：文件名 . ASM，经汇编程序汇编后生成的打印文件为：文件名 . PRT，生成的列表文件为：文件名 . LST，生成的目标文件为：文件名 . OBJ，最后生成可执行文件为：文件名 . EXE。

3. 汇编语言的调试

（1）单片机开发系统的调试功能

1）运行控制功能；

2）对应用系统状态的读出功能；

3）跟踪功能。

（2）常见的软件设计错误

1）逻辑错误　主要是程序设计时产生的语句顺序或指令使用等错误。

2）功能错误　主要是设计思想或算法导致的不能实现软件功能的错误。

3）指令错误　是指在编辑应用指令时所产生的错误。如：指令疏漏、位置不妥、指令

不当和非法调用等。

4）程序跳转错误　是指程序运行不到指定的地方或发生死循环等。

5）子程序错误

6）动态错误　是指系统动态性能没有达到设计指标的错误。如：控制系统的实时响应速度、显示器的亮度、定时器的精度等。

7）上电复位电路的错误

8）中断程序错误　是指现场的保护与恢复错误、触发方式错误等。

（3）单片机开发调试应注意的问题

1）使用总线不外引的单片机。

2）使用中、高档的单片机仿真工具。

3）充分利用集成开发平台。

练　习　题

1. 编写程序将片内数据存储器 20H ~ 2AH 单元中的数据存入片外数据存储器 2100H 单元开始的存储区中。

2. 编写程序找出 33H ~ 41H 单元中的正负数的个数，分别存入 50H 单元和 51H 单元。

3. 编写程序找出 45H ~ 59H 单元中的最大数并存入 60H 单元。

4. 设 20H 单元中有一变量 X，若满足下列函数，编写程序将 Y 的值存入 22H 单元。

$$Y=\begin{cases} X+3 & X<5 \\ X^2-4 & 5\leqslant X\leqslant 10 \\ X\times 3 & 10\leqslant X \end{cases}$$

5. 若在 20H 开始的单元存在 10 个无符号数，使编写程序求这 10 个数的平均值（和小于 255），将结果存入 40H 单元。

6. 若从 30H 单元开始存在 20 个无符号数，编写程序将这 20 个数由小到大进行排序。

7. 编写程序，确定从 20H ~ 30H 连续单元中奇数的个数，存入 31H 单元。

8. 51 单片机晶振频率为 6MHz，编写软件延时子程序，延时 20ms。

9. 利用查表指令，编写 20H 单元中数（ <7）的三次方结果的程序，将结果存入 21H 单元。

10. 编写子程序，将 20H 单元中的数（ <100）转换成 BCD 码，并存入 21H 单元。

第5章　MCS-51系列单片机的中断系统

中断技术是计算机中的一项很重要的技术，是CPU与外部设备交换信息的一种方式。尤其在嵌入式系统和单片机系统中，中断扮演了非常重要的角色，中断技术解决了CPU和外部设备之间的速度匹配问题，提高了CPU的效率。中断系统由硬件和软件两部分组成，中断系统可使计算机的功能更强、效率更高、使用更方便，从而提高计算机的控制能力。因此，全面深入地了解中断的概念，灵活掌握中断技术的应用，是学习和掌握单片机应用的关键。

5.1　中断的概念

5.1.1　中断概述

1. 中断问题的提出

早期的计算机中没有中断系统，当它与外部设备进行信息交换时，遇到的一个严重问题就是快速的CPU与慢速的外设不匹配，使CPU不得不花费大量时间去查询等待。这样浪费了很多时间，为了解决这个问题，提高CPU的工作效率，引入了中断技术。

2. 中断的概念

当CPU正在处理某件事情时，外部发生了另一件事情（如定时器/计数器溢出或产生其他中断请求）要求CPU处理，若CPU响应这个事件信号，则它需要暂时终止当前的工作，转去处理正在发生的事件，处理完成后，再回到被中断的地方，继续做原来的工作，这一事件称为中断。

在中断系统中，引起中断的原因或产生中断申请的来源称为中断源；由中断源向CPU发出的请求中断信号称为中断请求信号；CPU接受中断源的中断请求，暂停当前程序的执行，转而处理请求事件的过程称为中断响应。

中断响应后所执行的处理程序称为中断服务子程序，原来正常执行的程序则称为主程序，主程序被断开的位置（或地址）称为“断点”。调用中断服务程序的过程类似于调用子程序，其区别在于调用子程序是事先安排好的，知道何时调用；而何时调用中断服务子程序却是事先无法确定的，因为中断的发生是由外部因素决定的，有时是突发的，程序中无法事先安排调用指令。因此，中断服务子程序的调用过程是由硬件自动完成的。

3. 中断的优点

（1）实现分时操作　采用中断技术后，快速的CPU和慢速的外设可以各做各的事情。通常当外设或内部功能部件向CPU发出中断申请时，CPU才转去为它服务，CPU只是启动外设而不干预外设的工作。当外设准备好后，就向CPU发出中断申请，CPU选择适当时机暂停自己的工作，转而处理中断申请。处理完成后，CPU和外设又继续各做各的工作。这样，利用中断功能，CPU就可以管理多个外设，可以“同时”执行多个服务程序，大大提高了它的效率。

(2) 进行实时控制　实时控制是微机系统，特别是单片机控制系统中的一个重要部分。在实时控制的过程中，要求计算机对现场的各种数据信息进行及时处理。任何数据在任何时间都有可能向 CPU 发出中断申请，要求处理。利用中断技术，CPU 可以及时响应和处理来自内部功能模块或外部设备的中断请求，并为其服务，以满足实时处理和控制的要求。CPU 会根据当时的情况及时做出反应，进行实时控制。

(3) 故障处理　计算机系统在运行过程中往往会出现一些异常情况，如掉电、存储出错、运算溢出等，利用中断技术就可以通过中断系统及时向 CPU 请求中断，将掉电前的一切有用信息及时送入采用备用电池供电的存储器中保护起来，做紧急故障处理，当正常供电后可继续执行原来的程序。

(4) 待机状态的唤醒　在单片机嵌入式系统的应用中，为了减少电源的功耗，当系统不处理任何事物，处于待机状态时，可以让单片机工作在低功耗休眠模式。通常，恢复到正常工作方式往往也是利用中断信号来唤醒。

5.1.2　中断处理过程

在整个中断处理过程中，由于 CPU 执行完中断处理程序后仍然要返回主程序，因此，在执行中断处理程序之前，要将主程序中断处的地址，即断点处（实际为程序计数器 PC 的当前值——即将执行的主程序的下一条指令地址，图 5-1 中的 $k+1$ 点）保存起来，称为保护断点。又由于 CPU 在执行中断处理程序时，可能会使用和改变主程序使用过的寄存器、标志位，甚至内存单元。因此，在执行中断服务程序前，还要把有关的数据保护起来，称为中断现场保护。在 CPU 执行完中断处理程序后，则要恢复原来的数据，并返回主程序的断点处继续执行，称为恢复现场和恢复断点。

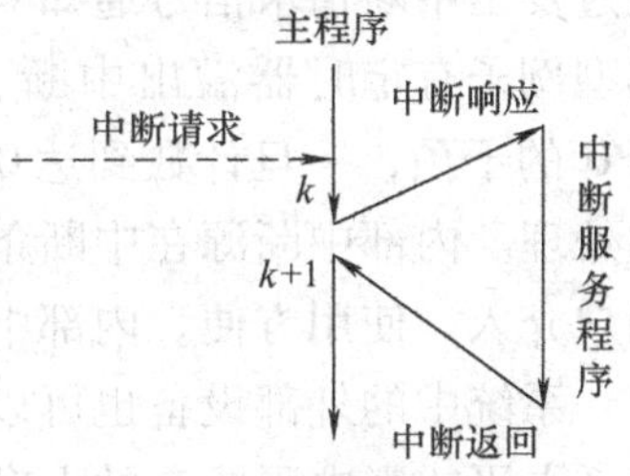

图 5-1　中断过程示意图

在单片机中，断点的保护和恢复操作是在系统响应中断和执行中断返回指令时由单片机的内部硬件自动实现的。简单的说，就是在响应中断时，CPU 的硬件系统会自动将断点地址压进系统的堆栈保存，而当执行中断返回指令时，硬件系统会自动又将压入堆栈的断点地址弹出到程序计数器 PC 中。

对于中断现场的保护和恢复，需要程序员在设计中断处理程序时通过编程实现。在使用中断时，要认真考虑中断现场的保护和恢复。

5.1.3　中断系统具备的功能

中断事物的处理依靠中断系统完成。为了满足各种情况下的中断要求，该系统应具备以下功能。

1. 实现中断及返回

当某个中断源发出中断申请时，CPU 能根据其轻重程度决定是否给予响应。若响应了中断申请，则 CPU 必须执行完正在执行的指令，在当前指令执行后，通过堆栈保护断点和现场，然后转到中断服务子程序入口，执行该程序。中断处理完成后，再恢复现场和断点，

CPU 返回断点，继续执行主程序。

2. 实现中断优先级排队

系统中存在多个中断源，当多个中断源同时发出中断申请时，CPU 能找到中断优先级最高的中断源，响应其中断请求。处理完优先级别高的中断请求后，再响应级别低的中断请求。

3. 实现中断嵌套

当 CPU 响应某一中断源的中断请求，进行中断处理时，又有级别更高的中断源向 CPU 发出中断申请，则 CPU 会暂停当前中断的处理程序，转而响应级别更高的中断请求。直到高级中断处理完成后，才返回继续处理前面中断的中断程序。若新的中断请求与正在处理的中断级别相同或更低，CPU 将不立即响应。

5.1.4 中断源、中断信号和中断向量

1. 中断源

中断源是指能够向 CPU 发出中断请求信号的部件和设备。在一个系统中，往往存在多个中断源。对于单片机来讲，中断源一般可分为内部中断源和外部中断源。

在单片机内部集成的许多功能模块，如定时器、串行通信口、模-数转换器等，它们在正常工作时往往无需 CPU 参与，而当处于某种状态或达到某个规定值需要程序控制时，会通过发出中断请求信号通知 CPU，这一类的中断源位于单片机内部，称作内部中断源。其典型例子有定时器溢出中断、ADC 完成中断等。如 8 位的定时器在正常计数过程中无需 CPU 的干预，一旦计数到达 0xFF 产生溢出时便产生一个中断申请信号，通知 CPU 进行必要的处理。内部中断源在中断条件成立时，一般通过片内硬件会自动产生中断请求信号，无需用户介入，使用方便。内部中断是 CPU 管理片内资源的一种高效的途径。

系统中的外部设备也可以用作中断源，这时要求它们能够产生一个中断信号（通常是高低电平或者电平跳变的上升下降沿），送到单片机的外部中断请求引脚供 CPU 检测。这些中断源位于单片机外部，称为外部中断源。通常用作外部中断源的有输入输出设备、控制对象以及故障源等。例如，打印机打印完一个字符时可以通过中断请求 CPU 为它送下一个打印字符；控制对象可以通过中断要求 CPU 及时采集参量或者对参数超标做出反应；掉电检测电路发现掉电时可以通过中断通知 CPU，以便在短时间内对数据进行保护。

2. 中断信号

中断信号是指内部或外部中断源产生的中断申请信号，这个中断信号往往是电信号的某种变化形式，通常有以下几种类型：

1）上升沿触发型或下降沿触发型（脉冲的上升沿或下降沿）；

2）电平触发型（高电平或低电平）；

3）状态变化触发型（电平的变化）。

对于单片机来讲，不同的中断源，产生哪种类型的中断信号触发申请中断，取决于芯片内部的硬件结构，而且通常也可以通过用户的软件来设定。

单片机的硬件系统会自动对这些中断信号进行检测。一旦检测到规定的信号出现，将会把相应的中断标志位置“1”（在 I/O 空间的控制或状态寄存器中），通知 CPU 进行处理。

3. 中断向量

中断源发出的请求信号被 CPU 检测到之后，如果单片机的中断控制系统允许响应中断，CPU 中程序会自动跳转，执行一个固定的程序空间地址中的指令。这个固定的地址称作中断入口地址，也叫做中断向量。中断入口地址往往是由单片机内部硬件决定的。

通常，一个单片机会有若干个中断源，每个中断源都有自己的中断向量。这些中断向量一般在程序存储空间中占用一个连续的地址空间段，称为中断向量区。由于一个中断向量通常仅占几个字节或一条指令的长度，所以在中断向量区一般不放置中断服务程序。中断服务程序一般放置在程序存储器的其他地方，而在中断向量处放置一条跳转到中断服务程序的指令。这样，CPU 响应中断后，首先自动转向执行中断向量中的转移指令，再跳转执行中断服务程序。

5.1.5　中断优先级和中断嵌套

中断优先级的概念是针对有多个中断源同时申请中断时，CPU 如何响应中断，以及响应哪个中断而提出的。

由于一个单片机会有若干个中断源，CPU 可以接收若干个中断源发出的中断请求。但在同一时刻，CPU 只能响应这些中断请求中的一个。为了避免 CPU 同时响应多个中断请求带来的混乱，在单片机中为每一个中断源赋予一个特定的中断优先级。一旦有多个中断请求信号，CPU 先响应中断优先级高的中断请求，然后再逐次响应优先级次一级的中断。中断优先级反应了各个中断源的重要程度，同时也是分析中断嵌套的基础。

中断的优先级通常是由单片机的硬件结构规定的。确定规则分为两种：

1）某中断对应的中断向量地址越小，其中断优先级越高（硬件确定方式）。

2）通过软件对中断控制寄存器的设定，改变中断的优先级（用户软件可设置方式）。

实际上，CPU 在两种情况下需要对中断的优先级进行判断：

第一种情况为同时有两（多）个中断源申请中断。在这种情况下，CPU 首先响应中断优先级最高的那个中断，而将其他的中断挂起。待优先级最高的中断服务程序执行完成返回后，再顺序响应优先级较低的中断。

第二种情况是当 CPU 正处于响应一个中断的过程中。如已经响应了某个中断，正在执行为其服务的中断程序时，此时又产生一个其他的中断申请，这种情况也称作中断嵌套。对于中断嵌套的处理，不同的单片机处理的方式不同，用户应根据所使用单片机的特点正确实现中断嵌套的处理。

按照通常的规则，当 CPU 正在响应一个中断 B 的过程中，又产生一个其他的中断 A 申请时，如果中断 A 的优先级比中断 B 优先级高的话，就应该暂停当前的中断 B 的处理，转入响应高优先级的中断 A，待中断 A 处理完成后，再返回原来的中断 B 的处理过程。如果中断 A 的优先级比中断 B 的优先级低（或相同），则应在处理完当前的中断 B 后，再响应中断 A 的申请（如果中断 A 条件还成立的话）。

51 系列单片机的硬件能够自动实现中断嵌套的处理，即单片机内部的硬件电路能够识别中断的优先级，并根据优先级的高低，自动完成对高优先级中断的优先响应，实现中断的嵌套处理。

5.1.6　中断响应条件与中断控制

1. 中断的屏蔽

单片机拥有众多中断源，但在某一具体设计中通常并不需要使用所有的中断源，或者在系统软件运行的某些关键阶段不允许中断打断现行程序的运行，这就需要一套软件可控制的中断屏蔽/允许系统。在单片机的 I/O 寄存器中，通常存在一些特殊的标志位用于控制开放或关闭（屏蔽）CPU 对中断响应的处理，这些标志位称为中断屏蔽标志位或中断允许控制位。用户程序可以改变这些标志位的设置，在需要的时候允许 CPU 响应中断，而在不需要的时候将中断请求信号屏蔽（注意：不是取消），此时尽管产生了中断请求信号，CPU 也不会响应中断请求。

因而从对中断源控制的角度讲，中断源还可分成 3 类：

1）非屏蔽中断　非屏蔽中断是指 CPU 对中断源所产生的中断请求信号是不能屏蔽的，也就是说一旦发生中断请求，CPU 必须响应该中断。在单片机中，外部 RESET 引脚产生的复位信号，就是一个非屏蔽的中断。

2）可屏蔽中断　可屏蔽中断是指用户程序可以通过中断屏蔽控制标志位对中断源产生的中断请求信号进行控制，即允许或禁止 CPU 对该中断的响应。在用户程序中，可以预先执行一条允许中断的指令，这样一旦发生中断请求，CPU 就能够响应中断。反之，用户程序也可以预先执行一条中断禁止（屏蔽）指令，使 CPU 不响应中断请求。因此，可屏蔽中断的中断请求能否可以被 CPU 响应，最终是由用户程序来控制的。在单片机中，大多数的中断都是可屏蔽的中断。

3）软件中断　软件中断通常是指 CPU 具有相应的软件中断指令，当 CPU 执行这条指令时就能进入软件中断服务，以完成特定的功能（通常用于调试）。但一般的单片机都不具备软件中断的指令，因此不能直接通过软件中断的指令实现软件中断的功能。因此，在单片机系统中，如果必须要使用软件中断的功能，一般要通过间接的方式实现软件中断的功能。

2. 中断控制与中断响应条件

综合前面的介绍可以知道，在单片机中，对应每一个中断源都有一个相应的中断标志位，该中断标志位将占据中断控制寄存器中的一位。当单片机检测到某一中断源产生符合条件的中断信号时，其硬件会自动将该中断源对应的中断标志位置“1”，这就意味着有中断信号产生，并向 CPU 申请中断。

但中断标志位的置“1”，并不代表 CPU 一定响应该中断。为了合理控制中断响应，在单片机内部还有相关的用于中断控制的中断允许标志位。最重要的一个中断允许标志位是全局中断允许标志位。当该标志位为“0”时，表示禁止 CPU 响应所有的可屏蔽中断的响应。此时不管是否有中断产生，CPU 不响应任何中断请求。只有全局中断允许标志位为“1”时，才为 CPU 响应中断请求打开第一道闸门。

CPU 响应中断请求的第二道闸门是每个中断源各自独立的中断允许标志位。当某个中断允许标志位为“0”时，表示 CPU 不响应该中断的中断申请。

因此，CPU 响应一个可屏蔽中断源（假定为中断 A）的中断请求的条件是：

$$\text{响应中断 A} = \text{全局中断允许标志} \wedge \text{中断 A 允许标志} \wedge \text{中断 A 标志}$$

从上面的中断响应条件看出，只有当全局中断允许标志位为“1”（由用户软件设置），中断 A 允许标志位为“1”（由用户软件设置），中断 A 标志位为“1”（符合中断条件时由硬件自动设置或由用户软件设置）时，CPU 才会响应中断 A 的请求信号（如果有多个中断请求信号同时存在的情况下，还要根据中断 A 的优先级来确定）。

用户程序对可屏蔽中断的控制，一般是通过设置相应的中断控制寄存器来实现的。除了设置中断的响应条件，用户程序还需要通过中断控制器来设置中断的其他特性，如：中断触发信号的类型、中断的优先级、中断信号产生的条件等。

以上介绍了中断的基本概念，可以看出中断的控制与使用相对比较复杂。但是正确和熟练掌握中断的应用，是单片机嵌入式系统设计的重要和基本技能之一。单片机的许多功能和特点，以及丰富的应用，往往需要中断的巧妙配合。要正确使用中断，必须全面了解所使用单片机的中断特性，中断服务程序的编写技能，以及中断使用的技巧和设计。因此读者还需要在以后的学习和应用中进一步的深入理解，逐步掌握中断应用的技巧。

5.2　MCS-51 单片机中断系统

对于计算机中断系统，人们最关心的是有哪几个中断请求源、哪些中断源会发出中断申请、CPU 允许哪些中断源中断、多中断源的优先级别如何设定，以及中断的响应过程等。MCS-51 单片机有 5 个中断源，设置两个中断优先级。中断的控制与管理由 4 个特殊功能寄存器完成。

5.2.1　中断请求源

MCS-51 提供了 5 个中断请求源，其中：2 个外部中断请求 INT0（P3.2）和 INT1（P3.3），2 个片内定时/计数器 T0 和 T1 的溢出中断请求 TF0（TCON.5）和 TF1（TCON.7），1 个片内串行口发送或接收中断请求 TI 或 RI。

5 个中断源的程序入口地址如表 5-1 所示。

表 5-1 中断入口地址（中断矢量）表

中断源	入口地址（中断矢量）	中断源	入口地址（中断矢量）
外部中断 0	0003H	T1 溢出中断	001BH
T0 溢出中断	000BH	串行口中断	0023H
外部中断 1	0013H		

5.2.2　与中断源有关的特殊寄存器

1. 定时器/计数器控制寄存器 TCON（见表 5-2）

表 5-2　TCON 寄存器位定义表

TCON	8FH	8EH	8DH	8CH	8BH	8AH	89H	88H
88H	TF1	TR1	TF0	TR0	IE1	IT1	IE0	IT0

IT0：外部中断 0 触发方式控制位。

1）IT0 = 0，外部中断控制为电平触发方式。CPU 在每个机器周期的 S5P2 期间采样

INT0（P3.2）的输入电平，若采到低电平，则认为有中断请求，置位 IE0。若采到高电平，则认为没有或撤除了中断请求，对 IE0 清零。

注意：在该方式中，CPU 响应中断后不能自动使 IE0 清零，也不能由软件使 IE0 清零，所以在中断返回前必须清除 INT0 引脚上的低电平，否则会再次响应中断，造成出错。而且中断请求有效信号（低电平）至少保持两个机器周期。

2）IT0 = 1，外部中断控制为边沿触发方式。CPU 在每个机器周期的 S5P2 期间采样 INT0（P3.2）的输入电平，若连续两次采样，一个周期采样为高电平，接着下一个周期采样为低电平，则 IE0 置 1，表示外部中断 0 正在向 CPU 请求中断，直到该中断被 CPU 响应时 IE0 由硬件自动清零。

注意：在该方式中，为了保证 CPU 在两个机器周期内检测到先高后低的负跳变，输入的高低电平的持续时间起码要保持一个机器周期。

IE0：外部中断 0 标志，IE0 = 1，则表示外部中断 0 向 CPU 请求中断。由硬件置 1，响应中断后硬件清 0。

IT1：外部中断 1 触发方式控制位，功能与 IT0 类似。

IE1：外部中断 1 标志，功能与 IE0 类似。

TF0：T0 溢出标志，溢出时，即定时器/计数器内部数据超出最大值，由硬件使 TF0 置 1，发中断请求，响应后 TF0 由硬件清 0。

TF1：T1 溢出标志。

TR0 和 TR1 是控制定时器/计数器的启动和停止的，在定时器/计数器章节介绍。

2. 串行口控制寄存器 SCON

TI：串行口发送中断标志。

1）在串行口以方式 0 发送时，每当发送完 8 位数据，由硬件使 TI 置 1。

2）若以方式 1、2、3 发送时，在发送停止位的开始时使 TI 置 1。

RI：串行口接收中断标志。

1）以方式 0 工作，每当接收到第 8 位，则使 RI 置 1。

2）以方式 1、2、3 工作，且 SM2 = 0 时，接受到停止位的中间时使 RI 置 1。

以方式 2、3 工作，且 SM2 = 1 时，仅当接收到第 9 位数据 RB8 为 1，且同时还要接收到停止位的中间时才使 RI 置 1。

注意：TI = 1（RI = 1）表示串行口发送（接收）正向请求中断，但 CPU 响应中断时，不对 TI（RI）清零，必须由软件清零。

3. 中断允许寄存器 IE（见表 5-3）

表 5-3　IE 寄存器位定义表

中断优先级				低……………………………………………………………………高				
IE	AFH			ACH	ABH	AAH	A9H	A8H
A8H	EA	/	/	ES	ET1	TX1	ET0	EX0

EA：CPU 中断开放标志。EA = 1，CPU 开放中断，EA = 0，CPU 禁止所有中断。

ES：串行口中断允许位。ES = 1，允许串行口中断，ES = 0，禁止串行口中断。

ET1：T1 溢出中断允许位。ET1 = 1，允许 T1 溢出中断，ET1 = 0，禁止 T1 溢出中断。

EX1：外部中断 1 中断允许位。EX1 =1，允许外部中断 1 中断，EX1 =0，禁止外部中断 1 中断。

ET0：T0 溢出中断允许位。ET0 =1，允许 T0 溢出中断，ET0 =0，禁止 T1 溢出中断。

EX0：外部中断 0 中断允许位。EX0 =1，允许外部中断 0 中断，EX0 =0，禁止外部中断 1 中断。

4. 中断优先级寄存器 IP（见表 5-4）

表 5-4　IP 寄存器位定义表

IP				BCH	BBH	BAH	B9H	B8H
B8H	/	/	/	PS	PT1	PX1	PT0	PX0

PS：串行口中断优先级控制位。PS =1，串行口中断设置为高优先级中断；PS =0，串行口中断设置为低优先级中断；

PT1：T1 溢出中断优先级控制位。PT1 =1，T1 溢出中断设置为高优先级中断；PT1 =0，T1 溢出中断设置为低优先级中断；

PX1：外部中断 1 中断优先级控制位。PX1 =1，外部中断 1 中断设置为高级中断；PX1 =0，外部中断 1 中断设置为低级中断。

PT0：T0 溢出中断优先级控制位。PT0 =1，T0 溢出中断设置为高优先级中断；PT0 =0，T0 溢出中断设置为低优先级中断。

PX0：外部中断 0 中断优先级控制位。PX0 =1，外部中断 0 中断设置为高级中断；PX0 =0，外部中断 0 中断设置为低级中断。

5.2.3　硬件查询顺序

当同时收到几个同一优先级的中断请求时，哪一个先得到服务，这取决于中断内部的硬件查询顺序，中断优先级顺序如表 5-5 所示。

表 5-5　中断优先级顺序表

中断源	中断优先级别
外部中断 0	最高
T0 溢出中断	↓
外部中断 1	
T1 溢出中断	
串行口中断	最低

5.2.4　51 单片机中断响应条件及响应过程

1. 响应条件

基本条件：中断源有请求，CPU 允许所有中断源请求（EA =1），中断允许寄存器 IE 相应位置 1。

每个机器周期，单片机对所有中断源都进行顺序检测，并可在任意一个周期的 S6 期间，找到所有有效的中断请求，并对其优先级排队，只要满足下列具体条件：

1）无同级或高级中断正在服务。

2）现行的指令执行到最后一个机器周期且已结束。

3）若现行指令为 RETI 或需访问特殊功能寄存器 IE 或 IP 指令时，执行完该指令且紧随其后的另一条指令也已执行完，则单片机便在紧接着的下一个机器周期 S1 期间响应中断，否则将丢弃中断查询的结果。

若满足上述条件，则 CPU 就会在下一个机器周期响应中断。

2. 响应过程

在 CPU 响应中断之后，会进入相应的中断服务程序来完成设定的中断功能，具体响应过程如下：

1）首先置位响应的优先级有效触发器。

2）CPU 根据查到的中断源，通过硬件自动生成调用指令（LCALL），并转到相应的中断矢量单元（一组存放中断服务子程序入口地址的单元），进入中断服务子程序，且通过堆栈保护断点。

3）对响应的中断入口地址值装入程序计数器 PC，使程序转向该中断入口地址，以执行中断服务程序，直到遇见中断返回指令 RETI。RETI 必须安排在中断服务程序的最后，用于返回断点，且开放中断逻辑。至此，中断响应全部完成。

3. 中断处理过程中应注意的问题

（1）中断申请的撤销

当中断源发出中断申请后，相应的中断标志被锁存在 TCON 和 SCON 中。CPU 通过查询这些中断标志来判断是哪些中断源发出中断申请。当 CPU 响应了某个中断申请后，应及时清除相应的中断标志位，以免 CPU 再次查到这些标志，误认为又有中断申请而再次响应该中断。清除中断标志主要涉及 INT0、INT1 和串行口中断申请。对于 T0 和 T1 中断申请，在 CPU 响应中断后，中断系统会自动撤销。

INT0 或 INT1 中断申请的撤销

对于边沿触发方式下的外部中断申请，系统会自动撤销。但对于电平触发方式下的中断申请，用户必须通过硬件电路撤销。如图 5-2 所示为撤销外部中断请求信号的电路。该电路利用 D 触发器，既能锁存外部中断信号，又能在 CPU 响应后及时撤销。

ANL P1，#1111 1110B ；P1. 0 =0，使直接置 1 端 SD 有效，Q =1，撤销中断。

ORL P1，#0000 0001B ；P1. 0 = 1，使 SD 无效，CP 脉冲控制 Q，接受新的中断请求。

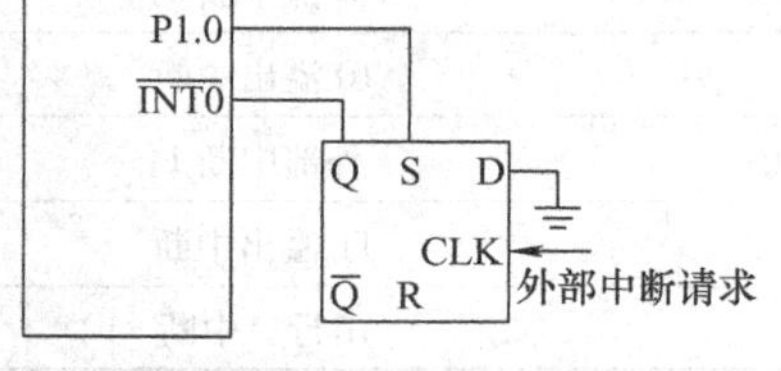

图 5-2 中断申请撤销电路

当收到外部中断请求信号时，D 触发器的 CP 脉冲有效，D 触发器将中断请求信号锁存，并送到 INT1 端（INT1 为低电平有效）。当 CPU 响应中断后，应使 Q 端变高，以便及时撤销中断请求信号。

串行口中断申请的撤销

对于串行口中断标志 RI 和 TI，在 CPU 响应中断后，也要通过软件撤销中断申请。可通过下面的指令实现：

CLR TI；清 0，发送中断标志。

CLR RI；清 0，接收中断标志。

（2）数据保护

由于进入中断时，只保护断点不保护现场（如累加器，程序状态寄存器）的内容，要对需要保护的数据进行处理，可利用堆栈指令 PUSH 和 POP 实现保护，也可以将数据先存储到某些不用的单元，在中断返回之前再将这些数据取出。

（3）中断响应时间

单级外部中断源的中断响应时间是指从 INT0 或 INT1 将中断标志位置 1 到 CPU 响应中断、执行中断服务子程序的第 1 条指令所需要的时间。外部中断请求信号的低电平至少应维持一个机器周期才能被 CPU 查询到。当 CPU 确认并响应中断时，会执行一条硬件长调用的指令，其时间是两个机器周期，这样外部中断的响应时间至少需要 3 个机器周期。只有在精确定时控制场合，才考虑中断响应时间。

4. 外部中断源的扩展

MCS-51 单片机只提供两个外部中断源 INT0 和 INT1，若为多个外设服务，这显然不够。可采用一些方法进行扩展。

（1）借用定时器扩展外部中断源　定时器/计数器 T0 和 T1 是两个内部中断源，若不作为定时器和计数器使用，可将其扩展为外部中断源。方法是：将 T0 或 T1 设置成计数器工作方式，初值最大（FFFFH），来一个脉冲，加 1 即产生溢出中断。

【例 5-1】　将定时器/计数器 T1 设置为方式 2 计数，TH1 和 TL1 的初值均为 0FFH。

初始化程序：

```
MOV TMOD，#60H        ；设置 TMOD 的初值，T1 以方式 2 计数
MOV TL1，#0FFH        ；设置 T1 的最大初始值 FFFFH
MOV TH1，#0FFH
SETB EA               ；CPU 开放中断，打开总允许位
SETB ET1              ；允许 T1 中断
SETB TR1              ；启动 T1 计数
```

当接在 T1 脚（P3.5）上的外部脉冲信号发生负跳变时，TL1 加 1 溢出，TF1 置 1，并向 CPU 发出中断申请。同时，由于是方式 2，因此 TH1 会自动将初始值 FFH 送入 TL1 中。这样，P3.5 脚上每来一个负跳变，都会向 CPU 发出中断申请。借用 T1 的中断溢出标志位 TF1 和入口地址 001BH 后，就相当于增加一个边沿触发的外部中断源。

（2）中断和查询结合的方法　若系统有多个中断请求源，再用定时器 T0 或 T1 就不够使用，可采用中断和查询结合的方法扩展中断源。在外部中断 1 引脚上连接 4 个外设的中断源，通过 OC 门产生中断请求信号 INT1。无论哪个外设提出中断请求，都会使 INT1 变低，产生中断申请。可通过查询 P1.0 ~ P1.3 得知是由哪个外设发出的申请。4 个中断源的优先级通过程序设定。

中断服务子程序如下：

```
ORG 0013H             ；INT1 的入口地址
LJMP ZDZ
ZDZ：PUSH PSW          ；保护现场
PUSH A
JB P1.0，AWS1         ；外设 1 有中断申请时转向
JB P1.1，AWS2         ；外设 2 有中断申请时转向
```

```
JB P1.3，AWS3          ；外设 3 有中断申请时转向
JB P1.4，AWS4          ；外设 4 有中断申请时转向
INTR：POP A            ；恢复现场
POP PSW
RETI                   ；中断返回
AWS1:…                 ；外设 1 的中断服务子程序
        …
SJMP INTR
AWS2:…                 ；外设 2 的中断服务子程序
        …
SJMP INTR
AWS3:…                 ；外设 3 的中断服务子程序
        …
SJMP INTR
AWS4:…                 ；外设 4 的中断服务子程序
        …
SJMP INTR
```

由程序可知：4 个外设中外设 1 的中断优先级最高，外设 4 的最低。

5.3　中断系统应用程序

【例 5-2】　现在规定外部中断 0（INT0）为电平触发方式，高优先级，试写出有关的初始化程序。

几个特殊功能寄存器有关控制位的赋值一般都包含在主程序中，而中断服务程序是一种具有特定功能的独立程序段，应根据中断源的具体要求进行编写。初始化程序如下：

```
SETB EA                ；开中断
SETB EX0               ；允许 INT0 中断
SETB PX0               ；将 INT0 设置为高优先级
CLR IT0                ；设置为电平触发方式
```

【例 5-3】　规定外部中断 1（INT1）为边沿触发方式，低优先级。在中断服务程序中将寄存器 B 的内容右循环移一位，B 的初值为 10H。试编写主程序和中断服务子程序。

程序如下：

```
ORG 0000H              ；主程序
LJMP MAIN              ；主程序转至 MAIN
ORG 0013H              ；中断服务子程序
LJMP INT               ；转至 INT
MAIN：SETB EA          ；中断总允许
SETB EX1               ；中断源允许
CLR PX1                ；设置为低优先级
```

```
SETB IT1                ；边沿触发
MOV B，#10H
LOOP：SJMP LOOP
INT：MOV A，B
RR A                    ；循环右移一位
MOV B，A
RETI                    ；中断返回
END
```

【例 5-4】 在 51 单片机的 INT0 引脚外接脉冲信号，要求每送来一个脉冲，就把 50H 单元的内容加 1，若 50H 单元计满，则进位 51H 单元，试利用中断结构编制一个脉冲计数程序。采用中断方式编制程序，一般包括以下几方面内容。

1）在主程序中，必须有一个初始化部分，用于设置堆栈位置、定义触发方式、设置中断源的优先级、设置中断允许寄存器等。

2）给定中断服务程序的入口地址。

3）编制主程序和中断服务程序。

```
ORG 0000H
AJMP MAIN
ORG 0003H               ；设定 INT0 中断入口地址
AJMP INT00
ORG 2000H
MAIN：MOV A，#00H
MOV 50H，A
MOV 51H，A
MOV SP，#70H            ；设堆栈指针，指向 70H 单元
SETB IT0                ；边沿触发方式
SETB EA                 ；开启中断总允许位
SETB EX0                ；开启 INT0 中断源允许位
AJMP $
ORG 3000H
INT00：PUSH ACC
INC 50H                 ；有脉冲
MOV A，50H
JNZ BACK                ；若计满则顺序执行，若不满则跳转中断返回
INC 51H
BACK：POP ACC
RETI
END
```

【例 5-5】 要求每次按动按键，使外接 LED 灯改变一次亮灭状态。

解： $\overline{INT_0}$输入按键信号，P1.0 输出改变 LED 状态，电路如图 5-3 所示。

方法 1：跳变触发，每次跳变引起一次中断请求。

```
        ORG     0000H           ；复位入口
        AJMP    MAIN
        ORG     0003H           ；中断入口
        AJMP    PINT0
        ORG     0100H           ；主程序
MAIN：  MOV     SP，#40H        ；设栈底
        SETB    EA              ；开总允许开关
        SETB    EX0             ；开 INT0 中断
        SETB    IT0             ；边沿触发中断
H：     SJMP    H               ；执行其他任务
        ORG     0200H           ；中断服务程序
PINT0： CPL     P1.0            ；改变 LED
        RETI                    ；返回主程序断点
        END
```

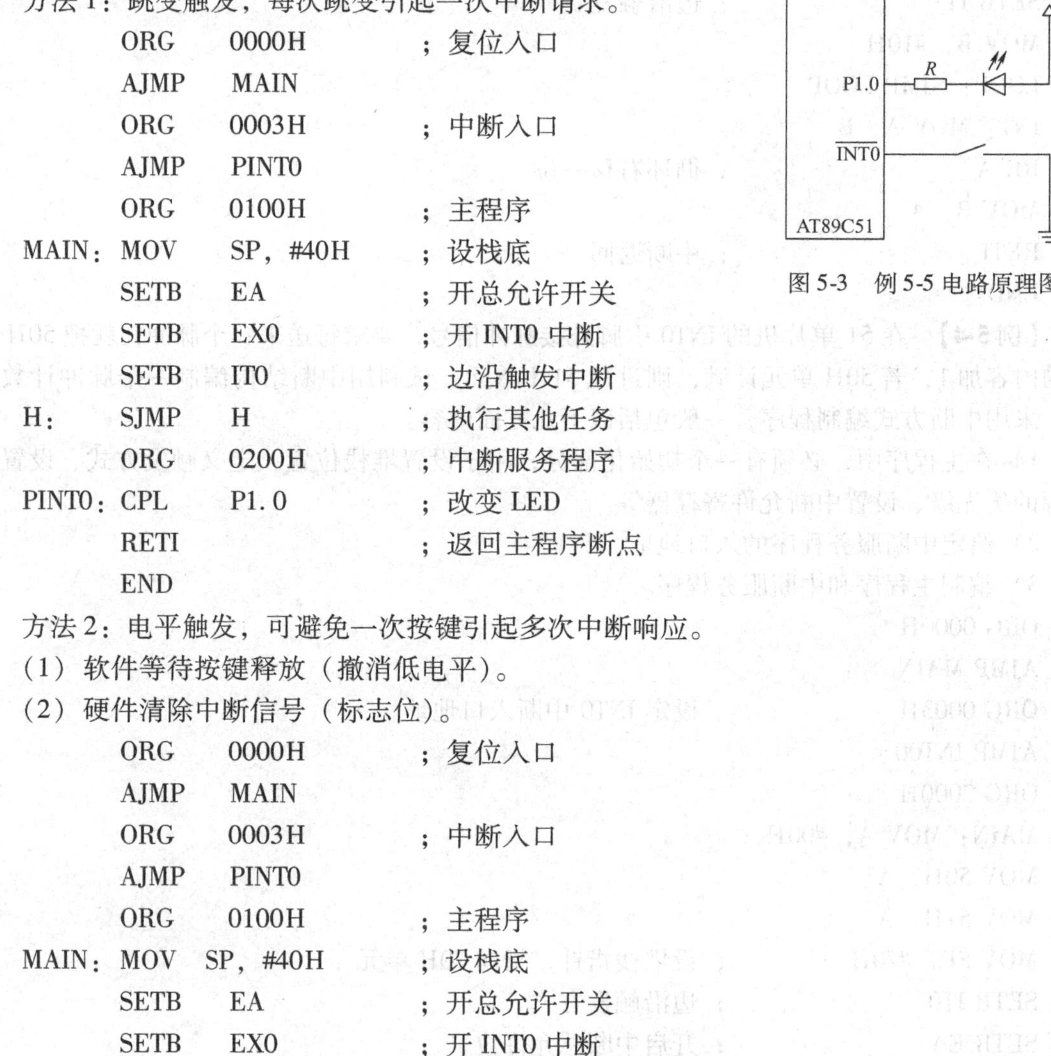

图 5-3　例 5-5 电路原理图

方法 2：电平触发，可避免一次按键引起多次中断响应。

（1）软件等待按键释放（撤消低电平）。

（2）硬件清除中断信号（标志位）。

```
        ORG     0000H           ；复位入口
        AJMP    MAIN
        ORG     0003H           ；中断入口
        AJMP    PINT0
        ORG     0100H           ；主程序
MAIN：  MOV   SP，#40H          ；设栈底
        SETB    EA              ；开总允许开关
        SETB    EX0             ；开 INT0 中断
        CLRIT0                  ；低电平触发中断
H：     SJMP    H               ；执行其他任务
        ORG     0200H           ；中断服务程序
PINT0： CPL     P1.0            ；改变 LED
WAIT：  JNBP3.2，WAIT           ；等按键释放（P3.2 即 INT0）
        RETI                    ；返回主程序断点
        END
```

5.4 Proteus 电路仿真软件介绍

5.4.1 简介

Proteus 开发平台是英国 Labcenter Electronics 公司开发的用于嵌入式仿真开发应用平台，

是先进完整的嵌入式系统设计与仿真平台。Proteus 和 Keil 软件联机使用可以实现数字电路、模拟电路及微处理器系统的电路仿真、软件仿真和 PCB 设计等功能。其软件主要包含两部分：Proteus ISIS 和 ARES。

其中，ISIS 用于电路原理图的设计及交互式仿真，ARES 主要用于印制电路板的设计，产生最终的 PCB 文件。在 Proteus 软件中提供了大量电子元器件的器件库、虚拟仪器、总线调制器等 EDA 工具。其可支持多种主流单片机系统的仿真，如 68000 系列、51 系列、AVR 系列、PIC 系列、Z80 系列、HC11 系列等，是一款非常强大的 EDA 仿真软件。

5.4.2　ISIS 软件编译环境

ISIS 软件主要用于电路原理图的设计，编译界面主要包括以下区域：标题栏、菜单栏、工具栏（命令工具栏和选择工具栏）、方位控制按钮、仿真控制按钮、状态栏、预览窗口、对象选择窗口、编译窗口，如图 5-4 所示。

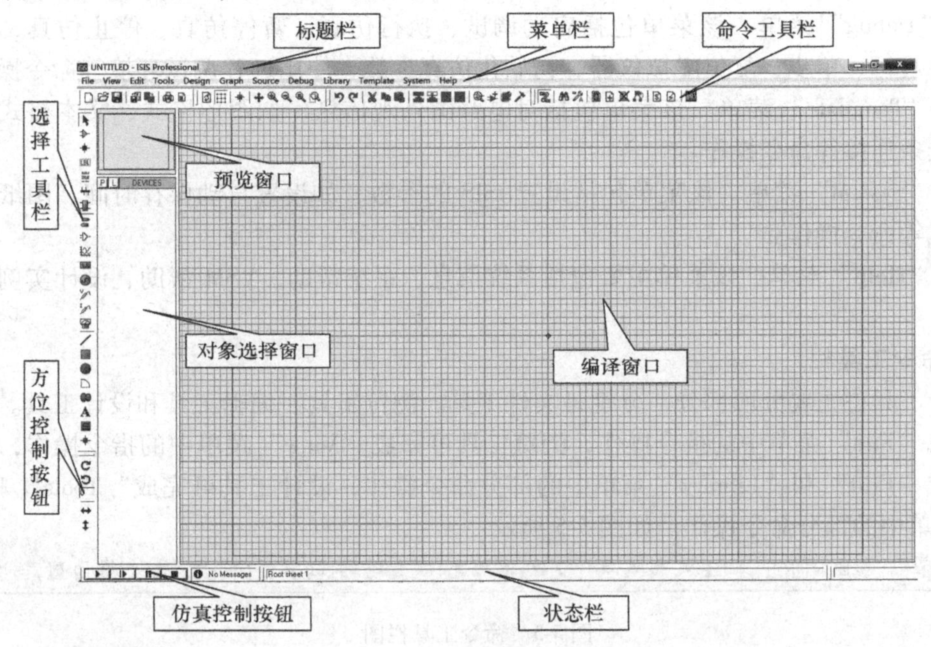

图 5-4　Proteus 编译界面图

1. 标题栏

用于指示当前设计的文件名。

2. 菜单栏

该区域中包含各种命令操作，利用菜单栏可实现 Keil 的所有功能，主要包括“File”、“View”、“Edit”、“Library”、“Tools”、“Design”、“Graph”、“Source”、“Debug”、“Template”、“System”、“Help” 12 个下拉菜单。

1）“File” 菜单　该菜单包括新建设计文件、打开已有设计文件、保存文件、导入/导出、打印、显示最近的编译文件、退出等常用命令操作。

2）“View” 菜单　该菜单包括刷新当前视图、是否显示栅格、鼠标原点定义、鼠标显示样式、格点间距格式、图形缩放、元器件平移以及各个工具栏的显示与否命令等命令操作。

3）“Edit”菜单　该菜单包括撤销/恢复、元器件查找、剪切、复制、粘贴、元器件图层操作等命令。

4）“Library”菜单　该菜单包括元件库中选择元器件及符号、创建元器件、创建图标、封装工具、存储、分解元件、库编译等命令操作。

5）“Tools”菜单　该菜单包括实时标注、实时捕捉、自动布线、查找并选中、属性分配、全局注释、导入数据、生成元器件清单、电气检查、网络表编译、模型编译等命令操作。

6）“Design”菜单　该菜单包括编辑属性、编辑图纸属性、设计注释、电源配置、新建图层、删除图层、转到其他图层，以及层次化设计等命令操作。

7）“Graph”菜单　该菜单包括编辑图形、添加跟踪线、仿真图形、查看日志、导出数据、恢复数据、一致性分析和批处理一致性分析等命令操作。

8）“Source”菜单　该菜单添加源程序、定义代码生成工具、调用外部文件编辑器和编译等命令操作。

9）“Debug”菜单　该菜单包括启动调试、执行仿真、暂停仿真、停止仿真、断点运行、实现运行、单步、复位虚拟仪器、初始化仿真参数、使用远程调试环境等命令操作。

10）“Template”菜单　该菜单包括对电路图外观信息，如图形格式、文本格式、设计颜色、线条连接等命令操作。

11）“System”菜单　该菜单包括设置 ISIS 的参数，如设置自动保存时间、图纸大小和文本样式等命令操作。

12）“Help”菜单　该菜单主要包括系统信息、系统帮助、VSM 帮助、设计实例等命令操作。

3. 命令工具栏

命令工具栏主要分四部分，分别是文件工具、浏览工具、编辑工具和设计工具。文件工具可完成“File”菜单中的指令操作，浏览工具可完成“View”菜单中的指令操作，编辑工具可完成“Edit”和“Library”菜单中的部分命令操作，设计工具可完成”Tools”和“Design”菜单中的部分命令操作，如图 5-5 所示。

图 5-5　命令工具栏图

4. 选择工具栏

选择工具栏中主要分三部分，分别是模型工具、配件工具、2D 图形工具。

（1）模型工具

：单击元器件并编辑选中的元器件的参数。

：选择元器件。

：设置连接点。

：设置连线标签。

：输入编辑已有文本。

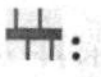

：绘制总线。

：绘制子电路框图或子电路元器件。

（2）配件工具

：列出可供选择的各种终端（如电源、地等）。

：用于绘制各种引脚。

：列出可供选择的各种仿真分析所需图表。

：分割仿真时采用此模式，记录前一步仿真输出，并作为后一步的仿真输入。

：列出可供选择的模拟和数字激励源（正弦、脉冲、指数等激励）。

：电压指针，记录探针处的电压值，可记录模拟电压值或数字电压的逻辑值。

：电流指针，记录探针处的电流值，只能记录模拟电路的电流值。

：列出可选的虚拟仪器（如示波器、逻辑分析仪、计数器/频率器等）。

（3）2D 图形工具

：直线按钮，用于在电路图中画线或创建元器件。

：方框按钮，用于在电路图中画方框或创建元器件。

：圆按钮，用于在电路图中画圆或创建元器件。

：弧线按钮，用于在电路图中画弧线或创建元器件。

：任意形状按钮，用于在电路图中画任意形状或创建元器件。

：文本编辑按钮，用于在电路图中插入文字。

：符号按钮，用于从符号库中选择符号元器件。

：标记按钮，列出可供选择的各种标记类型，用于产生各种标记图标。

5. 方位控制按钮

：顺时针旋转 90 度。

：逆时针旋转 90 度。

：输入旋转角度，只能是 90 度的整数倍。

：水平翻转。

：垂直翻转。

6. 仿真控制按钮

用来控制仿真过程的运行、暂停、单步运行和停止的操作。

7. 状态栏

反映仿真持续时间、是否出现错误等信息。

8. 预览窗口

在该窗口中可看到整体电路设计图或者元器件图，以及图形所在位置。

9. 对象选择窗口

该窗口配合选择工具栏使用，选择工具栏中不同的按钮会出现不同的选择对象。

10. 编译窗口

在该窗口中进行电路原理图的设计、元器件放置、观察仿真显示等。

5.4.3 电路原理图的建立

建立一个 Proteus 电路原理图需要以下几个步骤：建立设计文件、选择放置元器件、布线、调整、修改、保存、仿真。

1. 建立设计文件

如图 5-6a 所示，单击“File”菜单中的指令“New Design”，出现如图 5-6b 所示界面，在此界面中可以选择图纸样式，确定后可进行元器件的选择。

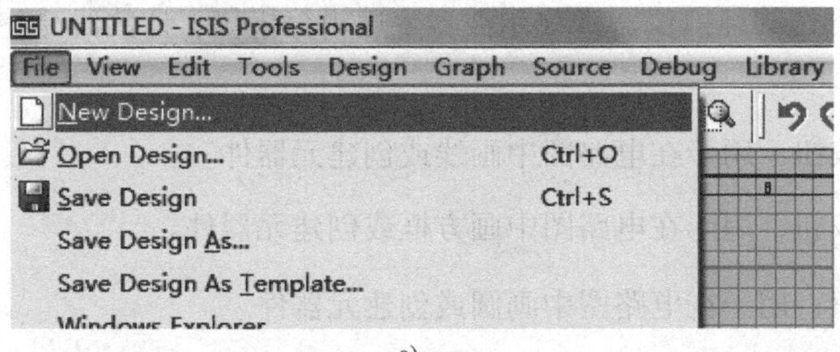

a)

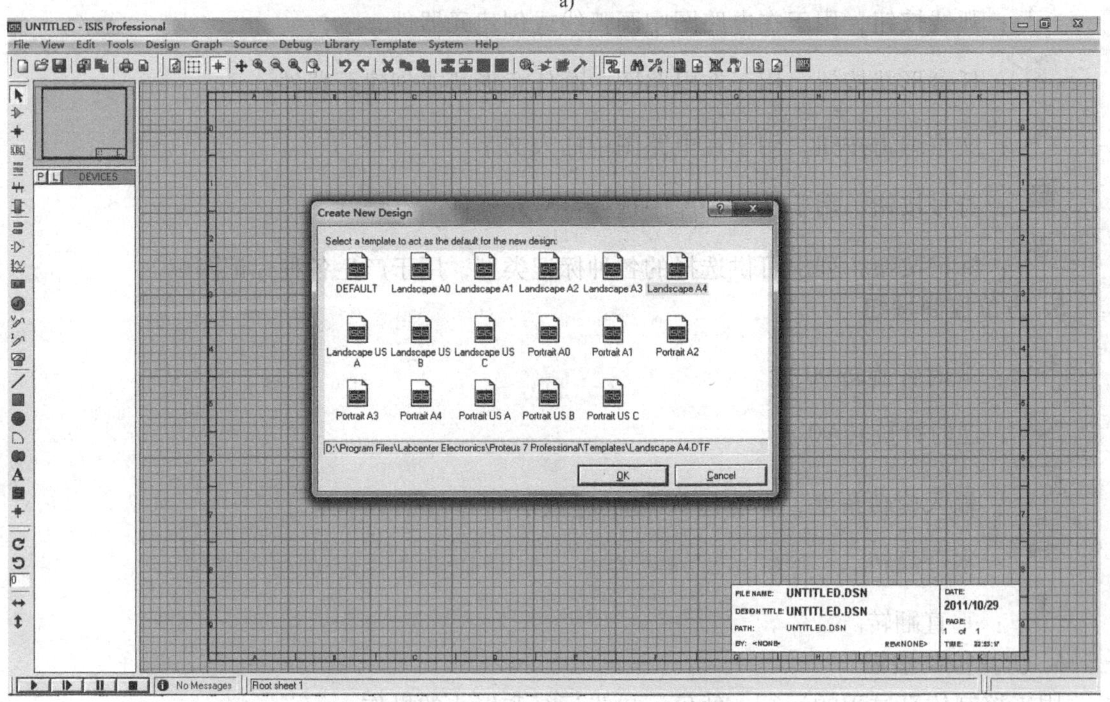

b)

图 5-6　建立设计文件演示图

2. 选择放置元器件

单击选择工具栏中的 ⊳ 图标按钮后，再单击对象选择窗口中的 P 按钮，就会出现器件选择对话框，如图 5-7 所示。

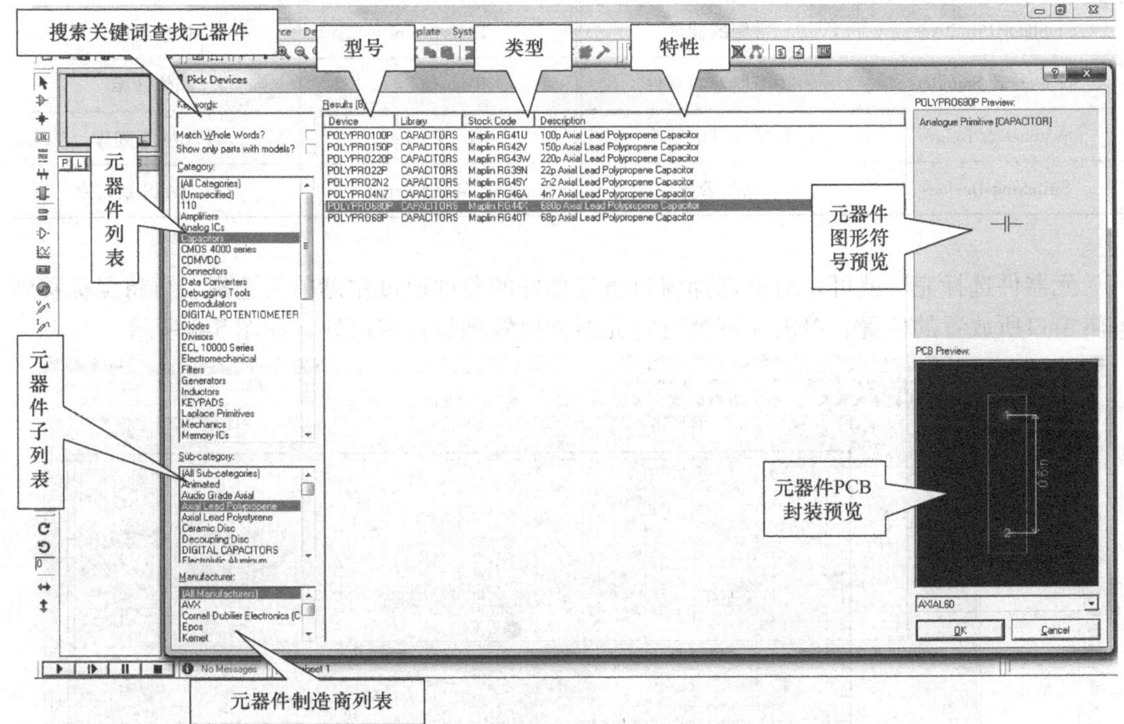

图 5-7　元器件选择演示图

可根据元器件对照表在图中元器件列表中及根据元器件属性选择电路所需元器件见表 5-6。

表 5-6　Proteus 元器件对照表

元器件英文	元器件中文	元器件英文	元器件中文
Analog ICs	模拟集成电路库	Inductors	变压器库
Capacitors	电容器库	Laplace Primitives	拉普拉斯变换
CMOS 4000 Series	CMOS 4000 系列	Memory ICs	存储器库
Connectors	连接器插头插座库	Microprocessor ICs	微处理器库
Data Converters	数据转换库	Miscellaneous	混合类型库
Debugging Tools	调试工具库	Modelling Primitives	仿真器件库
Diodes	二极管库	Operational Amplifiers	运算放大库
ECL 10000 Series	ECL10000 系列	Optoelectronics	光电器件
Electromechanical	电动机	PLD & FPGAs	可编程逻辑控制器件库

（续）

元器件英文	元器件中文	元器件英文	元器件中文
Resistors	电阻库	Thermionic Valves	热电子管库
Simulator Primitives	常用的器件	Transducers	传感器库
Speakers & Sounders	扬声器音响器件	Transistors	晶体管库
Switches & Relays	开关和继电器库	TTL 74 series	TTL74 系列库
Switching Devices	晶闸管库	TTL 74ALS series	TTL74ALS 系列库

元器件选择完毕就可在对象选择窗口将选择好的器件通过左键单击选择，再将鼠标移到编辑窗口所放置的位置，单击左键就可将元器件放置到编辑窗口处，如图 5-8 所示。

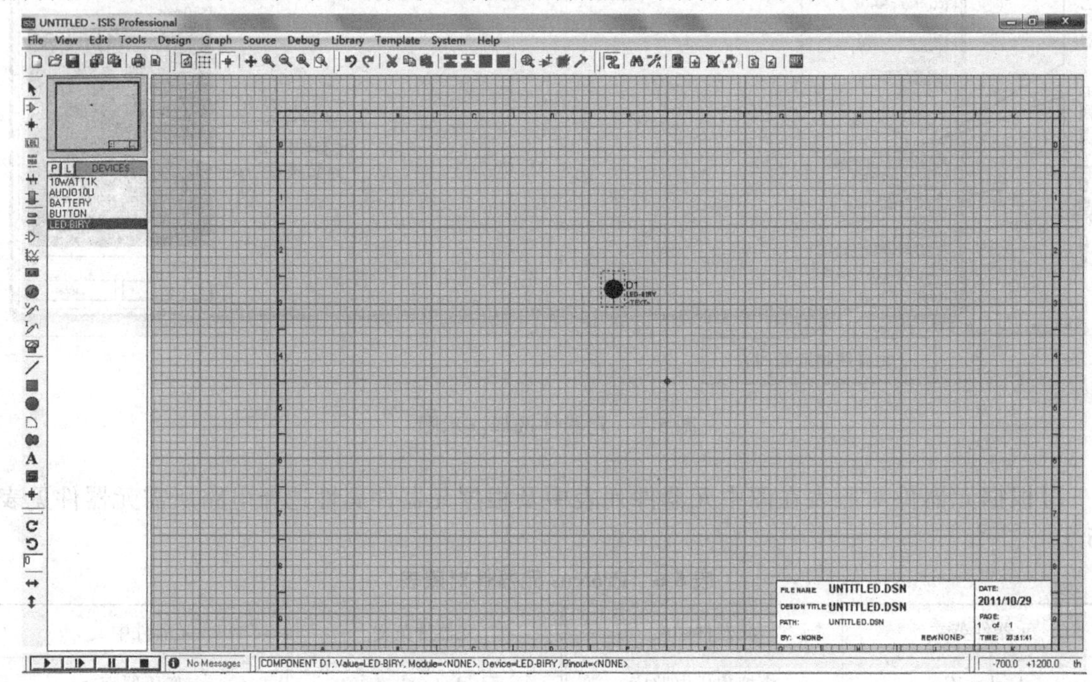

图 5-8　元器件放置演示图

3. 布线、调整及保存、仿真

当所有元器件都放置好之后，可通过连线将元器件之间进行连接，并且可通过“Tools”菜单下的自动布线功能使其自动布线，也可根据需要手动布线。经过检查调整电路，认为无误后，可通过仿真控制按钮观察仿真结果，进行验证。若想保存电路原理图，可通过“File”菜单下的保存功能将文件保存到所需位置。

根据例 5-5 选择元器件，然后画出电路，如图 5-9 所示，并且利用 Keil 软件编写程序，生成烧写文件 . HEX。在 Proteus 软件中双击 CPU，将生成的烧写文件添加到 CPU 中，单击 Proteus 中的“仿真”按钮，按动电路中的按键观察 LED 灯的变化。

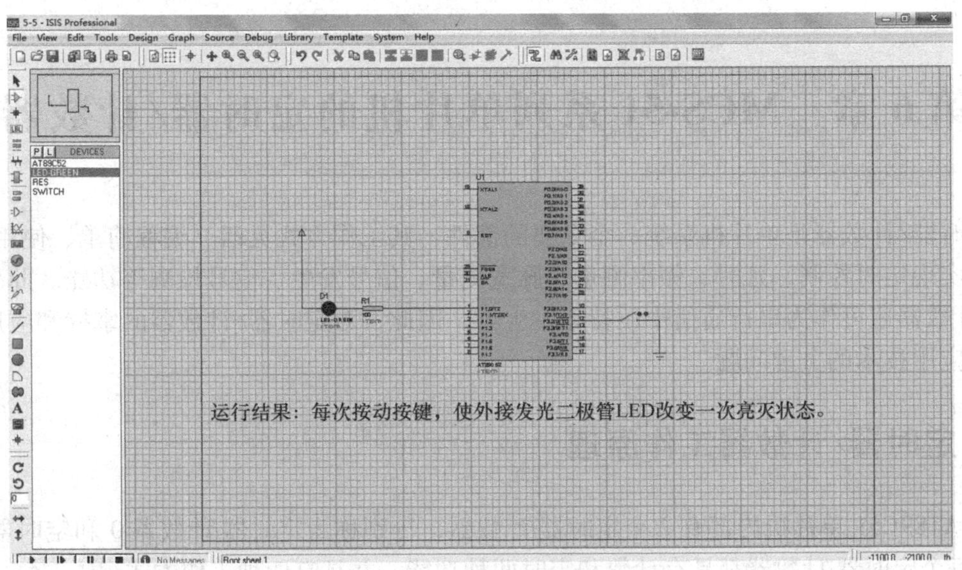

图 5-9　例 5-5 的 Proteus 电路仿真图

练　习　题

1. 简述中断、中断源、中断优先级及中断嵌套的含义。
2. 说明 MCS-51 单片机的各中断源特点、优先级别和中断入口地址。
3. 编写外部中断 0 电平触发方式的中断初始化程序。
4. 利用门电路进行设计，实现中断扩展。
5. 利用 AT89C51 单片机的外部中断 0 和外部中断 1 的中断方式，分别控制 P1.0 和 P1.1 上的两个 LED 灯的亮灭状态。画出电路图并编写程序。

第 6 章　MCS-51 系列单片机的定时器/计数器

定时器/计数器是单片机系统一个重要的部件，其工作方式灵活、编程简单、使用方便，可用来实现定时控制、延时、频率测量、脉宽测量、信号发生、信号检测等功能。此外，定时器/计数器还可作为串行通信中波特率发生器。因此，对定时器/计数器的掌握和应用也是单片机应用技术的关键问题。

6.1　定时器/计数器工作原理

在 AT89C51 单片机内部有 2 个定时器/计数器，分别称为定时器/计数器 0 和定时器/计数器 1。每个定时器/计数器都具有计数和定时两种功能，并具有四种工作方式。

6.1.1　定时器/计数器内部结构及工作原理

51 单片机定时器/计数器的逻辑结构如图 6-1 所示，可以看出，16 位的定时器/计数器分别由两个 8 位专用寄存器组成，T0 由 TH0 和 TL0 构成，T1 由 TH1 和 TL1 构成，访问地址为 8AH ~ 8DH。这些寄存器用于存放定时或计数初值，均可单独访问。此外，定时器/计数器内部还有一个 8 位的定时器方式寄存器 TMOD 和一个 8 位的定时控制寄存器 TCON。这些寄存器之间是通过内部总线和控制逻辑电路连接起来的。TMOD 主要用于选定定时器的工作方式，TCON 主要用于控制定时器的启动和停止，此外 TCON 还可以保存 T0、T1 的溢出和中断标志。当定时器工作在计数方式时，外部事件通过引脚 T0（P3.4）和 T1（P3.5）输入。

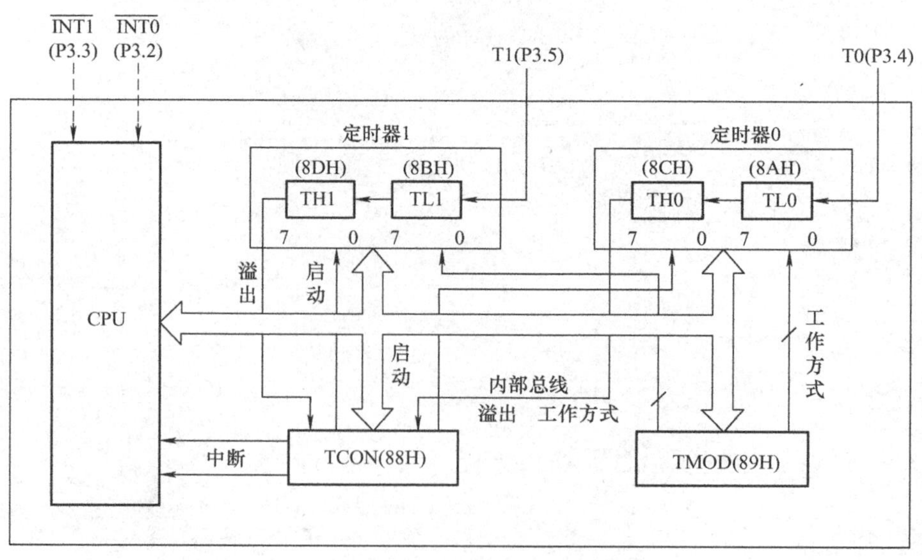

图 6-1　定时器/计数器逻辑结构图

以定时器/计数器 0 为例，其内部结构如图 6-2 所示。可以看出定时器/计数器内的核心器件是加 1 计数器，加 1 计数器由两个特殊功能寄存器 TH0 与 TL0 组成。当定时器/计数器工作于定时方式，加 1 脉冲由系统时钟 f_{osc} 经 12 分频后产生。当定时器/计数器工作于计数方式，加 1 脉冲由 T0 引脚直接提供。定时器工作于定时还是计数方式，取决于选择开关 $C/\overline{T}$，当 $C/\overline{T}=0$ 时工作于定时方式，$C/\overline{T}=1$ 时工作于计数方式。加 1 脉冲要经过启动开关才能到达加 1 计数器，启动开关由与门的输出端控制，其输入端分别接启动控制位 TR0 和或门输出端。或门的输入端分别接 GATE 位和外部中断引脚 $\overline{INT0}$。启动开关的控制方式将在下文中介绍。当加 1 计数器溢出时，由硬件自动将中断标志 TF0 置 1，以此向 CPU 发中断请求。

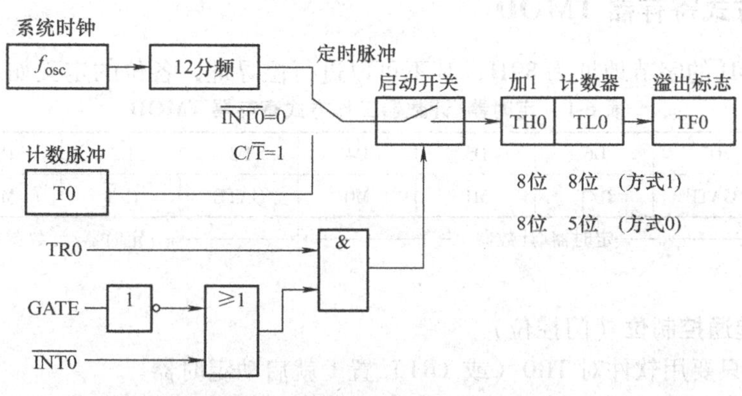

图 6-2　定时器/计数器 0 内部结构图

定时器/计数器 4 种工作方式的主要区别在于加 1 计数器的使用，加 1 计数器可以是由 TH0、TL0 组成的 16 位或 13 位计数器，也可以是由 TL0 组成的 8 位计数器。关于 4 种方式将在后面详细介绍。

6.1.2　计数功能

外部信号是加到 T0 或 T1 端引脚（P3 口第二功能 P3.4 或 P3.5 引脚），用 T0（P3.4）、T1（P3.5）两个引脚输入定时计数器 0 与定时计数器 1 计数脉冲信号，计数方式下是对外来负脉冲进行计数，且到达 T0（T1）端时不一定有规律。计数器在每个机器周期的 S5P2 期间采样外部输入信号，若一个周期的采样值为 1，下一个周期的采样值为 0，则计数器加 1，说明识别一个从 1→0 的跳变需要两个机器周期，所以对外部输入信号最高的计数速率是晶振频率的 1/24（12 × 机器周期 = 振荡周期；1/振荡周期 = 振荡频率）。同时外部输入信号的高电平与低电平保持时间均需大于一个机器周期。

6.1.3　定时功能

定时的实质也是计数，不过定时时间不是对外来脉冲进行计数，而是对 CPU 的内部时钟脉冲的 12 分频（机器周期）进行计数，即每过一个机器周期就加一次 1。例如：设计数器是 8 位的 TL0，计数初值为 100，CPU 时钟频率为 12MHz，则机器周期为 1μs，当产生计数溢出时，表示定时为（256 − 100）×1μs = 156μs，从而就起到了定时器的作用。

一旦定时器/计数器被设置成某种工作方式，它就会按设定的工作方式独立运行，不再占用 CPU 的操作时间，直到加 1 计数器计满溢出，才向 CPU 发送中断请求。

6.2　定时器/计数器有关寄存器

定时器/计数器的核心是一个加 1 计数器，16 位定时器/计数器分别由 2 个 8 位专用寄存器组成：T0 由 TL0 和 TH0 组成，T1 由 TL1 和 TH1 组成，这些寄存器存放定时或计数初值，每个定时器都可以由软件设置成定时工作方式或计数工作方式，工作方式的设定由工作方式寄存器 TMOD 设置，由控制寄存器 TCON 控制。

6.2.1　工作方式寄存器 TMOD

寄存器 TMOD 的字节地址为 89H，其不可以进行位寻址，各位的定义如表 6-1 所示。

表 6-1　定时器/计数器工作方式寄存器 TMOD

位序	D7	D6	D5	D4	D3	D2	D1	D0
位符号	GATE	$C/\overline{T}$	M1	M0	GATE	$C/\overline{T}$	M1	M0
	←定时器/计数器 1			→	←定时器/计数器 0			→

1. GATE 选通控制位（门控位）

GATE =0，只要用软件对 TR0（或 TR1）置 1 就启动定时器。

GATE =1，只有外部中断 INT1（或 INT0）引脚为高电平，且用软件对 TR0（或 TR1）置 1 才启动定时器。

2. $C/\overline{T}$ 工作方式选择位

$C/\overline{T}=0$，设置定时器/计数器为定时工作方式。

$C/\overline{T}=1$，设置定时器/计数器为计数工作方式。

3. M1M0 工作方式控制位

定时器/计数器由 M1 和 M0 的不同的组合选择不同的工作方式

M1M0 =00　　方式 0　　13 位计数器

M1M0 =01　　方式 1　　16 位计数器

M1M0 =10　　方式 2　　自动再装入 8 位计数器

M1M0 =11　　方式 3　　T0：可分成两个 8 位计数器；T1：停止计数

6.2.2　控制寄存器 TCON

TCON 用于控制定时器的启动、停止、溢出和中断，可位寻址，其各位的定义如表 6-2 所示。

表 6-2　定时器/计数器控制寄存器 TCON

位地址	8FH	8EH	8DH	8CH	8BH	8AH	89H	88H
位定义	TF1	TR1	TF0	TR0	IE1	IT1	IE0	IT0

1. TF1 和 TF0 计数溢出标志位

T1/T0 溢出时由硬件置 1，并申请中断，CPU 相应中断后，又由硬件清 0。TF1 和 TF0

也可以由软件清 0。(可通过软件查询 TFx 是否为 0 来判断溢出，x = 0 或 1)

2. TR1 和 TR0 运行控制位

由软件置 1 或清 0，用来启动或停止定时器。

TR0（TR1）=0，则定时器/计数器 0（定时器/计数器 1）停止工作。

TR0（TR1）=1，则启动定时器/计数器 0（定时器/计数器 1）工作。

3. IE1/IE0 外部中断 1/外部中断 0 请求标志位

4. IT1/IT0 外部中断 1/外部中断 0 触发方式选择位

6.2.3　中断允许控制寄存器 IE

如果定时器/计数器在工作时，用中断方式来判断其是否溢出，则需要设定中断允许寄存器 IE，表 6-3 为中断允许控制寄存器各位的定义。

表 6-3　中断允许控制寄存器各位的定义

位地址	AFH			ACH	ABH	AAH	A9H	A8H
位定义	EA	\	\	ES	ET1	EX1	ET0	EX0

1. EA 中断允许总控制位

EA = 1，CPU 开放中断；EA = 0，CPU 禁止中断请求。

2. ET0 和 ET1 定时/计数中断允许控制位

ET0（ET1）=0，禁止定时器/计数器 0（定时器/计数器 1）溢出中断。

ET0（ET1）=1，允许定时器/计数器 0（定时器/计数器 1）溢出中断。

6.3　定时器/计数器工作方式

对定时器/计数器的工作方式寄存器 TMOD 中的 M1 M0 位进行设置，可以使得定时器/计数器工作在 4 种工作方式下，下面对这 4 种方式做一下介绍。

6.3.1　定时器/计数器的工作方式 0

1. 计数结构

在工作方式 0 下，定时器/计数器采用 13 位计数结构。

2. 工作方式 0 的特点

1）两个定时器/计数器 T0、T1 均可在工作方式 0 下工作。

2）13 位计数结构，其计数器由 THx 全部 8 位和 TLx 的低 5 位构成（高 3 位不用），x = 0 或 1。

3）当产生计数溢出时，由硬件自动给计数溢出标志位 TF0（TF1）置 1，由软件给 THx、TLx 重新置计数初值，x = 0 或 1。

3. 计数/定时范围

在工作方式 0 下，当采用计数工作方式时，由于是 13 位的计数结构，所以计数范围是 1 ~ 8192。当采用定时工作方式时，其定时时间 =（2^{13} − 计数初值）× 机器周期，例如：设单片机的晶振频率 f = 12MHz，则机器周期为 1μs，从而定时范围为 1 ~ 8192μs。

应说明的是，工作方式 0 采用 13 位计数器是为了与早期的产品兼容，计数初值的高 8 位和低 5 位的确定比较麻烦，所以在实际应用中常用 16 位的工作方式 1 取代。

6.3.2　定时器/计数器的工作方式 1

1. 计数结构

在工作方式 1 下，定时器/计数器采用 16 位计数结构。

2. 工作方式 1 的特点

1）两个定时器/计数器均可在工作方式 1 下工作。

2）16 位计数结构，其计数器由 THx 的全部 8 位和 TLx 的全部 8 位构成，x = 0 或 1。

3）当产生计数溢出时，由硬件自动给计数溢出标志位 TF0（TF1）置 1，由软件给 THx、TLx 重新置计数初值，x = 0 或 1。

3. 计数/定时范围

在工作方式 1 下，当采用计数工作方式时，由于是 16 位的计数结构，所以计数范围是 1 ~ 65536。当采用定时工作方式时，其定时时间 = (2^{16} - 计数初值）× 机器周期，例如：设单片机的晶振频率 f = 12MHz，则机器周期为 1μs，从而定时范围：1 ~ 65536μs。

6.3.3　定时器/计数器的工作方式 2

工作方式 2 是一种自动再装入预置数的工作方式，前两种工作方式当工作溢出后，THx 和 TLx 内容就变为 0，若想使用则需要重新对 THx 和 TLx 设定初值。而在工作方式 2 下，THx 和 TLx 的初值一旦设定，如不需改变的话则不用再对 THx 和 TLx 重新设定，x = 0 或 1。

1. 计数结构

在工作方式 2 下，定时器/计数器采用 8 位计数结构。计数器由 THx 全部 8 位和 TLx 全部 8 位构成，其中 THx 存放预置数，而 TLx 参与定时/计数工作，x = 0 或 1。

2. 工作方式 2 的特点

1）两个定时器/计数器均可在工作方式 2 下工作。

2）8 位计数结构，其计数器 TLx 的 8 位构成，x = 0 或 1；

3）当产生计数溢出时，由硬件自动给计数溢出标志位 TF0（TF1）置 1，无需对 THx、TLx 重新置计数初值，x = 0 或 1。

3. 计数/定时范围

在工作方式 2 下，当采用计数工作方式时，由于是 8 位的计数结构，所以计数范围是 1 ~ 256。当采用定时工作方式时，其定时时间 = (2^{8} - 计数初值）× 机器周期，例如：设单片机的晶振频率 f = 12MHz，则机器周期为 1μs，从而定时范围为 1 ~ 256μs。

6.3.4　定时器/计数器的工作方式 3

工作方式 3 是一个 8 位定时计数器，是针对于定时器/计数器 0（T0）而言的。这种工作方式之下，定时器/计数器 0 被拆成 2 个独立的定时器/计数器来用。其中，TL0 可以构成 8 位的定时器或计数器的工作方式，T0 的各控制位和引脚信号全归它使用；而 TH0 则只能作为定时器来用，它占用了 T1 的中断标志和运行控制位 TF1 和 TR1。也就是说，在定时器/计数器工作在工作方式 3 的情况下，需要对 TCON 进行设置和判断溢出时，T0 被分成两个来使用，规定 TL0 还使用原来控制 T0 的寄存器标记，而 TH0 则使用原来控制 T1 的寄存器标记，此时 T1 停止工作。

一般情况下，只有在 T1 以工作方式 2 运行（当波特率发生器用）时，才让 T0 工作于工作方式 3。

6.3.5　定时器/计数器的初始化

因为 51 单片机的定时器/计数器是可编程的，因此，在利用定时器/计数器进行定时计数之前，先要通过软件对它进行初始化，初始化一般应进行如下工作：

1）设置工作方式，即设置 TMOD 中的 GATE、$C/\overline{T}$、M1M0 各位。

2）计算加 1 计数器的初值，并将初值送入 THx、TLx 中，x = 0 或 1。

计数方式：计数值 = 2^n - COUNT

计数初值：COUNT = 2^n - 计数值。

定时方式：定时时间 = （2^n - TIME）×机器周期

计数初值：TIME = 2^n - 定时时间/机器周期

其中 n = 13、16、8、8 分别对应方式 0、1、2、3。

3）启动计数器工作，即将 TRx 置 1，x = 0 或 1。

4）若使用中断方式进行判断溢出问题，则还需使 T0、T1 开中断。

6.4　定时器/计数器应用程序

6.4.1　利用定时器/计数器产生方波

【例 6-1】 设单片机晶振频率为 6MHz，使用定时器 1 以方式 0 产生周期为 500μs 的等宽方波连续脉冲，并由 P1.0 输出，以查询方式完成。

解：（1）计算计数初值

要产生 500μs 的等宽方波脉冲，只需在 P1.0 端以 250μs 为周期交替输出高低电平即可实现，为此定时时间应为 250μs，工作在定时方式下。使用 6MHz 晶振，则一个机器周期为 2μs。方式 0 为 13 位计数结构。设待求的初值为 X，则 $(2^{13} - X) \times 2 \times 10^{-6} = 250 \times 10^{-6}$。求解得 $X = 8067$，二进制数表示为 1111110000011B = 1F83H，十六进制表示高 8 位为 0FCH，低 5 位为 03H。因为采用定时器/计数器 1，所以其中高 8 位放入 TH1，即 TH1 = 0FCH；低 5 位放入 TL1，即 TL1 = 03H。

（2）TMOD 寄存器初始化

为把定时器/计数器 1 设定为方式 0，则 M1M0 = 00；为实现定时功能，应使 $C/\overline{T} = 0$；为实现定时器/计数器 1 的运行控制，则 GATE = 0。定时器/计数器 0 不用，有关位设定为 0。因此 TMOD 寄存器应初始化为 00H。

（3）由定时器控制寄存器 TCON 中的 TR1 位控制定时的启动和停止

TR1 = 1 启动，TR1 = 0 停止。

（4）程序设计

```
        ORG 0000H
```

```
        AJMP MAIN
MAIN:   MOV  TMOD, #00H          ; 设置 T1 为工作方式 0
        MOV  TH1, #0FCH          ; 设置初值
        MOV  TL1, #03H
        MOV  IE, #00H            ; 禁止中断
LOOP:   SETB TR1                 ; 启动定时
        JBC  TF1, LOOP1          ; 查询计数溢出
        AJMP LOOP
LOOP1:  MOV  TH1, #0FCH          ; 重新设置初值
        MOV  TL1, #03H
        CLR  TF1                 ; 计数溢出标志位清 0
        CPL  P1.0                ; 输出取反
        AJMP LOOP                ; 重复循环
        END
```

在仿真软件中设计电路，从 P1.0 引脚处接示波器观察波形变化。

【例 6-2】 单片机晶振频率为 6MHz，使用定时器 0 以工作方式 1 产生周期为 500μs 的等宽方波连续脉冲，并由 P1.0 输出，以中断方式完成。

解：（1）计算计数初值

要产生 500μs 的等宽方波脉冲，只需在 P1.0 端以 250μs 为周期交替输出高低电平即可实现，为此定时时间应为 250μs，工作在定时方式下。使用 6MHz 晶振，则一个机器周期为 2μs。方式 0 为 16 位计数结构。设待求的初值为 X，则 $(2^{16}-X)\times 2\times 10^{-6} = 250\times 10^{-6}$。求解得 $X=65411$，二进制数表示为 1111111110000011B = FF83H，十六进制表示高 8 位为 0FFH，低 8 位为 83H。因为采用定时器/计数器 0，所以其中高 8 位放入 TH0，即 TH0 = 0FFH；低 8 位放入 TL0，即 TL0 = 83H。

（2）TMOD 寄存器初始化

为把定时器/计数器 0 设定为方式 1，则 M1M0 = 01；为实现定时功能，应使 $C/\overline{T}=0$；为实现定时器/计数器 0 的运行控制，则 GATE = 0。定时器/计数器 1 不用，有关位设定为 0。因此 TMOD 寄存器应初始化为 01H。

（3）程序设计

主程序：

```
        ORG 0000H
        AJMP MAIN
        ORG 000BH
        AJMP INT
MAIN:   MOV  TMOD, #01H          ; 设置 T0 为工作方式 0
        MOV  TH0, #0FFH          ; 设置计数初值
        MOV  TL0, #83H
        SETB EA                  ; 开总中断允许位
        SETB ET0                 ; 开定时器 0 中断允许位
```

```
LOOP:   SETB   TR0              ; 定时器 0 开始工作
HERE:   SJMP   $                ; 等待中断
中断服务程序:
INT:    CLR    TF1
        MOV    TH0, #0FFH       ; 设置计数初值
        MOV    TL0, #83H
        CPL    P1.0             ; 输出取反
        RETI                    ; 中断返回
        END
```

6.4.2　定时应用

【例 6-3】 电路如图 6-3 所示，晶振为 12MHz，将 P1 口上的信号灯循环显示，时间间隔为 1s。

解： 系统采用 12MHz 晶振，采用定时器 1，方式 1 定时 50ms，用 R3 做 50ms 计数单元。

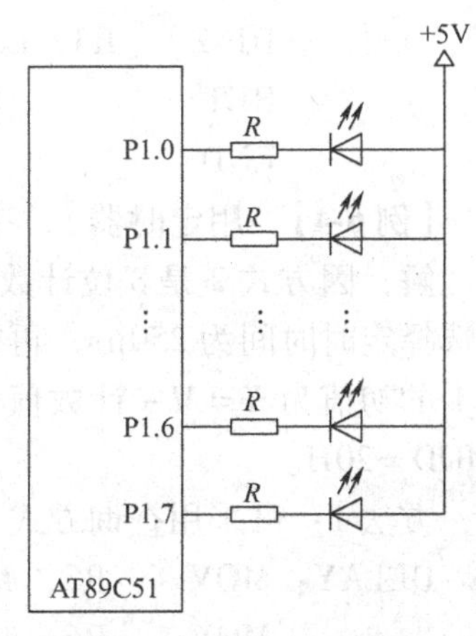

图 6-3　例 6-3 电路原理图

（1）计算计数初值

要产生 1s 的时间间隔，12MHz 晶振，则一个机器周期为 1μs，采用方式 1 时，最大的延时时间只有 65536μs，只有利用循环使单位时间重复一定次数后来产生 1s 的延时，单位时间设定为 50ms，工作在定时方式下。方式 1 为 16 位计数结构。设待求的初值为 X，则 $(2^{16}-X)\times 1\times 10^{-6}=50\times 10^{-3}$。求解得 $X=15536$，二进制数表示为 11110010110000B = 3CB0H，十六进制表示高 8 位为 3CH，低 8 位为 0B0H。因为采用定时器/计数器 1，所以其中高 8 位放入 TH1，即 TH1 = 3CH；低 8 位放入 TL1，即 TL1 = 0B0H。

（2）TMOD 寄存器初始化

为把定时器/计数器 1 设定为方式 1，则 M1M0 = 01；为实现定时功能，应使 $C/\overline{T}=0$；为实现定时器/计数器 1 的运行控制，则 GATE = 0。定时器/计数器 0 不用，有关位设定为 0。因此 TMOD 寄存器应初始化为 10H。

其源程序可设计如下：

```
        ORG    0000H
CONT:   MOV    R2, #08H
        MOV    A, #0FEH
NEXT:   MOV    P1, A
        ACALL  DELAY
        RL     A
        DJNZ   R2, NEXT
        MOV    R2, #08H
NEXT1:  MOV    P1, A
```

```
          RR      A
          ACALL   DELAY
          DJNZ    R2, NEXT1
          SJMP    CONT
DELAY:    MOV     R3, #14H        ; 置50 ms计数循环初值
          MOV     TMOD, #10H      ; 设定时器1为方式1
          MOV     TH1, #3CH       ; 置定时器初值
          MOV     TL1, #0B0H
          SETB    TR1             ; 启动定时器1
LP1:      JBC     TF1, LP2        ; 查询计数溢出
          SJMP    LP1             ; 未到50 ms继续计数
LP2:      MOV     TH1, #3CH       ; 重新置定时器初值
          MOV     TL1, #0B0H
          DJNZ    R3, LP1         ; 未到1s继续循环
          RET                     ; 返回主程序
          END
```

【例 6-4】 用定时器 1，工作方式 2 实现 1 s 的延时子程序。

解：因方式 2 是 8 位计数器，其最大定时时间为：256 × 1μs = 256μs，为实现 1s 延时，可选择定时时间为 250μs，再循环 4000 次。定时时间选定后，可确定计数值为 250，则定时器 1 的初值为 $X = M -$ 计数值 = 256 −250 = 6 = 6H。采用定时器 1，工作方式 2 工作，因此 TMOD = 20H。

方法 1：可采用查询方式 1s 延时子程序

```
DELAY:    MOV     R5, #28H        ; 置25ms计数循环初值
          MOV     R6, #64H        ; 置250μs计数循环初值
          MOV     TMOD, #20H      ; 置定时器1为方式2
          MOV     TH1, #06H       ; 置定时器初值
          MOV     TL1, #06H
          SETB    TR1             ; 启动定时器
LP1:      JBC     TF1, LP2        ; 查询计数溢出
          SJMP    LP1             ; 无溢出则继续计数
LP2:      DJNZ    R6, LP1         ; 未到25 ms继续循环
          MOV     R6, #64H
          DJNZ    R5, LP1         ; 未到1 s继续循环
          RET
```

方法 2：采用中断方式延时 1s 子程序

```
          ORG     0000H
          AJMP    MAIN
          ORG     OO1BH
          AJMP    T1S
```

```
        ORG     0030H
MAIN:           …
                …
DELAY:  CLR     21H             ; 设定延时标志位，0 表示定时时间未到，1 表
                                  示时间到
        MOV     R5, #28H        ; 置 25 ms 计数循环初值
        MOV     R6, #64H        ; 置 250 μs 计数循环初值
        MOV     TMOD, #20H      ; 置定时器 1 为方式 2
        MOV     TH1, #06H       ; 置定时器初值
        MOV     TL1, #06H
        SETB    TR1             ; 启动定时器
LP1:    JNB     21H, $          ; 判断延时是否到
        RET
T1S:    CLR     TF1
        DJNZ    R6, LP1         ; 未到 25ms 继续循环
        MOV     R6, #64H
        DJNZ    R5, LP1         ; 未到 1s 继续循环
        SETB    21H
        RETI
```

6.4.3　计数应用

【例 6-5】　在某工厂的一条自动饮料生产线上，需要每生产 12 瓶饮料，就自动执行装箱的操作程序。试用 MCS-51 型单片机的计数器实现该控制要求。

设计思想：在生产线上安装传感装置，每检测到 1 瓶饮料就向单片机发送 1 个脉冲信号，当检测到第 12 瓶后，就执行装箱程序，然后再重新继续检测。因此计数值为 12。

解：用 T0 的工作方式 2 来完成。

记录脉冲数量的公式为：$S = 2^8 - T0$ 的初值

所以 T0 的初值为：T0 的初值 $= 2^8 - 12 = 244 = 11110100B = 0F4H$

查询方式程序：

```
        MOV   TMOD, #06H        ; 将 T0 设置为：由 TR0 启动、计数方式、工作方
                                  式 2
        MOV   TL0, #0F4H        ; 将初值为 1111 0100B 送入低 8 位计数器 TL0
                                  (加 12 后，可产生溢出)
        MOV   TH0, #0F4H        ; 初值备用
        MOV   IE, #00H          ; 关闭中断允许寄存器
        SETB  TR0               ; 启动 T0 计数器
LOOP:   JBC   TF0, LOOP1        ; 若 TF0 为 1，检测数量达到 12 瓶，程序转到
                                  LOOP1 处，若 TF0 为 0，未计够数，程序往下执
                                  行
```

```
        AJMP  LOOP                  ; 转到LOOP处继续检测
LOOP1:  (驱动电动机转动等程序)      ; 执行包装动作
        …
        END
```

练 习 题

1. 简述AT89C51单片机的定时器/计数器4种工作方式的特点。

2. 说明定时器/计数器工作方式寄存器各位的作用。

3. AT89C51单片机晶振6MHz，若定时时间分别为100μs、5ms、20ms，定时器分别工作在方式0、方式1、方式2下的定时初值各是多少？若工作方式不能够进行定时值的计算，说明原因。

4. 使用定时器/计数器T0的定时模式工作方式1下，采用中断方式，晶振6MHz，编写延时10ms的初始化程序。

5. AT89C51单片机晶振12MHz，利用定时器/计数器T1编写由P1.1引脚输出高低电平占空比为2:1的矩形波程序。

6. AT89C51单片机晶振12MHz，利用定时器/计数器T0（P3.4）引脚进行计数，每计满100个脉冲，就延时10ms，之后又重新开始计数，往复进行。

7. AT89C51单片机晶振6MHz，利用定时器/计数器T0，编写由P1.0和P1.1引脚分别同时输出周期为5ms和10ms的方波程序。

第 7 章　MCS-51 系列单片机串行通信

单片机作为一个微处理器，经常应用于嵌入式系统中，而随着计算机网络和工业技术的发展，工业生产制造、检测、管理、销售等产品生命周期的各个环节内部以及各环节之间都需要数据的共享和交换，这就使得计算机与外设之间以及计算机与计算机之间的信息交换愈发重要，单片机与外部设备之间的通信技术是单片机开发者需要掌握的重要技术之一。

7.1　数据通信概述

7.1.1　数据通信

所谓的数据通信就是指设备之间的信息传输，涉及传输介质、传输协议、传输信号、数据格式等内容。数据通信的内容就是传递的信息，载体就是传输介质，而通信中所需要遵循的统一规范就是协议。

1. 数据与信号

(1) 数据　信息作为通信的内容可以是文字、符号、图形、影音等，这些统称为数据。而数据在被传送时，通常分为模拟数据和数字数据，前者为连续值，后者为离散值。

模拟数据反映的是连续的信息，是时间的连续函数。如温度、压力、话音和图像等。

数字数据反映的是离散的信息，是时间的离散函数。数字数据就是用一系列符号代表的消息，而每个符号只可以取有限个值。在传送时，一段时间内传送一个数据，所以在时间上是离散的。因此，用来反映在取值上是离散的文字或符号的数据是数字数据，如自然数（整数）、字符文本等。

(2) 信号　信号（Signal）是数据的电编码或电磁编码。它分为两种：模拟信号和数字信号。

模拟信号是在各种介质上传送的一种随时间连续变化的电流、电压或电磁波，可以选用适当的参量信号在双绞线、电缆和光缆上传送。

数字信号是在介质上传送的一系列离散的电脉冲或光脉冲，是一种离散信号。模拟信号和数字信号可以相互转换。

2. 模拟传输和数字传输

在数据通信中，数据以一定的形式从一端传送到另一端，称之为数据传输。

(1) 模拟传输　模拟传输是传输模拟信号的一些方法，与这些信号所代表模拟数据或数字数据无关。它们可以代表模拟数据，如声音；也可以代表数字数据，如通过调制解调器变换了的二进制数据。

模拟信号传送一定距离后，由于幅度衰减而失真变形，所以在长距离传送时，需在沿途加若干放大器将信号放大。但放大器在放大信号的同时，也放大了噪声，同样引起误差，且误差是沿途累加的。对于声音数据，有一点误差，还可辨认，但对数字数据，一点误差都是不允许的。

（2）数字传输　数字传输是以数字信号形式传输的。它可以直接传输二进制数据或编码的二进制数据（为了更适合传输介质的要求），也可以传输数字化了的模拟数据，如数字化了的声音。数字信号在传输过程中，也会由于信号幅度衰减而失真，但由于数字信号只包含有限个电平值，如二进制数字信号就只有两个电平值，分别用“0”和“1”表示，故只要在数字信号衰减到可能无法辨认是原电平之前，在沿途适当地方（一般为50km处）加一中继器将该信号恢复原值，即可继续传输。中继器可以对数字信号进行整形、放大，比较简单，它的引入不会产生积累误差，中继器的使用使采用数字传输方法传输模拟数据成为可能。

模拟数据和数字数据两者均可由模拟信号或数字信号表示和传输。通常，模拟数据是时间的函数并占有一定的频率范围，这种数据可直接由占有相同频率范围的电磁信号表示。如声音数据，作为声波，其频谱为20Hz～20kHz。但大多数声音的能量都集中在窄得多的频率范围内，声音信号的标准频率范围为300～3400Hz。在该频率范围内，可以十分清晰地传播声音。电话设备的所有输入也是在此范围之内。这种模拟数据也可以由数字信号表示和传输，这时需要一个将模拟数据转换为数字信号的设备。如声音数据，可以通过Codec（编码/译码器）进行数字化。同样，数字数据可以由数字信号直接表示，也可以通过Modem（调制/解调器）进行转换，由模拟信号来表示，它们之间关系可以由图7-1加以说明。

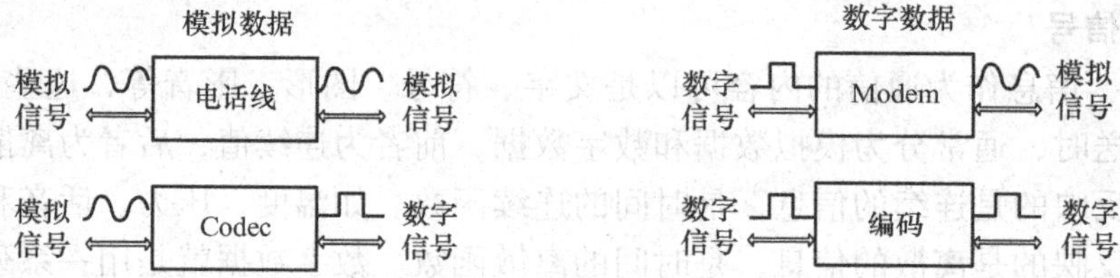

图7-1　模拟数据和数字数据的表示

3. 数据传输基本概念

（1）带宽　每种信号都要占据一定的频率范围，我们称该频率范围为带宽。如声音的频率范围主要在300～3400Hz，故电话线一条话路的带宽是300～3400Hz。又如一条电缆，可传送1MHz频率范围的信号，则称该电缆的带宽为1MHz。所以一般信号频谱所占有的频率宽度称为信号带宽；而把传输介质所能允许通过的信号的频率范围称为介质带宽。

（2）数据传输速率　数据传输速率也叫数据率，指单位时间内传输的数据量。常用的有两种表现形式：比特率和波特率。

比特率即每秒钟传输多少位二进制数据，单位为位/秒，记作bit/s。如2400bit/s，指在一秒内可传输2400位数据。数据率高低由每位所占时间决定，如果每一位所占时间即脉冲宽度越小，则数据率越高。

波特率是指每秒传输的信号波形的个数。单位为波特，记作Baud或B。它与比特率相互联系，对于传输的信号，如果每个信号只包含一个二进制数据位，那么此时波特率和比特率相等；如果每个信号是由多个二进制数据位组成的，那么此时比特率与波特率是不同的。如每个信号由2个二进制数据位组成，传输比特率为2400bit/s，那么波特率为1200B。波特率通常用于表示调制解调器之间传输信号的速率。

（3）位时间　位时间是指传送一个二进制位所需的时间，用 T_d 表示。

（4）误码率　误码率是衡量数据通信系统或通信信道传输可靠性的一个参数。其定义是：二进制位（码元）在传输中被传错的概率。当所传送的数字序列足够长时，它近似地等于被传错的二进制位（码元）数与所传输总位（码元）数的比值。若传输总位（码元）数为 N，传错的位（码元）数为 N_e，则误码率 P 表示如下：

$$P = N_e / N$$

在计算机网络中，要求误码率低于 10^{-6}，即平均每传输 1 兆位（码元），才允许错 1 位（码元）。应该指出，对于执行不同任务的通信系统，对可靠性的要求是不同的，不能笼统地说误码率越低越好。对于一个通信系统，在满足可靠性的基础上应尽量提高通信效率。如果通信系统的传输速率给定，误码率越低，设备就越复杂。因此，在研制通信设备确定误码率指标时，要根据具体用途而定。

实际应用中，常常由若干码元构成一个码字，所以可靠性也可用误字率表示。误字率是码字错误的概率。有时一个码字中错两个或更多的码元，但这和错一个码元一样，都会使这一个码字错误。因此，误字率不一定等于误码率。

（5）信噪比　数据在传输的过程中会受到干扰或其他影响，这样在信号中就会出现噪声，而噪声的产生会使数据传输出错的概率大大增加。噪声的大小通常用信噪比来表示，即信号功率 S 与噪声功率 N 的比值。一般用 $10\lg S/N$ 来表示，单位为分贝。

（6）传播速度　在通信线路上，信号在单位时间内传送的距离称为传播速度。

（7）延迟　延迟表示在网络中从发送第一位数据起，到最后一位数据被接收所经历的时间。该参数表示网络响应速度，延迟越少，响应越快，性能越好。影响延迟的因素因网络技术而异，主要有传输延迟、传播延迟等。

7.1.2　并行通信与串行通信

在微型计算机中，通信（数据交换）有两种方式：串行通信和并行通信。

串行通信是指计算机与 I/O 设备之间仅通过一条传输线交换数据，数据按顺序一位接一位进行传送。串行通信可以进行长距离数据传输，由于使用传输线较少，故比较经济，但是其数据的传输速度较慢。

并行通信，是指计算机与 I/O 设备之间通过多条传输线（至少 8 条）交换数据，数据的各位同时进行传送。如计算机与并口打印机、CPU 与光驱、CPU 与硬盘之间的通信。并行通信的优点是传输速度快，但是传输用线多、成本高，传输通信距离短，适合 30m 以内的数据传输，如局域网。

应该理解所谓的并行和串行，仅是指 I/O 接口与 I/O 设备之间数据交换（通信）是并行或串行。无论怎样，CPU 与 I/O 接口之间的数据交换总是并行。二者比较：串行通信的速度慢，但使用的传输设备成本低，可利用现有的通信手段和通信设备，适合于计算机的远程通信；并行通信的速度快，但使用的传输设备成本高，适合于近距离的数据传送。

从图 7-2 中可以看出，所谓串行，是指串行接口与外设之间有通信是串行的，其数据通信线只有一根，而 CPU 与串行接口之间的通信总是并行的，与并行通信的形式是一样的。

在串行通信中，只用一根通信线在一个方向上传输信息，这根线上既要传送数据信息又要传送联络信息，这是串行通信的首要特点。

在一根线上串行传送的信息流中，为了能够识别哪一部分是联络信息，哪一部分是数据信息，就需要通信双方事先做出一系列的通信约定，这就是协议。因此，串行通信的第二个特点是它的信息格式必须事先用协议约定。

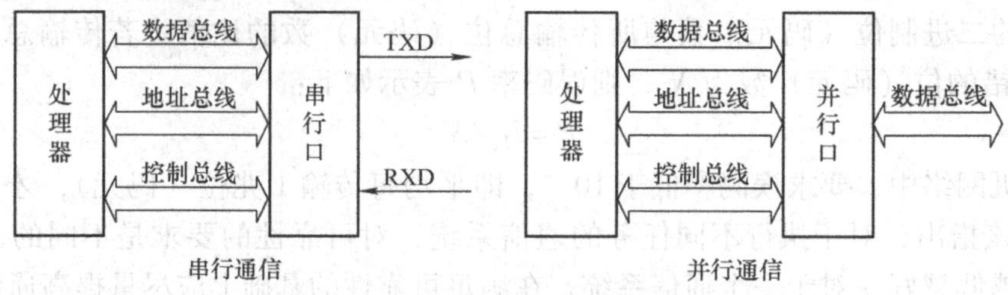

图 7-2 串行通信与并行通信

7.1.3 串行通信过程及通信协议

1. 串行通信传输模式

按照同一时刻数据流的方向不同可分成三种基本传输模式：全双工、双工和单工。全双工是指在任意时刻数据的流动方向都可以是双向的；双工又称为半双工，是指数据的流动方向可以是双向的，但是在某一时刻是单向的，不能够实现同一时刻的双向传输；而单工是指在任意时刻数据传输的方向都只能是单向的，不能进行反向传输。

（1）异步串行通信方式

所谓异步通信，是指数据传送以字符（或字节）为单位，字符与字符间的传送是完全异步的，位与位之间的传送基本上是同步的。而从设备使用的时钟信号角度分析，异步通信就是说每个设备都有自己的时钟信号，各时钟彼此独立互不同步，但是各设备的时钟信号在频率上保持一致。接收端通过判断字符帧对传输线上电平的影响来判断是否发送和结束数据的传输，即通过起始位和结束位作为双方同步的依据。平时发送线为高电平，每当接收端检测到传输线上发过来的电平为低（字符帧起始位）时，就知道发送端开始发送数据，每当接收端接收到字符帧的停止位时说明一帧字符信息已发送完毕。

对于异步串行通信其相邻的两个字符帧间的间隔长度是任意的，不需要同步脉冲来判断传输的同步性，对硬件要求较低，所需要的设备相对较简单，但是由于字符帧存在起始位和结束位，所以使得有效数据的传输效率降低。

（2）同步串行通信方式

所谓同步通信，是指数据传送以数据块（一组字符）为单位，字符与字符之间、字符内部的位与位之间都同步，各设备使用的是同一个时钟信号。同步串行通信方式中一次连续传输一数据块，开始前使用同步信号作为同步的依据。由于连续传输一个数据块，故收发双方时钟必须一致，否则时钟漂移会造成接收方数据辨认错误。这种方式下往往是发送方在发送数据的同时也通过一根专门的时钟信号线同时发送时钟信息，接收方使用发送方的时钟来接收数据。

同步串行通信必须保持发送端和接收端的时钟严格同步，字符帧与字符帧之间没有间隔，其传输效率较高，但是对硬件要求也较高，所需要的设备相对较为复杂。

2. 串行通信协议

由于有异步和同步两种通信方式，所以串行通信协议也有异步协议和同步协议两类。

（1）异步协议

这里讲的协议主要是数据格式问题，也就是字符帧的格式。异步串行通信的每个字符帧由起始位、数据位、校验位、结束位4个部分组成。起始位由1位二进制数据组成，规定为低电平“0”；数据位由8位二进制数据组成，是数据的有效信息；校验位由1位二进制数据组成，采用的是奇偶校验；结束位由1位或2位二进制数据组成，规定为高电平“1”。在异步串行通信中的字符帧通常有10位帧和11位帧两种格式，如图7-3所示。

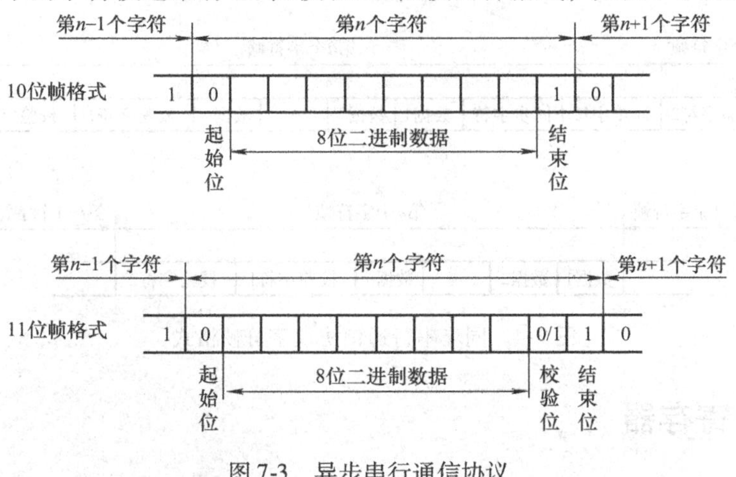

图7-3　异步串行通信协议

在10位帧格式中，8位数据位可以是8位二进制数据，这时无法进行错误校验；也可以是字符的ASCII码，由于ASCII码只有7位，于是最高位可以是一位奇偶校验位，以进行简单的错误检验。

异步协议的特点是一个字符一个字符地传输，字符之间没有固定的时间间隔要求。每一个字符的前面都有1位起始位（低电平，逻辑值0），字符本身由5～8位数据位组成，数据有效位后面是1位校验位，也可以无校验位，最后是停止位，停止位宽度为1位、1.5位或2位，停止位后面是不定长度的空闲位。停止位和空闲位都规定为高电平（逻辑1），这样就保证起始位开始处一定有一个下跳沿。这种格式是靠起始位和停止位来实现字符的界定或同步的，故称为起止式协议。

异步通信协议在每个字符的前后加上起始位和停止位这样一些附加位，降低了传输效率。因此，异步协议一般用在数据传输速率要求较低的场合（小于19.2kbit/s）。在高速传送时，一般采用同步协议。

（2）同步协议

同步通信是一种连续串行传送数据的通信方式，一次通信只传送一帧信息。该帧和异步通信中的帧不同，通常含有若干个数据字符，而且数据连续发送，数据间不留空隙。同步协议有面向字符和面向比特两种，这里主要讲面向字符的同步协议。字符帧格式均由同步字符、数据字符、校验字符（循环冗余检查，CRC）三部分组成。同步通信中，在数据开始传送前用1个或2个同步字符SYNC来指示，并由时钟来实现发送端和接收端的同步，即检测到规定的同步字符后，下面就连续按顺序传送若干个数据，直到最后2个校验字符后，数据块通信结束。

同步通信中同步的手段除靠数据之前加同步字符外，也可以靠在发送方和接收方之间另用一根时钟信号线单独传送同步信号来实现。这种情况称为外同步。相应地，通过同步字符实现同步的方法称为内同步。同步串行通信协议字符帧格式如图 7-4 所示。

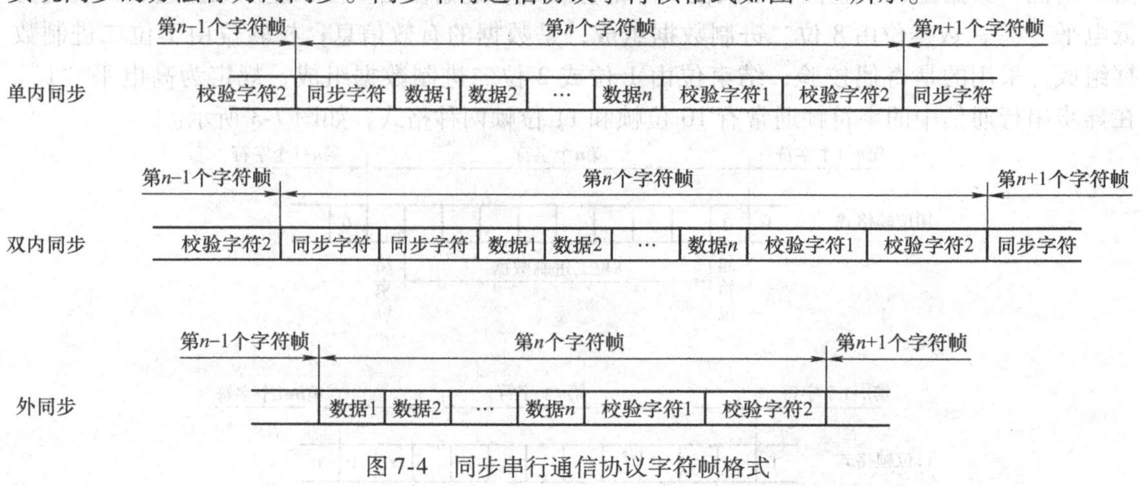

图 7-4　同步串行通信协议字符帧格式

7.2　串行口寄存器

7.2.1　串行口寄存器结构

MCS-51 单片机串行口寄存器的基本结构如图 7-5 所示。图中 SBUF 是串行口的缓冲寄存器，它是一个可寻址的专用寄存器，其中包括发送寄存器和接收寄存器，以便能以全双工方式进行通信。这两个寄存器有同一地址（99H）。串行发送时，向 SBUF 写入数据；串行接收时，从 SBUF 读出数据。

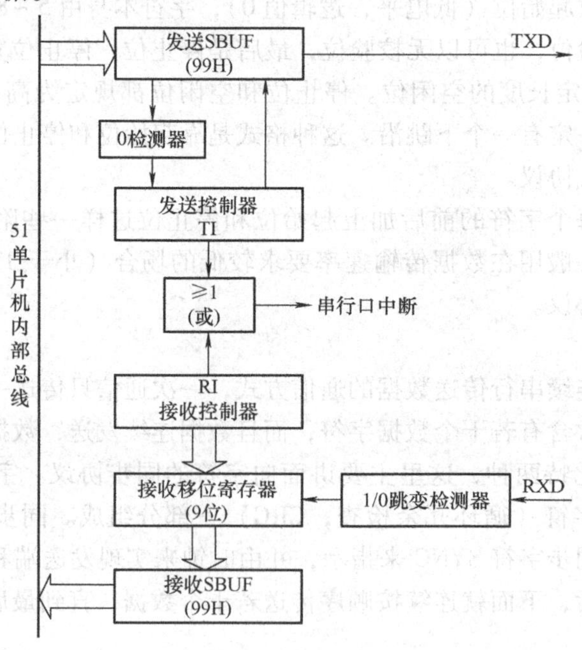

图 7-5　MCS-51 单片机串行口寄存器

7.2.2　串行口相关寄存器

1. 串行口控制寄存器 SCON

SCON 用于确定串行通道的工作方式、接收和发送控制以及各串行口的状态标志。单元地址 98H，位地址 9FH ~98H。寄存器内容及位地址如表 7-1 所示。

表 7-1　SCON 寄存器内容及位地址

位地址	9FH	9EH	9DH	9CH	9BH	9AH	99H	98H
位符号	SM0	SM1	SM2	REN	TB8	RB8	TI	RI

各位功能说明如下：

（1）串行口工作方式控制位 SM0 和 SM1　可以构成 4 种工作方式，如表 7-2 所示。

表 7-2　串行口工作方式控制

SM0	SM1	工作方式	说　明	波特率
0	0	方式 0	同步移位寄存器	$f_{osc}/12$
0	1	方式 1	10 位异步收发	由定时器控制
1	0	方式 2	11 位异步收发	$f_{osc}/32$ 或 $f_{osc}/64$
1	1	方式 3	11 位异步收发	由定时器控制

（2）多机通信控制位 SM2　在工作方式 0 时，SM2 必为 0。在工作方式 1 时，SM2 =1，则只有接收到有效停止位时，中断标志 RI 才置 1，以便接收下一帧数据；SM2 =0，则不进行完整性校验只把数据接收完就置位 RI。在工作方式 2 和 3 时，作为进行主 - 从式多微机通信操作的控制位。SM2 =1，该机为主机；SM2 =0，该机为从机。当串行口以方式 2 或方式 3 接收时，如 SM2 =1，则有当接收到的第 9 位数据（RB8）为 1，才将接收到的前 8 位数据送入 SBUF，并置位 RI 产生中断请求；否则，将接收到的前 8 位数据丢弃。而当 SM2 =0 时，则不论第 9 位数据为 0 还是为 1，都将前 8 位数据装入 SBUF 中，并产生中断请求。

（3）允许接收位 REN　用软件置 1 或清 0：REN =0，禁止接收；REN =1，允许接收。

（4）发送数据位 8TB8　在工作方式 2 和 3 时，TB8 是要发送的第 9 位数据位。根据需要可用软件清 0 或置 1。

例如：可作为数据的奇偶校验位，或在多机通信中作为地址帧/数据帧的标志位（TB8 = 1/0）。

（5）接收数据位 8RB8　在工作方式 2 或 3 时，RB8 存放接收到的第 9 位数据，代表着接收数据的某种特征。工作方式 0 不使用 RB8；工作方式 1，若 SM2 =0，则 RB8 接收到的是停止位。

（6）发送中断标志 TI　在工作方式 0 时，发送完第 8 位数据后，该位由硬件置 1，向 CPU 发送中断，CPU 响应中断后必须由软件清 0。在其他方式中，它是在停止位开始发送时由硬件置 1，同样必须用软件清 0。

（7）接收中断标志 RI　在工作方式 0 时，接收到第 8 位数据时，该位由硬件置 1，向

CPU 发送中断，CPU 响应中断后必须由软件清 0。在其他方式中，在接收到停止位的中间时刻由硬件置 1，向 CPU 发送中断，CPU 响应中断后必由软件清 0。

需要注意的是 TI 和 RI 是同一中断源，在全双工通信时，必须用软件来判断是发送中断请求还是接收中断请求，整机复位时 SCON 各位清 0。

2. 电源控制寄存器 PCON

PCON 主要是为 CHMOS 型单片机的电源控制而设置的专用寄存器，其中只有一位 SMOD 和串行口有关。单元地址内容如表 7-3 所示。

表 7-3　PCON 寄存器单元地址内容

位序	D7	D6	D5	D4	D3	D2	D1	D0
位符号	SMOD	/	/	/	GF1	GF0	PD	IDL

串行口波特率选择位 SMOD 在工作方式 1、2、3 时，SMOD = 1，串行口波特率加倍；SMOD = 0，波特率不变。在工作方式 0 时，SMOD = 0；系统复位时，SMOD = 0。注意 PCON 寄存器不能进行位寻址，因此，表中写了“位序”而不是“位地址”。

7.3　串行口工作方式

MCS-51 单片机的串行口共有 4 种工作方式，以下分别介绍。

7.3.1　串行口工作方式 0

工作方式 0 为同步移位寄存器输入/输出方式，常用于扩展 I/O 口。串行数据通过 RXD（$P_{3.0}$）端输入或输出，而同步移位时钟由 TXD（$P_{3.1}$）端送出，作为外部器件的同步时钟信号。

1. 发送过程

当 CPU 将数据写入发送缓冲器 SBUF 时，串行口 TI 清 0，将 8 位数据以 $f_{osc}/12$ 的波特率由 RXD 引脚输出，同时由 TXD 引脚输出同步脉冲，字符发送完毕，将中断发送标志 TI 置 1。

2. 接收过程

控制字设置为方式 0，而且应允许接收位 REN = 1，清除 RI，接收器启动后 RXD 作为数据输入端，TXD 作为同步信号输出端，接收器以 $f_{ocs}/12$ 波特率采样 RXD 引脚数据信息，当接收完 8 位数据时，RI 置 1。

注意：工作方式为 0 时，SM2 必须等于 0。

7.3.2　串行口工作方式 1

该方式用于串行发送或接收数据时，是 10 位通用异步接口，TXD 用于发送数据，RXD 用于接收数据。该种工作方式的时钟脉冲由定时器 T1 决定，即波特率是由 T1 决定的，而且通常定时器 T1 是工作在工作方式 2 下的。

收发一帧数据的格式：1 位起始位 +8 位数据位 +1 位结束位。

波特率 $=2^{SMOD}\times$ T1 溢出率/32（SMOD = 0,1）;T1 溢出率 $=f_{ocs}/(12\times(256-\text{T1 初值}))$

7.3.3　串行口工作方式 2

串行口以每帧 11 位异步通信格式收发数据。

收发一帧数据格式：1 位起始位 +8 位数据位 +1 位可编程位（奇偶校验）+ 1 位结束位。

波特率 $=2^{SMOD}\times f_{osc}/64$

在工作方式 2 下，字符还是 8 个数据位。而第 9 数据位既可作奇偶校验位使用，也可作控制位使用，其功能由用户确定，发送之前应先在 SCON 的 TB8 位中准备好。这可使用如下指令完成：

```
SETB    TB8     ; TB8 位置 1
CLR     TB8     ; TB8 位置 0
```

准备好第 9 数据位之后，再向 SBUF 写入字符的 8 个数据位，并以此来启动串行发送。一个字符帧发送完毕后，将 TI 位置 1，其过程与工作方式 1 相同。工作方式 2 的接收过程也与工作方式 1 基本类似，所不同的只在第 9 数据位上，串行口把接收到的 8 个数据送入 SBUF，而把第 9 数据位送入 RB8。

7.3.4　串行口工作方式 3

工作方式 3 与工作方式 2 的工作状况完全一样，只是波特率不同。

波特率 $=2^{SMOD}\times$ T1 溢出率/32（SMOD = 0，1）

注意：由于计算机硬件不对 TI、RI 清 0，所以编程中一定要在接收和发送完毕后用软件对 TI 和 RI 清 0；在接收状态下，还要注意对允许接收位 REN 置 1。

7.4　串行口应用

7.4.1　串行口扩展

工作方式 0 是同步操作的工作方式，可实现串行输入 - 并行输出和并行输入 - 串行输出功能。

1. 串行输入—并行输出

【例 7-1】　利用 51 单片机的串行口实现 8 位流水灯，晶振 6MHz。

解：可采用 74 系列芯片中的 164 串入 - 并出移位寄存器，引脚功能如表 7-4 所示，流水灯采用共阴极接法，从左到右依次闪亮，闪亮延时采用软件延时程序。164 接口电路如图 7-6 所示。

查询方式：

```
ORG 0000H
AJMP MAIN
ORG 0023H
AJMP CXK0
```

表 7-4　74LS164 引脚功能

引脚	功　能
1	串行数据输入
2	串行数据输入
3 ~ 6	并行数据输出
7	地 (0V)
8	时钟输入（低电平到高电平边沿触发）
9	并行输出控制（高电平有效）
10 ~ 13	并行数据输出
14	电源 Vcc

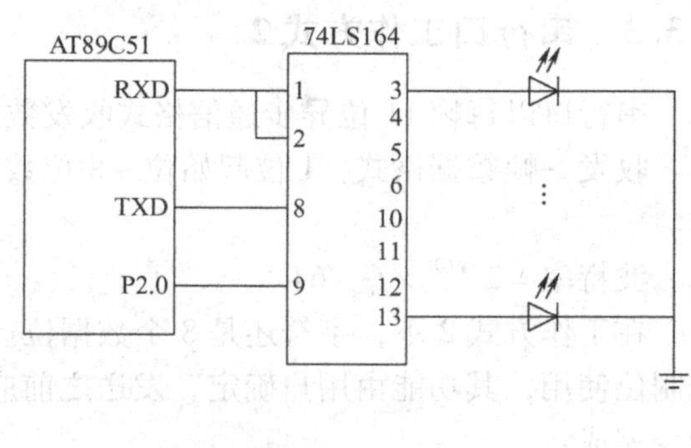

图 7-6　164 接口电路

```
        ORG 0030H
MAIN:   MOV SCON, #00H        ; 串行口初始化，工作方式 0
        MOV A, #80H           ; 流水灯初值
        CLR P2.0              ; 关闭并行输出
        MOV SBUF, A           ; 数据进入串行口缓冲寄存器
        SETB EA               ; 中断初始化
        SETB ES
        SJMP $
CXK0:   SETB P2.0             ; 开始并行输出
DEL:    MOV R1, #80           ; 延时程序
LOOP1:  MOV R2, #200
LOOP:   DJNZ R2, LOOP
        DJNZ R1, LOOP1
        CLR TI                ; 清串行口发送中断标志位
        RR A                  ; 流水灯下一状态
        MOV SBUF, A
        RETI
        END
```

上述程序采用的是中断方式，利用虚拟软件进行仿真观察现象。当然也可以采用查询 TI 位的方式来实现同样的功能，利用 JNB 指令实现。

2. 并行输入—串行输出

【例 7-2】 利用 51 单片机的串行口实现 8 个独立式按键控制。

解： 可采用 74 系列的 165 并入-串出移位寄存器，外接 8 个独立式按键控制 P2 口的 8 个 LED 共阴极灯。165 芯片引脚功能如表 7-5 所示，165 接口电路如图 7-7 所示。

当 1 引脚为“0”时，数据并行进入移位寄存器；当 1 引脚为“1”，且 15 引脚为“0”时，移位寄存器中的数据串行输出。

表 7-5　74LS165 引脚功能

引脚	功　能
1	移位与置位控制端
2	时钟输入端
7，9	串行输出端（7 反 9 原）
8	地
10	扩展端，多个 165 时首尾连接
11 ~14，3 ~6	并行数据输入端
15	时钟禁止端
16	电源 Vcc

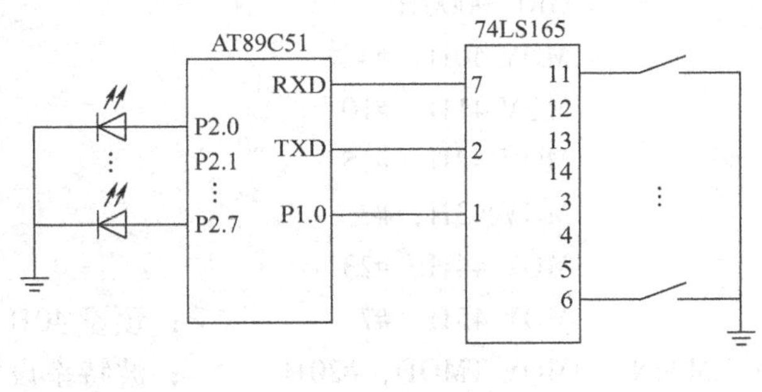

图 7-7　165 接口电路图

查询方式：

```
        ORG 0000H
MAIN：CLR P1.0
        SETB P1.0
        MOV SCON，#10H          ；由于采用工作方式 0 接收数据，所以 REN 为 1
        JNB RI，$
        CLR RI
        MOV A，SBUF
        MOV P2，A
        END
```

7.4.2　双机通信

双机通信是指单片机与单片机之间或单片机与 PC 之间进行的点对点的异步串行通信，这就需要采用工作方式 1、2 或 3 来进行通信协议的设置。只有通信双方采取相同的波特率、数据格式等规定，才能够使双方的通信正常顺利的进行。

另外，在双机通信时根据不同的情况对硬件的连接也不尽相同，当传输距离小于 5m 时常采用 TTL 电平信号直接连接，即直接将两个单片机的串行口进行输入—输出连接即可；当传输距离为 5 ~15m 时采用 RS-232C 电平信号连接，使用 MAX232 电平转换芯片；当传输距离大于 15m 时常采用 RS-422A、RS-485 电平信号连接，使用 SN75174、MAX1480 等驱动器。

【例 7-3】　51 单片机的双机通信。

解：通信工作在工作方式 3 下（11 位数据格式），波特率为 2400bit/s，晶振 6MHz，根据公式：波特率 $=2^{SMOD}\times$ T1 溢出率/32（SMOD =0，1），取 SMOD =1，定时器 T1 工作在工作方式 2 下，计算得到 T1 初值为：TH1 = TL1 = F3H。

发送端将片内 40H ~45H 单元中数据送到接收端 50H ~55H 单元，采用奇偶校验，查询方式。单片机双机通信接口电路如图 7-8 所示。

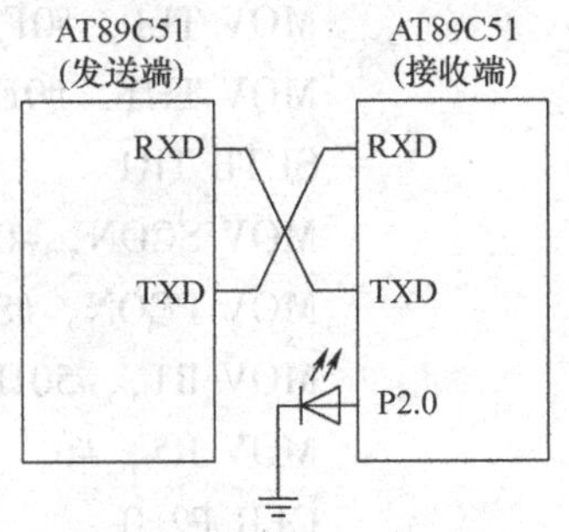

图 7-8　单片机双机通信接口电路图

发送端程序：

```
        ORG 0000H
        MOV 40H, #4
        MOV 41H, #10
        MOV 42H, #15
        MOV 43H, #2
        MOV 44H, #23
        MOV 45H, #7          ；预设 40H ~45H 单元数据，可任意取小于 255 的数
MAIN:   MOV TMOD, #20H       ；波特率设定
        MOV TH1, #0F3H
        MOV TL1, #0F3H
        SETB TR1
        MOV SCON, #0D0H      ；串行口初始化
        MOV PCON, #80H
        MOV R0, #40H
        MOV R5, #6
LO:     MOV A, @R0
        MOV C, P
        MOV TB8, C
        MOV SBUF, A
        MOV P1, A            ；送 P1 口显示
        JNB TI, $            ；查询是否一个字符帧传送结束
        CLR TI
        INC R0
        DJNZ R5, LO
        END
```

接收端程序：

```
        ORG 0000H
MAIN:   MOV TMOD, #20H
        MOV TL1, #0F3H
        MOV TH1, #0F3H
        SETB TR1
        MOV SCON, #0D0H
        MOV PCON, #80H
        MOV R1, #50H
        MOV R5, #6
        CLR P2.0
L01:    JNB RI, $
        CLR RI
```

```
        MOV A, SBUF
        MOV 56H, A
        MOV C, P
        MOV 00H, C
        MOV C, RB8
        MOV 08H, C
        MOV A, 20H
        CJNE A, 21H, L0          ; 判断数据传输是否正确
        MOV A, 56H
        MOV @R1, A
        MOV P1, A
        INC R1
        DJNZ R5, L01;
        AJMP ED
L0:     SETB P2.0                ; 若不正确则点亮 P2.0 处小灯
ED:     NOP
        END
```

在仿真软件中的发送处理器和接收处理器 P1 口处接 LED 灯，观察 LED 灯的变化，看两端是否相同，这里需要指出两个处理器必须是工作在相同的频率下，另外发送和接收之间会有时间差，导致两端 LED 灯的闪亮出现延时相同现象。

【例 7-4】 51 单片机与 PC 通信。

解：可利用 MAX232 芯片实现 51 单片机与 PC 的通信，串行口工作在工作方式 1 下，波特率为 9600bit/s，晶振为 11.0592MHz，利用公式：波特率 $=2^{SMOD}\times$ T1 溢出率/32（SMOD =0，1）和 T1 溢出率 $=f_{ocs}/$（12 ×（256 − T1 初值）），取 SMOD = 0，得到定时器 T1 初值 TH1 = TL1 = FDH。单片机向 PC 传送字符“hello”。

MAX232 芯片引脚功能如表 7-6 所示，单片机与 PC 接口电路如图 7-9 所示。

表 7-6　MAX232 引脚功能

引脚	功　能
1 ~ 6	电荷泵电路，根据正负极接电解电容
11，12	为 1 组 TTL 数据串行输出和输入，分别接单片机 TXD、RXD
14，13	为 1 组 RS232 数据串行输出和输入，分别接 PC 的 DB9 插头
10、9	为 2 组 TTL 数据串行输出和输入，分别接单片机 TXD、RXD
7、8	为 2 组 RS232 数据串行输出和输入，分别接 PC 的 DB9 插头
15	地
16	电源 Vcc

```
        ORG 0000H
        AJMP MAIN
```

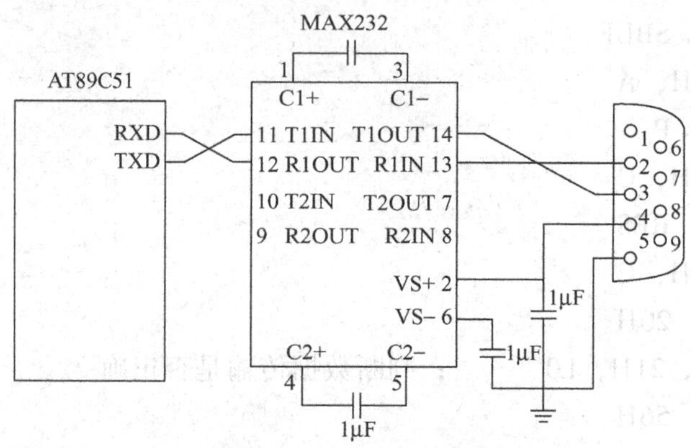

图 7-9　51 单片机与 PC 通信接口

```
         ORG 0023H
         AJMP PC1
         ORG 0030H
MAIN:    MOV TMOD, #20H              ; 波特率设定
         MOV TL1, #0FDH
         MOV TH1, #0FDH
         MOV SCON, #50H              ; 串行口初始化
         MOV PCON, #0
         SETB EA
         SETB ES
         SETB TR1
         MOV R1, #6
         MOV R5, #0
         MOV A, R5
         MOV DPTR, #TAB              ; 利用表格指令调取“hello”中各字符
         MOVC A, @A+DPTR
         MOV SBUF, A
         SJMP $
PC1:     CLR TI
         INC R5
         MOV A, R5
         MOVC A, @A+DPTR
         MOV SBUF, A
         DJNZ R1, L1
         CLR EA
         CLR ES
L1:      RETI
```

```
TAB:    DB 'h', 'e', 'l', 'l', 'o'
        END
```

在仿真软件中进行仿真时，需在单片机TXD引脚处接虚拟仪器Virtual Terminal的RXD脚。对于多机通信这里暂不做介绍。

练　习　题

1. 说明数字信号和模拟信号的区别。
2. 简述串行通信和并行通信的区别，各自的优缺点。
3. 说明异步通信和同步通信的异同。
4. 串行口控制寄存器SCON的各位功能，在使用SCON时应注意什么？
5. 说明串行口的4种工作方式。
6. 编写中断方式串行口工作在方式1下的发送程序。设AT89C51单片机晶振为12MHz，波特率为1200bit/s，发送数据缓冲区在片内RAM，起始地址为20H，数据块长度为20，采用奇偶校验。
7. 编写上题的接收程序，接收的首地址为片内RAM 30H单元。
8. 编写串行口工作在方式2下的通信程序（发送程序和接收程序）。设波特率为$f_{osc}/64$，发送数据缓冲区在片外RAM，起始地址为2000H，数据块长度为10，接收数据缓冲区在片内RAM，起始地址为20H。

第8章 单片机系统的扩展

51单片机作为微型处理器在其内部集成了计算机的基本功能部件，具备了计算机的基本功能，一片单片机就是一个完整的微机系统，但是由于单片机的片内存储器的容量、I/O端口的数量、定时器/计数器的数量、中断源的数量等都是有限的，在很多实际应用系统中不能够满足需求，必须进行系统扩展来实现应用功能。

8.1 单片机总线结构

8.1.1 总线概述

广义上讲总线是一组信号线的集合，是一种传送规定信息的公共通路，它定义了各引线的信号、电气和机械特性。利用总线可以实现芯片内部、印制电路板各部件之间、机箱内各个模块之间、主机与外设之间或系统与系统之间的连接与通信。

按照总线在系统结构中的层次位置，总线可分为片内总线、内部总线、外部总线、现场总线。片内总线指的是位于CPU内部，用于连接寄存器、算术逻辑部件、定时器、中断等功能器件，使各功能器件之间能够进行通信的总线；内部总线又称为系统总线或板级总线，是指应用系统内部各功能模块或功能板卡之间用于通信的总线，常见的计算机内的PCI总线就是其中之一；外部总线是指系统之间或者系统与外设之间的连接通信线路，如第7章所讲的RS-232就是外部总线的一种；现场总线是一种工业网络控制总线，是现场仪器仪表、执行机构、控制机构等现场设备之间进行数据交换和控制的通信线路。

51系列单片机系统扩展属于外部总线，故我们这里只介绍外部总线。按传输方式不同，外部总线分为并行总线和串行总线，按照传输的信息的性质不同，又分为数据总线、地址总线、控制总线和电源总线。

1. 并行总线

单片机进行并行扩展时将I/O口作为一般的微型机总线接口。

（1）地址总线　MCS-51单片机可以提供16位地址线，高8位地址由P2口提供（P2口具有锁存功能，可以和外部芯片的高8位地址直接相连），低8位地址线由P0口提供，P0口为地址/数据分时复用的I/O口，需外加地址锁存器，以锁存低8位地址信息。在CPU的地址锁存允许信号ALE的下降沿将地址的低8位信息锁存到锁存器中。

（2）数据总线　由P0口提供，当P0口作为地址/数据口时，是双向的具有输入三态控制的通道口，可以与外部芯片的数据口直接相连。

（3）控制总线　系统扩展时常用的扩展控制信号为ALE、$\overline{\text{PSEN}}$、$\overline{\text{WR}}$、$\overline{\text{RD}}$等引脚产生的信号。

1）ALE是地址锁存允许信号输出端，常和锁存器控制端相连。

2）$\overline{\text{PSEN}}$是程序存储器允许输出端，常与程序存储器的输出端相连。

3）$\overline{WR}$是数据存储器或外部功能器件写信号，当执行指令 MOVX @DPTR，A 或 MOVX @Ri，A（i=0 或 1）时，此引脚为“0”，$\overline{RD}$引脚为“1”。

4）$\overline{RD}$是数据存储器或外部功能器件读信号，当执行指令 MOVX A，@DPTR 或 MOVX A，@Ri（i=0 或 1）时，此引脚为“0”，$\overline{WR}$引脚为“1”。

另外要注意的是$\overline{EA}$引脚，当使用片内程序存储器时，该引脚必须为“1”。

2. 串行总线

进行系统扩展时也可以使用串行口方式，如第 7 章中介绍的串行口工作方式 0，使用 74LS165、164 芯片进行串行口扩展并行口。本章主要以并行总线扩展为主。

8.1.2　选址方法

为了唯一的选中外部某一存储单元（I/O 口芯片可作为数据存储器的一部分），必须进行两种选择方式：片选和字选。片选是选择出该存储芯片或 I/O 接口芯片，即确定信息存在于哪个具体的芯片之中；字选是选择出该芯片的某一存储单元（或 I/O 接口芯片的寄存器），即确定信息在芯片内部的具体位置。而为了确定具体芯片的存储单元一般常采用的选址方法有线选法和译码法两种。

1. 线选法

若系统中只扩展少量的外部 ROM、RAM 和 I/O 接口芯片，一般用线选法。线选法就是把单独的地址线（一般取 P2 口线）接到某外接芯片的片选端，利用该地址线引脚电平信号来选择是否选中该芯片。在一般情况下，大部分芯片的片选端都是低电平有效。

2. 译码法

对于需要 ROM、RAM 和 I/O 容量大的系统，当所需芯片过多，所用的芯片片选端已经超过了可用的地址线时，一般采用译码法。译码法就是用译码器对高位地址进行译码，译出的信号作为片选信号，用低位地址线选择芯片的片内地址。常用的 74 系列译码芯片有 74LS138（3-8 译码器）、74LS139（2-4 译码器）、74HC4514（4-16 译码器）等。

8.2　存储器扩展

8.2.1　程序存储器扩展

MCS-51 系列单片机的程序存储器最大寻址范围可达到 64KB，但是其内部只有 4KB 的程序存储器，而对于 8031 型号，其内部没有程序存储器。所以当面临复杂应用系统程序时，其内部的程序存储器容量满足不了实际的程序内容，就要进行程序存储器的扩展，使用外部程序存储器进行程序的存放。51 系列扩展片外程序存储器的一般接口电路如图 8-1 所示。

程序存储器的低 8 位地址线（A0～A7）与 P0 口（P0.0～P0.7）相连，高 8 位地址线（A8～A15）与 P2 口相连。由于 P0 口分时输出低 8 位地址和数据，故必须外加地址锁存器，由 CPU 发出地址锁存允许信号 ALE，在 ALE 的下降沿将地址信息锁存到锁存器中。若锁存器采用 74LS373，则直接使用 ALE 信号与 LE 引脚相连，若采用 74LS273，则对 ALE 取反之后使用，与 CLK 引脚相连。

程序存储器的 8 位数据线与 P0 口（P0.0～P0.7）从低到高对应相连。而控制线$\overline{PSEN}$与程序存储器的输出使能端$\overline{OE}$相连。

图中$\overline{EA}$接地，说明所执行的程序为片外程序存储器内的程序，另外选址方法为线选法，片选端$\overline{CE}$直接受 P2 口某引脚控制。

程序存储器扩展常使用 EPROM（可擦除可编程只读寄存器）和 E^2PEOM（带电可擦写可编程只读存储器）两种。EPROM 以 27 系列为典型代表，如 2716（2K×8B）、2732（4K×8B）、2764（8K×8B）等，E^2PROM 以 28 系列为典型代表，如 2816、2832 等。在进行程序存储器扩展时，在满足扩展容量的前提下，要尽量减少芯片数量和电路的复杂程度，以提高系统工作的可靠性。

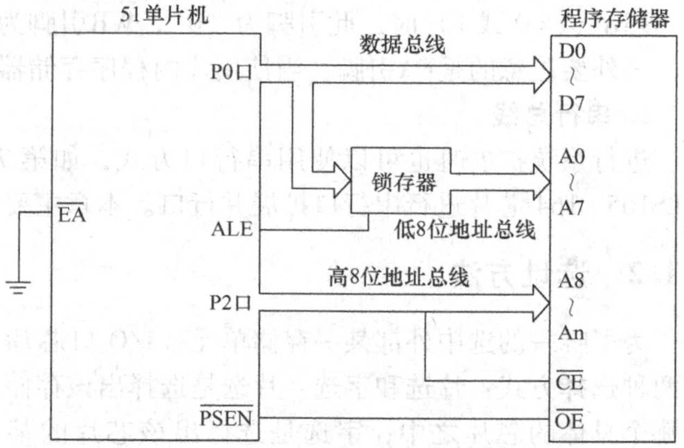

图 8-1　程序存储器扩展接口电路图

在存储器扩展中常遇到两种情况，一种是存储器的容量不足，即存储器内部的单元数量需要扩展，称之为字扩展，如利用 2 片 2716 扩展为一个 4K×8B 的存储体；另一种是存储器的单元位数不足，称之为位扩展，如利用 2 片 4K×4B 的芯片扩展为一个 4K×8B 的存储体。

【例 8-1】　利用 2716 芯片进行程序存储器扩展，扩展后的容量达到 4K×8B，并说明各 2716 芯片的地址范围。

解法一：线选法

（1）电路设计

由于 2716 为 2K×8B 芯片，故其地址线有 11 根（A0～A10），数据线 8 根（D0～D7）。电路接口按照数据总线、地址总线、控制总线三部分分别连接，如图 8-2 所示。

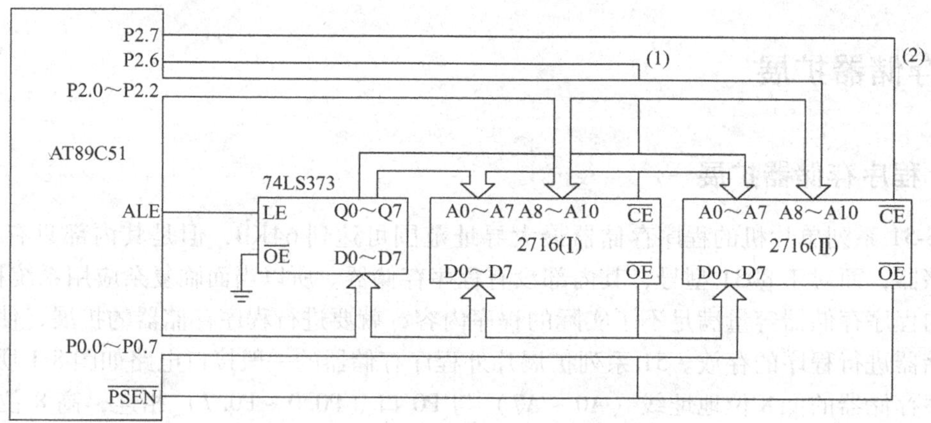

图 8-2　程序存储器 2716 线选法扩展电路

74LS373 的 Q 端为输出端，D 端为输入端。当 74LS373 的三态允许控制端$\overline{OE}$为低电平时，Q 端为正常状态；当$\overline{OE}$为高电平时，Q 端呈高阻态，但锁存器内部的逻辑操作不受影响。当锁存允许端 LE 为高电平时，Q 端随数据 D 端输入数据改变。当 LE 为低电平时，D

被锁存在已建立的数据电平。

（2）地址范围

地址范围的判断只与地址线和片选端的连接有关，通常情况下 P2 口中没有连接到外部存储器的线称之为无关位，可取“1”或“0”，而 P0 口和 P2 口中与外部存储器的地址线相连接的线的地址范围为全“0”或“1”。由于一般情况下片外芯片的片选端为低电平有效，所以 P2 口中与片选端相连接的线取“0”代表选择某个片外芯片，取“1”代表不选择某个片外芯片。图 8-2 中两片 2716 的地址范围如表 8-1 所示，此处无关位取全“0”。

表 8-1　例 8-1 线选法两片 2716 的地址范围表

P 口	P2.7	P2.6	P2.5	P2.4	P2.3	P2.2	P2.1	P2.0	P0.7 ~ P0.0	地址范围
2716（Ⅰ）	$\overline{CE}$（2）	$\overline{CE}$（1）	/	/	/	A10	A9	A8	A7 ~ A0	8000H ~ 87FFH
	1	0	0	0	0	0	0	0	00000000	
	1	0	0	0	0	1	1	1	11111111	
2716（Ⅱ）	$\overline{CE}$（2）	$\overline{CE}$（1）	/	/	/	A10	A9	A8	A7 ~ A0	4000H ~ 47FFH
	0	1	0	0	0	0	0	0	00000000	
	0	1	0	0	0	1	1	1	11111111	

解法二：译码法

（1）电路设计　采用 3-8 译码芯片 74LS138 对 2716 片选端进行选择控制，将 P2 口的 P2.7 ~ P2.5 与译码器 A2 ~ A0 输入端相连，这样 P2 口高三位的输出值直接决定 3 – 8 译码器的输出端有效，74LS138 真值表如表 8-2 所示，扩展接口电路如图 8-3 所示。

表 8-2　74LS138 真值表

输　入						输　出							
E1	$\overline{E2}$	$\overline{E3}$	A2	A1	A0	$\overline{Y0}$	$\overline{Y1}$	$\overline{Y2}$	$\overline{Y3}$	$\overline{Y4}$	$\overline{Y5}$	$\overline{Y6}$	$\overline{Y7}$
×	H	×	×	×	×	1	1	1	1	1	1	1	1
×	×	H	×	×	×	1	1	1	1	1	1	1	1
L	×	×	×	×	×	1	1	1	1	1	1	1	1
H	L	L	0	0	0	0	1	1	1	1	1	1	1
H	L	L	0	0	1	1	0	1	1	1	1	1	1
H	L	L	0	1	0	1	1	0	1	1	1	1	1
H	L	L	0	1	1	1	1	1	0	1	1	1	1
H	L	L	1	0	0	1	1	1	1	0	1	1	1
H	L	L	1	0	1	1	1	1	1	1	0	1	1
H	L	L	1	1	0	1	1	1	1	1	1	0	1
H	L	L	1	1	1	1	1	1	1	1	1	1	0

（2）地址范围

由于采用的是 3-8 译码器来控制 2716 的片选端，所以地址范围与线选法相比发生了变化。两片 2716 的地址范围如表 8-3 所示。

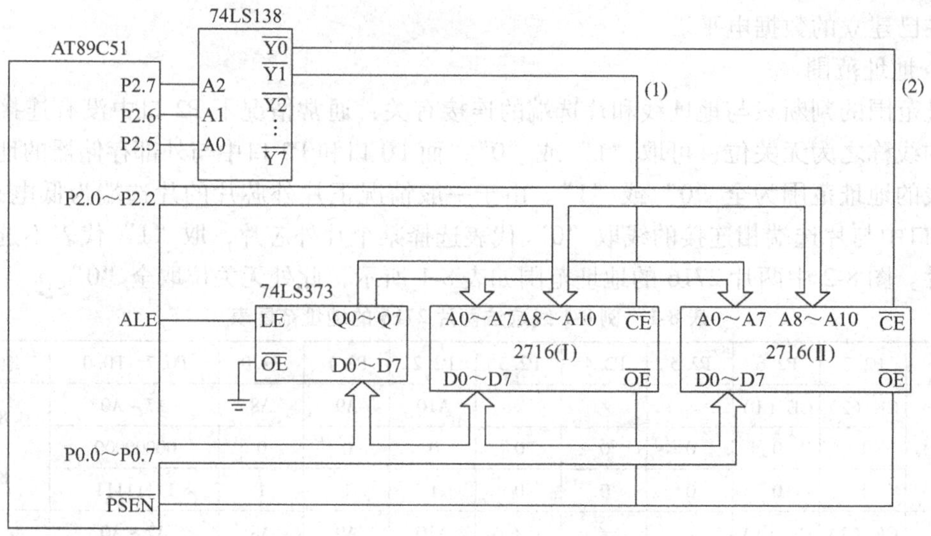

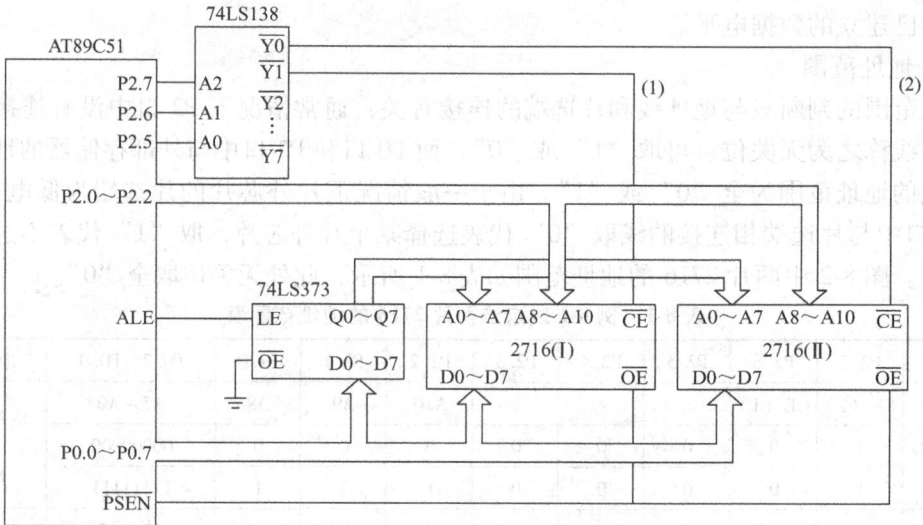

图 8-3　程序存储器 2716 译码法扩展电路

表 8-3　例 8-1 译码法两片 2716 的地址范围表

<table>
<tr><th>P 口</th><th>P2.7</th><th>P2.6</th><th>P2.5</th><th>P2.4</th><th>P2.3</th><th>P2.2</th><th>P2.1</th><th>P2.0</th><th>P0.7 ~ P0.0</th><th>地址范围</th></tr>
<tr><td></td><td colspan="3">74LS138</td><td colspan="2">无关位</td><td colspan="4">2716 地址线</td><td></td></tr>
<tr><td rowspan="4">2716（Ⅰ）</td><td>A2</td><td>A1</td><td>A0</td><td rowspan="2">/</td><td rowspan="2">/</td><td rowspan="2">A10</td><td rowspan="2">A9</td><td rowspan="2">A8</td><td rowspan="2">A7 ~ A0</td><td rowspan="4">2000H
~
27FFH</td></tr>
<tr><td colspan="3">$\overline{Y1}$</td></tr>
<tr><td>0</td><td>0</td><td>1</td><td>0</td><td>0</td><td>0</td><td>0</td><td>0</td><td>00000000</td></tr>
<tr><td>0</td><td>0</td><td>1</td><td>0</td><td>0</td><td>1</td><td>1</td><td>1</td><td>11111111</td></tr>
<tr><td rowspan="4">2716（Ⅱ）</td><td>A2</td><td>A1</td><td>A0</td><td rowspan="2">/</td><td rowspan="2">/</td><td rowspan="2">A10</td><td rowspan="2">A9</td><td rowspan="2">A8</td><td rowspan="2">A7 ~ A0</td><td rowspan="4">0000H
~
07FFH</td></tr>
<tr><td colspan="3">$\overline{Y0}$</td></tr>
<tr><td>0</td><td>0</td><td>0</td><td>0</td><td>0</td><td>0</td><td>0</td><td>0</td><td>00000000</td></tr>
<tr><td>0</td><td>0</td><td>0</td><td>0</td><td>0</td><td>1</td><td>1</td><td>1</td><td>11111111</td></tr>
</table>

8.2.2　数据存储器扩展

MCS-51 系列单片机的数据存储器最大寻址范围也可达到 64KB，其内部只有 256B 的数据存储空间。在这 256B 的存储空间中，高 128B 是特殊功能寄存器区，一般不进行数据的存取；低 128B 空间中的单元还涉及到工作寄存器区、堆栈的使用等，这样就使得当我们需要存储大量数据时片内数据寄存器空间满足不了实际要求，必须进行数据存储器的扩展，增加数据存储容量。51 系列扩展片外数据存储器的一般接口电路如图 8-4 所示。

在数据存储器的扩展中，地址线和数据线的连接方式和程序存储器的扩展是相同的，不同之处在于读写线上，由于 51 单片机的程序存储器在工作时是“只读不写”的，所以程序存储器只有读线，而数据存储器是可读写的，故有两条，分别与单片机的读写线相连。

数据存储器扩展常使用的有静态 RAM 和动态 RAM 两种。在 51 单片机应用系统中，最常用的是静态数据存储器 RAM 芯片，有 6116（2K×8B）和 6264（8K×8B）两种。

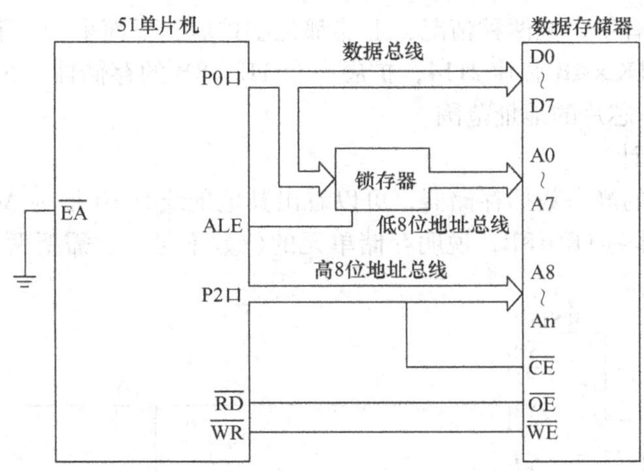

图 8-4　程序存储器扩展接口电路图

【例 8-2】 利用 6264 芯片进行数据存储器扩展，扩展后的容量达到 16K×8B，采用线选法进行电路设计，并说明各 6264 芯片的地址范围。

解：(1) 电路设计

由于 6264 为 8K 芯片，故其地址线有 13 条，其中低位地址线 8 条，高位地址线 5 条，从数量上分析 P2 口作为地址线和控制线是可以满足需求的。具体接口电路如图 8-5 所示。数据存储器 6264 线选法各地址范围表如表 8-4 所示。

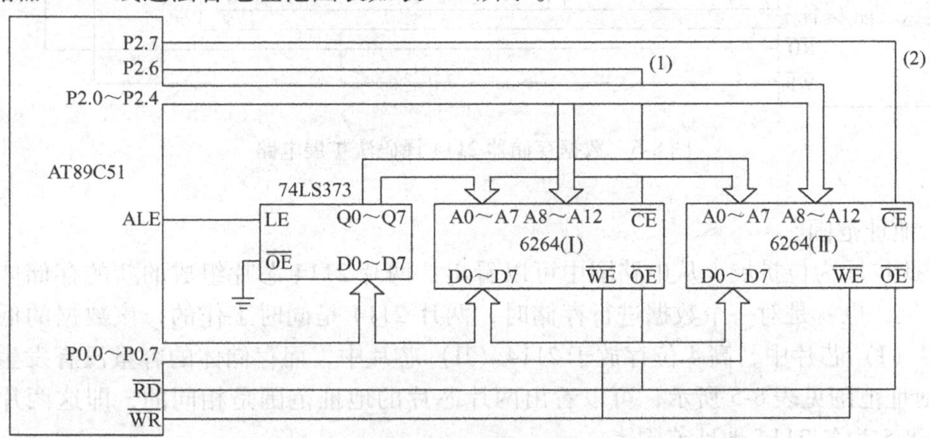

图 8-5　数据存储器 6264 线选法扩展电路

(2) 地址范围

表 8-4　例 8-2 数据存储器 6264 线选法各地址范围表

P 口	P2.7	P2.6	P2.5	P2.4	P2.3	P2.2	P2.1	P2.0	P0.7 ~ P0.0	地址范围
6264(Ⅰ)	$\overline{CE}$(2)	$\overline{CE}$(1)	/	A12	A11	A10	A9	A8	A7 ~ A0	8000H ~ 9FFFH
	1	0	0	0	0	0	0	0	00000000	
	1	0	0	1	1	1	1	1	11111111	
6264(Ⅱ)	$\overline{CE}$(2)	$\overline{CE}$(1)	/	A12	A11	A10	A9	A8	A7 ~ A0	4000H ~ 5FFFH
	0	1	0	0	0	0	0	0	00000000	
	0	1	0	1	1	1	1	1	11111111	

在存储器扩展中有字、位两种情况，上述都是字扩展，下面来看一下位扩展。

【例 8-3】 利用 1K×4B 芯片 2114，扩展一个 1K×8B 的存储体，采用译码法进行电路设计，并说明各 2114 芯片的地址范围。

解：（1）电路设计

2114 是 1K×4B 的静态数据存储器，可以看出其地址线有 10 根为 A0～A9，数据线有 4 根 D0～D3，而存储体为 1K×8B，说明存储单元的位数不足，故需要两片 2114 来扩展，电路如图 8-6 所示。

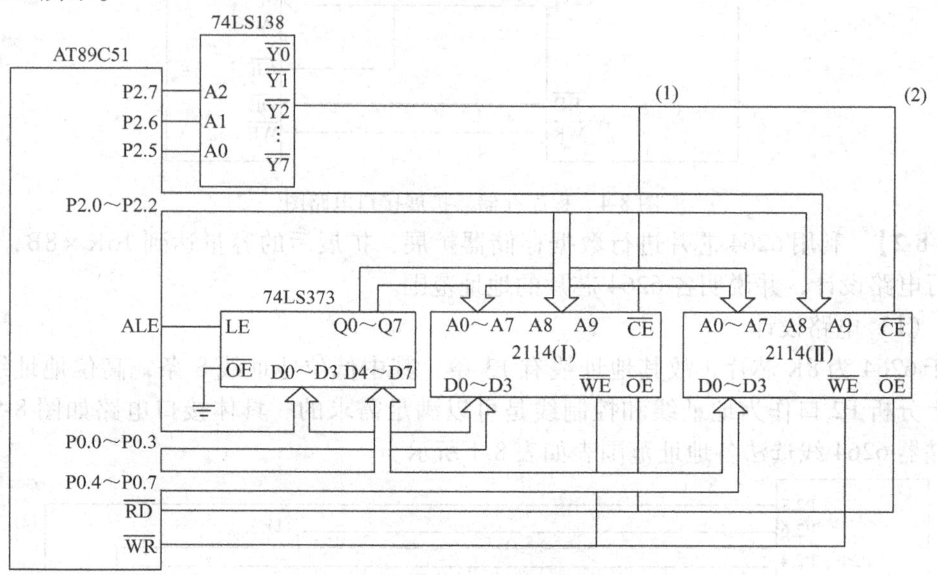

图 8-6 数据存储器 2114 译码法扩展电路

（2）地址范围

由于此扩展为位扩展，从电路图中可以看出，两片 2114 芯片组成的新的存储体的数据线变为 8 位，也就是对一个数据进行存储时，两片 2114 是同时工作的，该数据的低 4 位存放于 2114（Ⅰ）芯片中，高 4 位存放于 2114（Ⅱ）芯片中，而存储体的容量没有发生变化还是 1K，地址范围见表 8-5 所示，可以看出两片芯片的地址范围是相同的，即这两片芯片为一组。表 8-5 为各 2114 地址范围表。

表 8-5 例 8-3 各 2114 地址范围表

P 口	2.7	P2.6	P2.5	P2.4	P2.3	P2.2	P2.1	P2.0	P0.7～P0.0	地址范围
	74LS138			无关位			2114 地址线			
2114（Ⅰ）	A2	A1	A0	/	/	/	A9	A8	A7～A0	4000H～43FFH
	0	1	0	0	0	0	0	0	00000000	
	0	1	0	0	0	0	1	1	11111111	
2114（Ⅱ）	A2	A1	A0	/	/	/	A9	A8	A7～A0	4000H～43FFH
	0	1	0	0	0	0	0	0	00000000	
	0	1	0	0	0	0	1	1	11111111	

8.2.3　FLASH 存储器扩展

FLASH 存储器即闪速存储器，相对于普通的存储器其容量和存取速度具有很大的优势，可分为并行 FLASH、串行 FLASH、与非型 FLASH 三种类型。

并行 FLASH 具有独立的地址线和数据线，只要按照地址总线、数据总线、控制总线这三类总线与单片机进行电路接口即可，常见的芯片型号如 Intel 公司的 A28F 系列，AMD 公司的 AM28F 和 AM29F 系列，Atmel 公司的 AT29 系列等。

串行 FLASH 是通过串行的方式和处理器相连接的，即数据和地址通过一条线进行传输和判断，这就需要运用不同的指令来区分传输的信息是数据信息还是地址信息。常见的芯片型号如 Atmel 公司的 AT25 系列。

与非型 FLASH 也是一种并行结构的 FLASH，但是其数据、地址和控制线是分时复用 I/O 总线的，相对于并行 FLASH 引脚数大大减少，但是这种芯片在使用时对接口的时序要求较高。常见的芯片型号如三星的 K9F5608 系列。

【例 8-4】 利用 AM29F016B 进行 51 单片机的存储器扩展。

解： AM29F016B 是 AMD 公司的一款 2M × 8B 的 FLASH 存储器，其地址线多达 21 条，理论上 51 单片机的地址线已不能满足该芯片的电路设计，但是可将 2M 地址范围进行分段设计，即可实现 AM29F016B 与 51 单片机的连接。该芯片引脚功能如表 8-6 所示。

表 8-6　AM29F016B 引脚功能

引脚	功　能	引脚	功　能
DQ0 ~ DQ7	数据线	$\overline{WE}$	写控制引脚
A0 ~ A20	地址线	$\overline{RESET}$	复位引脚，复位后处于读出数据状态
$\overline{CE}$	片选端，低电平有效	RY/$\overline{DY}$	状态引脚，“1” 正常，“0” 忙
$\overline{OE}$	读控制引脚		

将 AM29F016B 的 2MB 地址范围分成 64 段，每段 32KB，这样 32KB 的地址线为 15 条，P0 口作为低 8 位地址线与 AM29F016B 的 A0 ~ A7 相连，P2.0 ~ P2.6 作为高 7 位地址线与 AM29F016B 的 A8 ~ A14 相连；A15 ~ A20 作为段地址线，具体电路接口如图 8-7 所示。

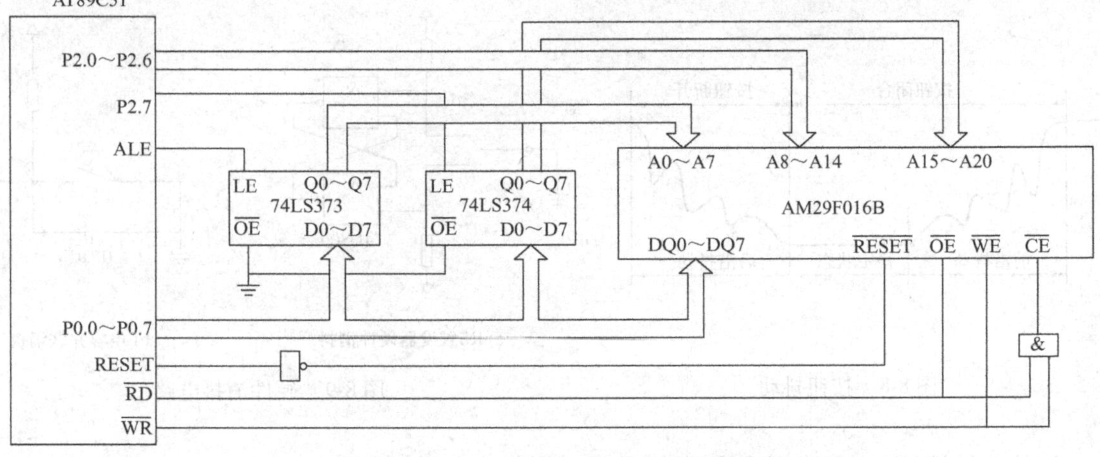

图 8-7　FLASH 存储器 AM29F016B 扩展电路

图中 74LS374 为 8 位 D 触发器，是利用脉冲边沿触发的一种锁存器，靠 P2.7 引脚的一个正脉冲（0－1－0 变化）信号进行锁存，用于存储 A15～A20 的地址，作为段地址寄存器使用，由于段地址也是由 P0 口提供的，所以在对 AM29F016B 进行读写数据或程序之前，将段地址通过 74LS374 写入 A15～A20。在 AM29F016B 使用时，先将段地址写入锁存器 74LS374，然后设置片外存储器地址的指针 DPTR 或 Ri，利用片外访问指令对某个段内的 32KB 存储单元进行操作，若需要改变段地址则需要重新写 74LS374 锁存器。

8.3 人机交互扩展

在单片机应用系统中，为了更好的进行变量的控制，往往需要输入一些数据或状态命令，为了使人们能更直观的观察系统运行的状态和数据的变化，往往又需要将这些信息显示出来，这就是最常见的人机交互，通常使用键盘和显示器来实现人机交互功能。

8.3.1 键盘技术

键盘是一种最常见的输入设备，由多个按钮组成，现场人员可通过键盘输入数据或命令实现人机对话。通常使用的按钮有弹簧按钮、自锁按钮、拨码开关等，这些按钮大部分都是常开按钮。键盘分为编码键盘和非编码键盘，编码键盘指的是由专用的硬件译码芯片来识别按钮的状态，产生键的编号或键值，如商场售货机键盘、个人电脑键盘；非编码键盘指的是利用软件识别按钮的状态，单片机系统使用的基本都是非编码键盘。

在键盘设计中常有独立式键盘和矩阵式键盘两种，键盘的抖动问题是键盘设计的关键技术之一。所谓键盘抖动是指由于按钮触点的弹性作用，一个按钮在闭合和断开时不会立即达到稳定状态，也就是说按钮的操作在闭合和断开的瞬间会伴随着一连串的抖动现象，如图 8-8 所示，而抖动的时间是由按钮的机械特性决定的，一般为 5～10ms。

由于按钮抖动的存在，使得一次按键会被误读成多次，为了确保 CPU 能够准确的对按钮的一次闭合仅做一次处理，必须消除抖动现象对按钮的影响。常用的消抖方法有硬件和软件两种，硬件消抖就是利用电容或触发芯片等组成的电路消除抖动对按钮的影响。硬件消抖电路如图 8-9 所示。

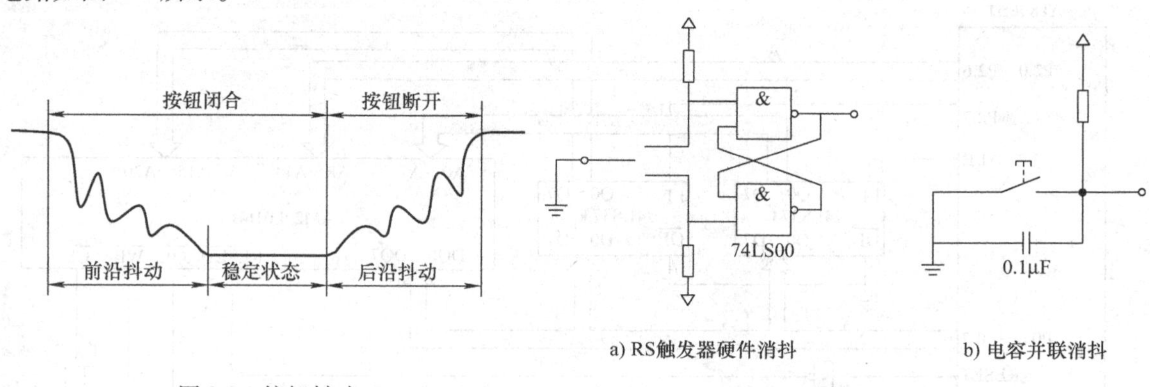

图 8-8　按钮抖动

图 8-9　硬件消抖电路

软件消抖就是在检测出按钮闭合信号后，执行一段 DJNZ 指令，延时 5～10ms，等待前沿抖动消失后再检测按钮状态，如果仍然是闭合信号，则确定为确实有按钮闭合，执行按钮闭合处理程序；同理，按钮断开信号的处理也一样。

1. 独立式键盘

独立式键盘的各按钮是相互独立的，每个按钮占用 1 条 51 单片机的 I/O 口线，各按钮的工作状态不影响其他按钮，所以称为独立式，电路如图 8-10 所示。图中 7413 为 4 输入 1 输出与非门，7404 为非门。

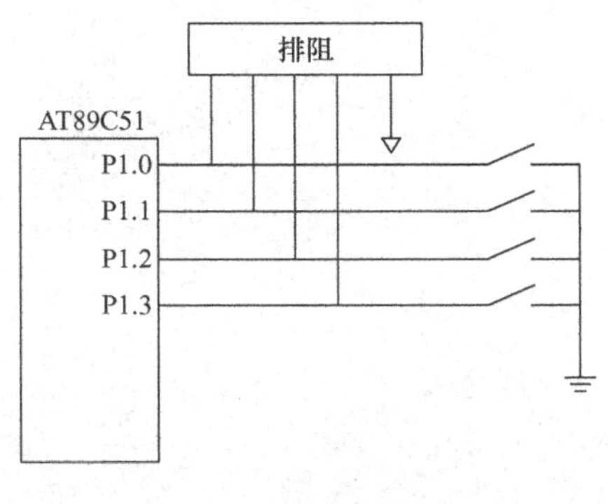

a) 查询方式

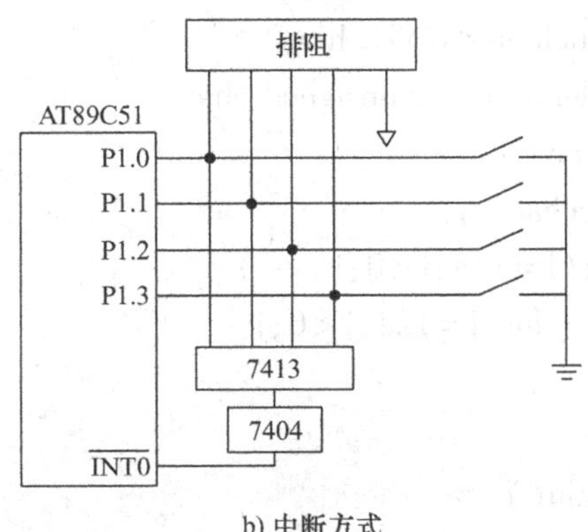

b) 中断方式

图 8-10　独立式键盘接口电路

【例 8-5】　用查询方式独立式键盘控制 LED 灯的闪亮，晶振 6MHz。

解：电路如图 8-10a 所示，并且在 P2 口的 P2.0～P2.3 接共阴极 LED 灯 4 盏。程序流程图如图 8-11 所示，程序如下。

```
MIAN:     MOV P1, #0FFH        ; 设置 P1 口为输入口
          MOV P2, #0           ; 初始状态所有灯都灭
MAIN1:    MOV A, P1
          CPL A
          JZ MAIN1             ; 判断是否有按钮按下
          LCALL DEL10MS        ; 软件消除闭合抖动
          JB P1.0, LED1        ; 判断按钮 1 是否按下
          SETB P2.0
LED1:     JB P1.1, LED2
          SETB P2.1
LED2:     JB P1.2, LED3
          SETB P2.2
LED3:     JB P1.3, MAIN1
          SETB P2.3
          AJMP MAIN1
DEL10MS:  MOV R0, #10
D1:       MOV R1, #250
D2:       DJNZ R1, D2
```

开始
设置P1、P2口
有按钮按下?
N
Y
按钮消抖
按钮处理

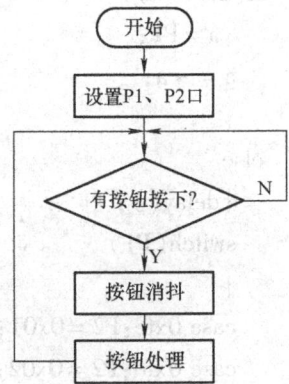

图 8-11　独立式键盘流程图

```
            DJNZ R2, D1
            RET
            END
```

该程序在仿真软件中的现象是所有灯点亮后不熄灭，思考如何实现按钮按下灯亮，断开灯灭。

C 语言程序如下：

```
#include <reg51. h>
#define uchar unsigned char
delay( )
{uchar i,j;
for(i =128;i <0;i - - )
    for(j =128;j <0;j - - )
    {;}
}
main( )
{uchar a;
P1 =0xff;
P2 =0;
a =P1;
a = ~a;
if(a = =0)
  {a =P1;
  a = ~a;
  }                              //判断是否有键按下
else
  {delay( );
  switch(P1)                     //判断具体哪个键按下
  {
  case 0xfe:P2 =0x01;break;
  case 0xfd:P2 =0x02;break;
  case 0xfb:P2 =0x04;break;
  case 0xf7:P2 =0x08;break;
  default:break;
  }
 }
}
```

观察 C 语言程序与汇编语言程序对仿真结果的影响。

2. 矩阵式键盘

独立式键盘的电路和程序设计都比较简单，当使用按钮较少时经常使用独立式键盘，但是如果按钮设置较多，独立式键盘就会占用大量的 I/O 口，大大浪费了 51 单片机的 I/O 资源，为了使单片机的 I/O 口能够得到有效的利用，当需要按钮较多时常使用矩阵式键盘，也称为行列式键盘。4 ×4 矩阵键盘电路如图 8-12 所示。

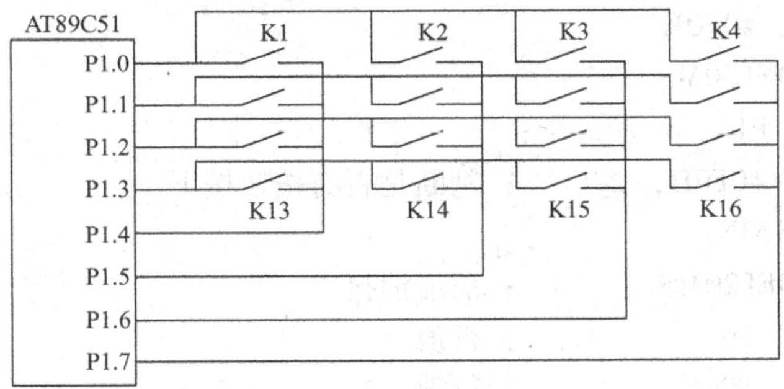

图 8-12　矩阵式键盘接口电路

矩阵键盘扫描原理

对于矩阵式键盘各按钮的判断采取的是行（或列）扫描查询方法。首先判断是否有按钮按下，如果有则进行行列扫描。

首先将键盘的行线全清成“0”，列线全置成“1”，然后逐行将行线送“0”低电平，其他行送“1”高电平，判断是否有该行的按钮按下，如果有则判断哪条列线为“0”，确定下来具体的按钮位置；如果该行没有按钮按下，则下一行线送“0”低电平，其他行送“1”高电平，再判断列线电平，以此往复进行行扫描和列判断，即可确定具体哪个行列上的按钮按下。

【例 8-6】　设计 4 ×4 矩阵键盘及其程序。

解：矩阵式键盘接口电路如图 8-12 所示，并且在 P2 口处接 8 个共阳极 LED 灯，程序流程图如图 8-13 所示。

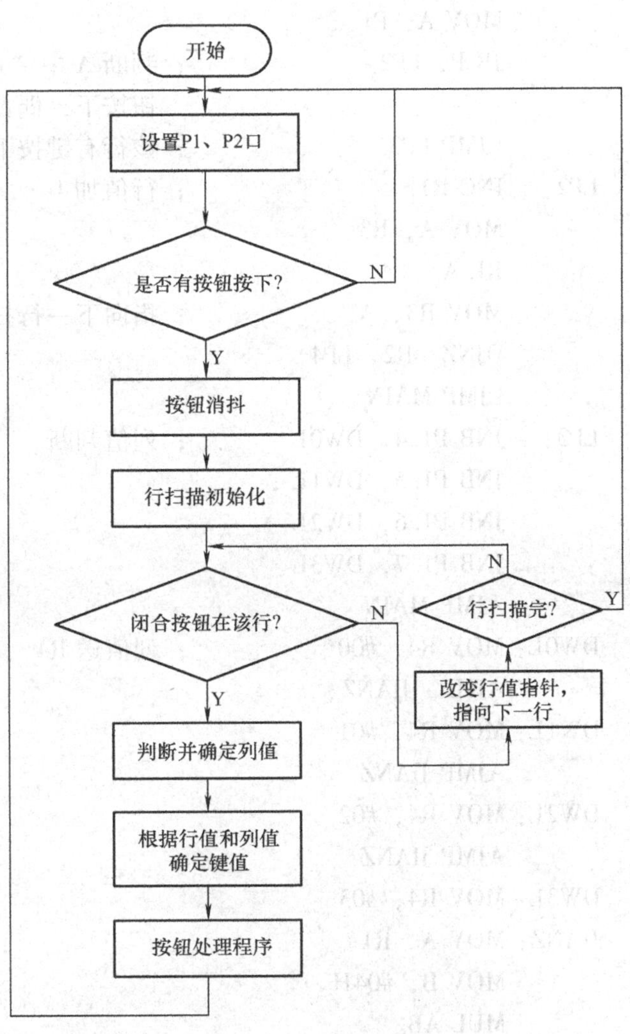

图 8-13　矩阵式键盘程序流程图

在编程中每个按钮需要对应一个键值，以确定具体的按钮键值处理程序，根据矩阵键盘的结构特点，每个按钮的键值为：键值 = 行值 × 每行按钮个数＋列值。

汇编语言程序如下：

```
MAIN: MOV P2, #0FFH
      MOV P1, #0F0H
      LCALL DEL20MS
      MOV A, P1
      CJNE A, #0F0H, LP1    ；判断是否有按钮按下
      LJMP   MAIN
LP1:  LCALL DEL20MS         ；前沿消抖
      MOV R1, #0            ；行值
      MOV R2, #04H          ；行数，4 行
      MOV R3, #0FEH         ；行扫描初值
LP4:  MOV P1, R3
      MOV A, P1
      JB P, LP2             ；判断 A 中“1”的个数，若为奇数个说明该行无按
                              钮按下，偶数个说明该行有按钮按下。
      LJMP LP3              ；该行有键按下
LP2:  INC R1                ；行值加 1
      MOV A, R3
      RL A
      MOV R3, A             ；指向下一行扫描
      DJNZ  R2, LP4
      LJMP MAIN
LP3:  JNB P1.4, DW0L        ；列值判断
      JNB P1.5, DW1L ;
      JNB P1.6, DW2L
      JNB P1.7, DW3L
      AJMP MAIN
DW0L: MOV R4, #00           ；列值送 R4
      AJMP   JIANZ
DW1L: MOV R4, #01
      AJMP JIANZ
DW2L: MOV R4, #02
      AJMP JIANZ
DW3L: MOV R4, #03
JIANZ: MOV A, R1
      MOV B, #04H
      MUL AB
      ADD A, R4             ；键值计算
```

```
        CJNE A, #00H, J1
        LCALL K1              ; 调用按钮处理程序
J1:     CJNE A, #01H, J2
        LCALL K2
J2:     CJNE A, #02H, J3
        LCALL K3
J3:     CJNE A, #03H, J4
        LCALL K4
J4:     CJNE A, #04H, J5
        LCALL K5
J5:     CJNE A, #05H, J6
        LCALL K6
J6:     CJNE A, #06H, J7
        LCALL K7
J7:     CJNE A, #07H, J8
        LCALL K8
J8:     CJNE A, #08H, J9
        LCALL K9
J9:     CJNE A, #09H, J10
        LCALL K10
J10:    CJNE A, #0AH, J11
        LCALL K11
J11:    CJNE A, #0BH, J12
        LCALL K12
J12:    CJNE A, #0CH, J13
        LCALL K13
J13:    CJNE A, #0DH, J14
        LCALL K14
J14:    CJNE A, #0EH, J15
        LCALL K15
J15:    CJNE A, #0FH, J16
        LCALL K16
J16:    AJMP MAIN
K1:     CLR P2.0              ; 点亮 P2.0 引脚小灯
        LCALL DEL20MS
        RET
K2:     CLR P2.1
        LCALL DEL20MS
        RET
```

```
K3:     CLR P2.2
        LCALL DEL20MS
        RET
K4:     CLR P2.3
        LCALL DEL20MS
        RET
K5:     CLR P2.4
        LCALL DEL20MS
        RET
K6:     CLR P2.5
        LCALL DEL20MS
        RET
K7:     CLR P2.6
        LCALL DEL20MS
        RET
K8:     CLR P2.7
        LCALL DEL20MS
        RET
K9:     MOV P2, #0FDH
        LCALL DEL20MS
        RET
K10:    MOV P2, #0F8H
        LCALL DEL20MS
        RET
K11:    MOV P2, #0E0H
        LCALL DEL20MS
        RET
K12:    MOV P2, #0D0H
        LCALL DEL20MS
        RET
K13:    MOV P2, #80H
        LCALL DEL20MS
        RET
K14:    MOV P2, #0FAH
        LCALL DEL20MS
        RET
K15:    MOV P2, #0F5H
        LCALL DEL20MS
        RET
```

```
K16:      MOV P2, #5AH
          LCALL DEL20MS
          RET
DEL20MS: MOV R6, #20
D2:       MOV R7, #250
D1:       DJNZ R7, D1
          DJNZ R6, D2
          RET
          END
```

C 语言程序如下：

```
#include <reg51.h>
#define uchar unsigned char
#define uint unsigned int
delay()
{uchar i,j;
for(i=128;i<0;i--)
  for(j=128;j<0;j--)
  {;}
  }
main()
{uchar a,b,c;
  P2=0xff;
  P1=0xf0;
  delay();
if(P1!=0xf0)                    //判断是否有键按下
  {
  P1=0xfe;                      //扫描 0 行
  a=P1;
  b=a&0x0f;
  c=a&0xf0;
if(b==0x0e)                     //按下键是否在 0 行
  {
  switch(c)                     //判断按下键在哪一列
    {
    case 0xe0:P2=0xfe;delay();break;
    case 0xd0:P2=0xfd;delay();break;
    case 0xb0:P2=0xfb;delay();break;
    case 0x70:P2=0xf7;delay();break;
    default: break;
```

```
    }
}
    P1 =0xfd;
    a = P1;
    b = a&0x0f;
    c = a&0xf0;
    if(b = =0x0d)
    {
    switch(c)
    {
    case 0xe0:P2 =0xef;delay();break;
    case 0xd0:P2 =0xdf;delay();break;
    case 0xb0:P2 =0xbf;delay();break;
    case 0x70:P2 =0x7f;delay();break;
    default: break;
    }
}
    P1 =0xfb;
    a = P1;
    b = a&0x0f;
    c = a&0xf0;
    if(b = =0x0b)
    {
    switch(c)
    {
    case 0xe0:P2 =0x01;delay();break;
    case 0xd0:P2 =0x02;delay();break;
    case 0xb0:P2 =0x04;delay();break;
    case 0x70:P2 =0x08;delay();break;
    default: break;
    }
}
    P1 =0xf7;
    a = P1;
    b = a&0x0f;
    c = a&0xf0;
    if(b = =0x07)
      {
      switch(c)
```

```
            {
            case 0xe0:P2 =0x10;delay();break;
            case 0xd0:P2 =0x20;delay();break;
            case 0xb0:P2 =0x40;delay();break;
            case 0x70:P2 =0x80;delay();break;
            default: break;
            }
        }
    }
}
```

运用 Keil C 软件进行程序设计，并在 Proteus 仿针软件中画出电路图，运行仿真观察结果。

8.3.2　显示技术

为了使工作人员能够及时对系统工作进行调整和监测，能够直观地将检测或监控数据以及系统运行状态等信息反映出来，很多现场系统都会使用显示装置。在 51 单片机的应用系统中，常见的显示器有 LED 和 LCD 两种，LED 是以发光二极管作为主要的显示元件，从字型显示方式上主要分为字段型和点阵型两种；LCD 是以液晶显示屏作为主要的显示元件，主要也分为字段型和点阵型，当然现在也有用 CRT 显示的单片机系统。这里主要以字段型 LED 显示器进行说明。

1. LED 显示原理

字段型 LED 显示器有共阳极（Common Anode）和共阴极（Common Cathode）之分。字段型 LED 显示器有七段、八段、十四段、十五段等之分，只能显示数字或字母，所谓共阳极就是指多个发光二极管的阳极共同使用一个电源，称之为公共端或者位选端，通过控制每个发光二极管的阴极的电位实现某个二极管的亮灭状态，反之就是共阴极。数码管显示器结构及原理图如图 8-14 所示。

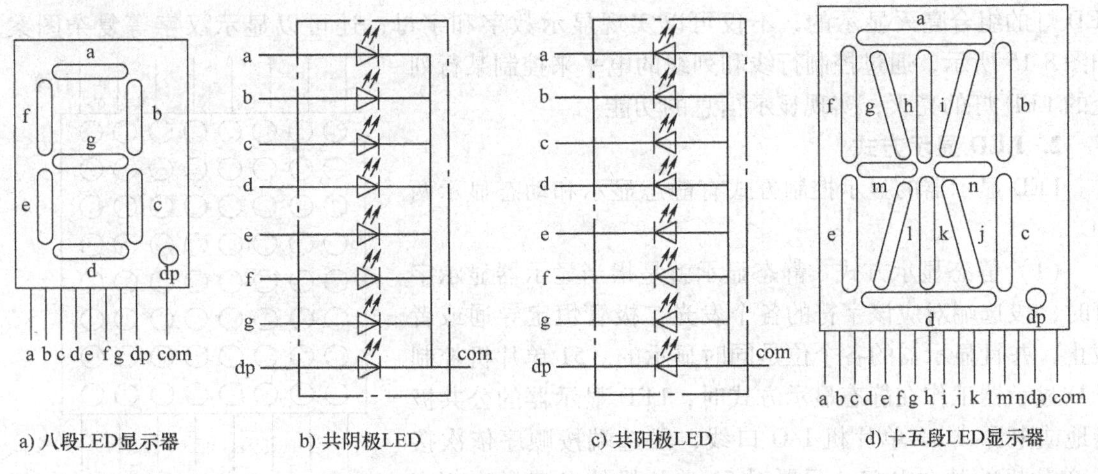

图 8-14　数码管显示器结构及原理图

对于八段 LED 显示器，若想控制显示信息，只需控制对应的发光二极管导通或截止（亮灭）即可，而八个发光二极管正好符合 51 单片机的存储器单元的字节长度，可将 dp ~ a 称之为 LED 显示器的段选端，而段选端所对应的二进制或十六进制码值则称之为段选码或段码。而公共端对应的码值称之为位选码或位码。

例如现采用共阴极八段 LED 显示器，显示“7”，则只需使发光二极管 a、b、c 导通（亮），其他发光二极管截止（灭）即可，于是 a、b、c 段选端应为“1”高电平，其他段选端应为“0”低电平，段码值则为 00000111。即

段选端	dp	g	f	e	d	c	b	a
段选码	0	0	0	0	0	1	1	1

而从原理图中可以看出，共阴极和共阳极的电路连接是相反的，这样两者若显示同一个数据那么其段选码也就是相反的，如表 8-7 所示。

表 8-7　八段 LED 显示器段码值表

显示字符	共阴极段码值	共阳极段码值	显示字符	共阴极段码值	共阳极段码值
0	3FH	C0H	小数点	80H	7FH
1	06H	F9H	空	00H	FFH
2	5BH	A4H	-	40H	BFH
3	4FH	B0H	A	77H	88H
4	66H	99H	b	7CH	83H
5	6DH	92H	C	39H	C6H
6	7DH	82H	d	5EH	A1H
7	07H	F8H	E	79H	86H
8	7FH	80H	F	71H	8EH
9	6FH	90H			

点阵型 LED 显示器有 8 × 8、8 × 16 点阵等，与字段型的区别在于其显示是通过多个 LED 灯的组合亮灭显示的，不仅可以实现显示数字和字母，还可以显示汉字等复杂图案。如图 8-15 所示，通过控制行线和列线的电平来控制某行列上的 LED 灯的亮灭，实现显示信息的功能。

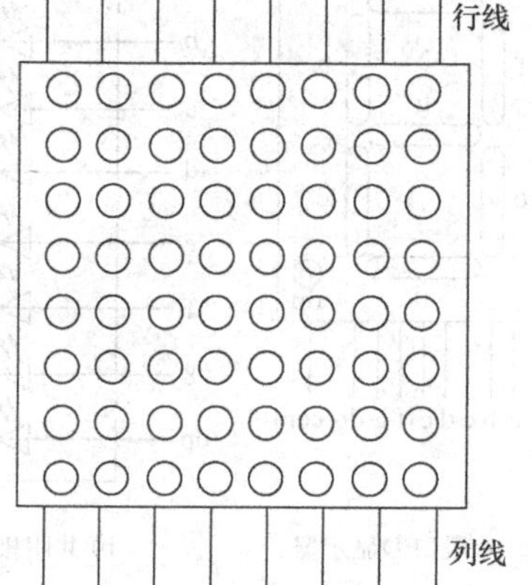

图 8-15　8 × 8 点阵型 LED 显示器

2. LED 显示方式

LED 显示器的显示控制方式有静态显示和动态显示两种。

（1）静态显示方式　静态显示就是指当显示器显示字符时，段选端对应该字符的各个发光二极管恒定导通或者截止，并且显示器的各个位是同时显示的。51 单片机控制 LED 显示器工作在静态显示方式时，LED 显示器的公共极接地或电源或 51 单片机 I/O 口线，段选端按顺序依次接 51 单片机的某个 P 口，只要对 51 单片机的 P 口送出相应的段选码值即可显示所需字符。

【例 8-7】　51 单片机控制 LED 显示器在静态显示方式下，显示“97”。

解：采用共阴极 LED 显示器，其中 1 个显示器的公共端接地，另一个显示器的公共端接 51 单片机的 P3.1 引脚，电路如图 8-16 所示，具体程序如下。

```
MAIN: MOV P1, #6FH        ;“9”段码送（I）显示器
      CLR P3.1            ;（II）显示器位选端选通
      MOV P2, #07H        ;“7”段码送（II）显示器
      END
```

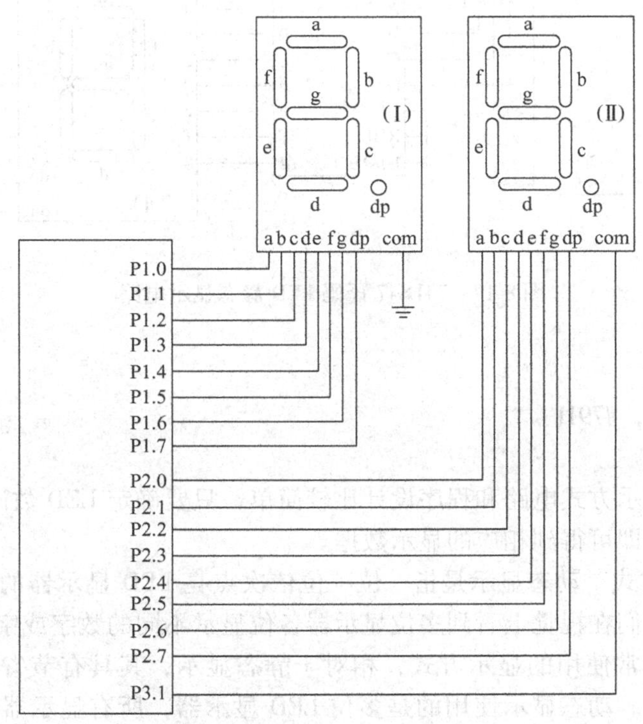

图 8-16　LED 静态显示控制电路图

可以看出，对于静态显示的接口占用 51 单片机的 I/O 口较多，若需要多位显示则静态显示方式就满足不了功能要求。可以通过三种方法解决 I/O 不足的问题：第一种方法是采用 I/O 口扩展芯片，增加 51 单片机可控制的 I/O 口数量；第二种方法是使用译码芯片对段选端进行译码控制；第三种方法是采用动态显示。

【例 8-8】　利用译码芯片实现例 8-7 的功能。

解：采用 74LS47 译码驱动芯片，将 BCD 码转换成 7 段 LED 数码管共阳极显示码，所以使用共阳极 LED 显示器。74LS47 引脚功能如表 8-8 所示，接口电路如图 8-17 所示。

表 8-8　74LS47 引脚功能

引脚	功　能	引脚	功　能
A ~ D	BCD 码输入端	RBI	动态灭灯输入端
a ~ g	二进制数据输出端	BI/RBO	灭灯输入/动态灭灯输出端
LT	试灯输入端		

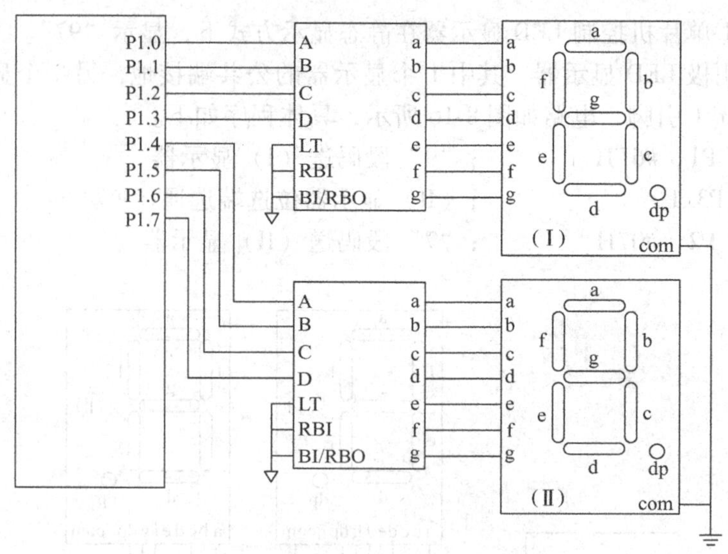

图 8-17　74LS47 译码 LED 静态显示电路

程序如下：

```
MAIN：MOV P1，#79H
      END
```

可以看出静态显示方式电路和程序设计比较简单，只要确定 LED 数码管的公共段性质，设置好相应的段选码即可得到相应的显示数据。

（2）动态显示方式　动态显示是指一位一位依次点亮 LED 显示器的各位，由于视觉扫描暂留的缘故，使人们在视觉上看到多位显示器各位显示不同的数字或字符信息。动态显示是单片机应用系统中常使用的显示方式，相对于静态显示，其具有节省 I/O 口线、简化电路、降低成本等优点。动态显示使用的是多位 LED 显示器，所有显示器的段选端是并联在一起的，而各个 LED 的位选端是相互独立的。

为了使每位 LED 显示不同的内容，必须采用扫描显示方式，在某一瞬间只允许某一位 LED 显示相应的字符或数据，即此刻的段选端由控制 I/O 口输出相应内容的段选码值，位选端由相应的控制 I/O 口线选用有效，下一时刻，改变段选码值和位选端控制信号，如此依次轮流点亮各位 LED，显示所要求的内容。

【例 8-9】 利用 51 单片机控制 4 位 LED 显示器工作在动态显示方式下，显示“2013”。

解：（1）电路设计

采用共阴极 4 位 LED 显示器，将显示器的段选端与 51 单片机的 P1 口依次相连，位选端与 P2 口的 P2.0 ~ P2.3 相连，LED 动态显示接口电路如图 8-18 所示。

（2）程序设计

在动态显示方式中要进行对位选端的扫描才能够实现显示功能，也就是说先选择位选端，然后送出该位所对应的段选码值，程序如下。

```
MAIN：  MOV P2，#0FFH          ；初始化，所有 LED 均灭
        MOV DPTR，#TAB         ；送表首地址
        MOV R2，#4             ；设置扫描次数，与显示器所含的 LED 位数有关
```

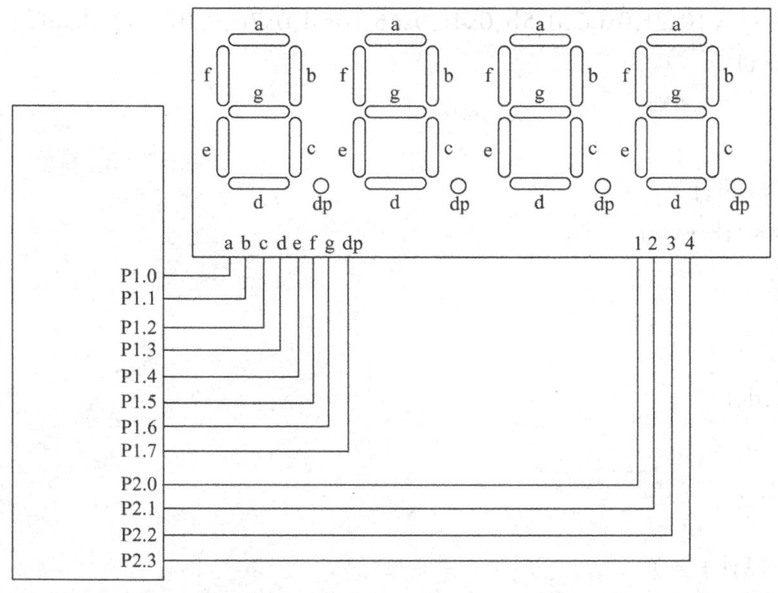

图 8-18　LED 动态显示接口电路图

```
        MOV 20H，#0          ；设置第一个数据在表中的地址
        MOV P2，#0FEH        ；选中第一位 LED 位选信号
DISP：  MOV A，20H
        MOVC A，@A+DPTR      ；查表得第一位 LED 的段选码
        MOV P1，A            ；段选码送段选端
        LCALL   DEL1MS
        INC 20H              ；下一位段选码所在表中的地址
        MOV A，P2            ；改变位选码，指向下一位
        RL A
        MOV P2，A
        DJNZ R2，DISP        ；判断是否扫描完
        AJMP MAIN
DEL1MS：MOV R5，#10
D1：    MOV R6，#25
D2：    DJNZ R6，D2
        DJNZ R5，D1
        RET
TAB：   DB 5BH，3FH，06H，4FH
        END
```

C 语言程序如下：

```
#include <reg51.h>
#define uchar unsigned char
#define uint unsigned int
```

```
uchar tab[10] = {0x3f,0x06,0x5b,0x4f,0x66,0x6d,0x7d,0x07,0x7f,0x6f};
delay(uchar i)
{
uchar j,k;
for(j=0;j<128;j++)
for(k=0;k<i;k++)
   {;}
}
main()
{uchar a,c,d,i;
uint b;
a=0xf7;
b=2013;
for(i=0;i<4;i++)
{
P2=a;
P1=tab[b%10];
c=P2>>1;
d=P2<<7;
b=b/10;
a=c|d;
delay(10);
}
}
```

8.4 前向通道中的 A-D 转换扩展

一个完整的单片机应用系统中，必须要有对数据信息进行采集或者参数监视的过程，而实现这个功能的信息通道称之为前向通道。而单片机本身不具备前向通道相关功能，所以要完成对数据信息的采集或监视，设计完整的单片机应用系统就要进行前向通道扩展。

8.4.1 前向通道简介

前向通道属于一个系统中的信号流前级的部分，一般包含数据测量、信号处理、模数转换等部分。其中数据测量就是通过传感器等有关测量转换元件、仪表将现场的物理被测量如压力、温度、速度等转变为电量的过程；信号处理是指对传感器等测量元件的输出信号进行放大、滤波、去噪等处理，得到有效信号；而模数转换是指将处理过的信号通过 A-D 转换芯片将模拟量转换为单片机可识别的数字量的过程。

1. 传感器

传感器又叫做换能器、变换器及一次仪表，是能感受（或响应）规定的被测量并按照一定规律和精度转换成可用信号输出的器件或装置，通常由直接响应于被测量的敏感元件和产生可用信号的转换元件以及相应的电子线路所组成。目前的传感器大部分还是模拟传感器，也就是说其输出量是模拟电信号，当然市场上现在已经出现了数字传感器和智能传感器。如应用于矿井的智能型速度传感器 GSC200，数字式温度传感器 DS18B20，数字称重传感器 HBM C16i 等。

2. 信号放大器

从传感器中输出的信号大多都是微弱的，输出信号的幅值较小，而后级处理往往需要信号有一定幅度和功率，同时测量的量程切换、仪器的灵敏度、提高分辨力等也都是采用信号放大电路来实现的。因此从传感器输出的信号经常需要进行信号放大。信号放大常使用集成运算放大器组成的放大电路，如 AD 系列和 OP 系列。

3. 滤波处理

为了提高信号的有效性，即提高信噪比，通常在测量电路中加入滤波器，使已知频率的有效信号通过，滤除其他的噪音干扰频率信号。滤波器按其特性可分为高通滤波器、低通滤波器、带通滤波器、带阻滤波器等。其中带通滤波器是最基本的滤波器，可以使特定的频率通过，常分为单峰滤波器和宽带滤波器两种。

4. A-D 转换

由于处理器所能处理和接收的数据都是数字量信号，而现实中所监控、检测的信号绝大多数都是物理量信号，虽然经过传感器的处理转变为模拟量信号，但还是不能直接被处理器所使用。因此若想对所采集信息进行处理必须经过 A-D 转换过程，将模拟量信号转变为数字量信号，目前完成这项工作的主要是 A-D 转换芯片。

8.4.2 A-D 转换指标及转换原理

1. A-D 转换指标

A-D 转换的技术指标体现了 A-D 转换芯片的性能，不同的 A-D 转换芯片决定了整个应用系统的数据采集和处理能力。A-D 转换的技术指标主要有转换速率、分辨率、转换精度等。

(1) 转换速率 A-D 转换芯片完成一次模拟输入量变换成数字输出量所需要的时间称为 A-D 转换时间，转换速率是转换时间的倒数，即单位时间内的转换次数。一般而言，积分型 A-D 转换芯片属于低速型，其转换时间是毫秒级的；逐次比较型 A-D 转换芯片属于中速型，转换时间是微秒级的；全并行/串并行型 A-D 转换芯片属于高速型，转换时间可达到纳秒级。

(2) 分辨率 分辨率就是分辨能力，A-D 转换芯片的分辨率表示输出数字量每增加或减少 1 所对应的输入模拟电压的变量，即能分辨的最小模拟变化量。习惯上以输出二进制位数或满量程与 2^n 之比（其中 n 为 ADC 的位数）表示，即分辨率 $1LSB = V_{FS}/2^n$。例如满量程 10V 的 12 位 A-D 转换芯片 AD574A 的分辨率为 $1LSB = V_{FS}/2^{12} = 2.44mV$，即该转换器的输出数据可以用 2^{12} 二进制数进行量化；满量程 10V 的 8 位 A-D 转换芯片 ADC0809 的分辨率 $1LSB = V_{FS}/2^8 = 39.06mV$，可以看出分辨率越高的转换芯片，其 1 位二进制数字变化量对应的模拟分量变化量越小。

如果用百分数来表示分辨率，满量程 10V 的 12 位 A-D 转换芯片 AD574A 的分辨率为：

$$(1/2^n)\times 100\% = (1/2^{12})\times 100\% = (1/4096)\times 100\% = 0.0244\%$$

另外还有一些 BCD 码输出的 A-D 转换芯片一般用位数表示分辨率。例如 $3\frac{1}{2}$双积分型 A-D 转换芯片 MC14433，显示范围为 000 ~ 1999，其分辨率为（1/1999）×100% =0.05%。

量化误差和分辨率是统一的，量化误差是由于有限数字对模拟数值进行离散时，离散量化取值而引起的误差。因此，量化误差理论上为一个单位分辨率，即 ±（1/2）LSB。提高分辨率可减少量化误差。

（3）转换精度　精度是实际输出与理想输出之间的差，对于 A-D 转换芯片而言，转换精度反映了 A-D 转换的实际输出与理想输出之间的接近程度，是指与数字输出量所对应的模拟输入量的实际值与理论值之间的差值。A-D 转换电路中与每个数字量对应的模拟输入量并非是一个单一的数值，而是一个范围值，其大小理论上取决于电路的分辨率，定义为数字量的最小有效位 LSB。目前常用的 A-D 转换集成芯片精度为 1/4 ~ 2LSB。

（4）线性误差和单调性　输出与输入的关系理论上应该是线性的，但实际上输出特性并不是理想线性的。把实际转换特性偏离理想转换特性的最大值称为线性误差。将每一个数字量对应的模拟电压值与相应的平均模拟电压值之差用百分比表示，称为“微分直线误差”。所谓单调性就是指输入一直增大（或减小）时输出也是一直地增加（或降低），而中途不允许中断、缺额或回转。

（5）稳定性　稳定性表示输出值随时间和环境因素变化的程度，通常用相对变化量来表示。

（6）灵敏度　A-D 转换的灵敏度是指能够实现有效变换的最小输入电压。

除上述参数外，通常芯片还有一些必有的参数，如输入阻抗、输入电压范围、工作电压范围等。在选择 A-D 转换芯片时要考虑实际的环境参数要求、系统性能指标、处理器接口等多方面因素的影响，选择性能指标符合系统要求的 A-D 转换芯片。

2. A-D 转换原理

A-D 转换器（Analog-Digital Converter）是一种能把输入模拟电压或电流转换成与其成正比的数字量的电路芯片，即能把被控对象的各种模拟信息转换成计算机可以识别的数字信息。A-D 转换芯片的种类很多，但从原理上通常可分为计数器式、双积分式、逐次逼近式和并行式 4 种。目前最常用的是逐次逼近式和双积分式。

（1）逐次逼近式 A-D 转换原理　在低精度和中高速 A-D 转换应用系统中，常使用逐次逼近式 A-D 转换芯片。A-D 转换芯片是一种反馈比较式 A-D 芯片，成本较低，而且接口简单。

逐次逼近式 A-D 转换器是在输入和输出之间加入 D-A 转换器而给予反馈的形式，将输入电压和 D-A 转换器的输出电压用模拟电平进行比较，当两者一致时，将此时所得的数字量作为 A-D 转换器的输出的形式。工作原理如图 8-19 所示。

逐次逼近式 A-D 转换芯片在工作时，由 V_{in} 输入采集的模拟电压，通过逻辑控制电路使用“对分搜索法”由逐次逼近寄存器产生数字量。以 8 位转换为例，首先产生 8 位数字量的 1/2，即 80H，通过 D-A 转换器产生模拟量 V_x，若 $V_{in} > V_x$，则清除数字量最高位，若 $V_{in} < V_x$，则保留数字量最高位，确定最高位之后依次以对分搜索法比较电压确定下一位，直至确定最低位，此时 A-D 转换结束，逻辑控制电路输出转换结束控制信号，由缓冲寄存器输

出 V_{in}对应的数字量。

逐次逼近式 A-D 转换速度较快，转换时间由转换精度的位数决定，与输入的模拟量大小无关，n 位精度的 A-D 转换芯片，其转换过程仅需 n 个时钟周期就能完成一次转换，其前提条件是内部的 D-A 转换器和比较器的速度足够快。一般而言，DAC 模拟输出建立的时间是比较快的，而比较器的速率也比较高，因此可获得高速的 ADC。逐次比较式 ADC 很容易取得数据串输出，并与外界同步。同时，由于逐次比较式 ADC 内部包含一个 DAC，而高精度的逐次逼近式 ADC 是建立在高精度的 DAC 基础上的，高精度的 DAC 又以高精度的加权电阻网络为基础，因此，获得高精度的逐次逼近式 ADC 的成本很昂贵。同时高精度 DAC 的噪声干扰阻碍了进一步提高 ADC 的精度。

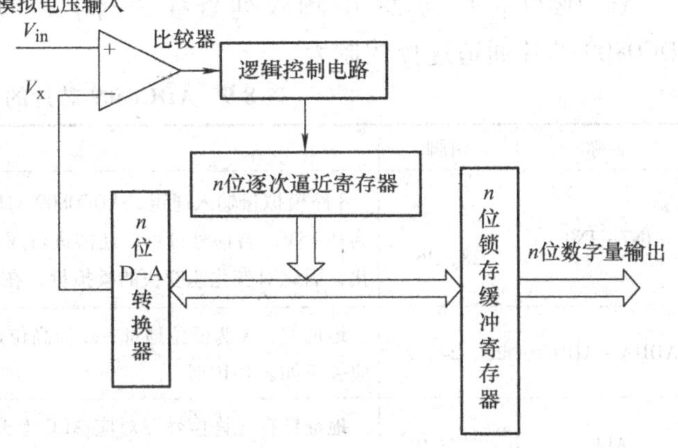

图 8-19　逐次逼近式 A-D 转换原理图

（2）积分式 A-D 转换原理　为了提高 A-D 转换的精度，提高 A-D 转换的抗干扰能力，有效降低成本，目前广泛地使用积分式 A-D 转换器。双重积分式和三斜积分式以及电荷 A-D 平衡式转换在高精度低速领域内具有十分明显的优势。积分式 A-D 转换原理图如图 8-20 所示。

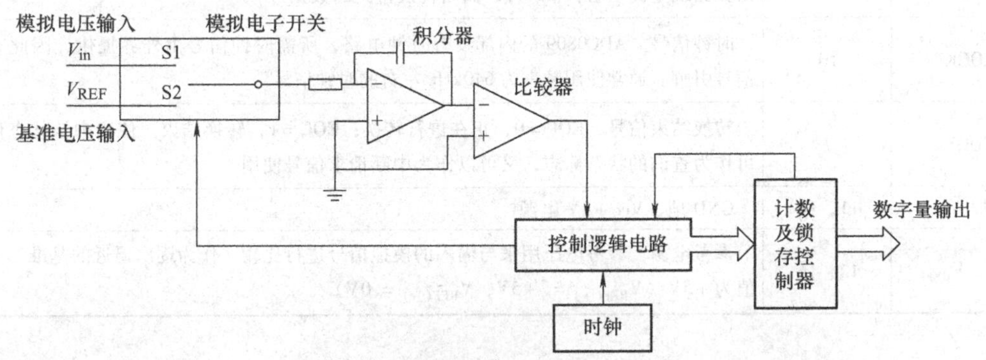

图 8-20　积分式 A-D 转换原理图

初始状态时，S1、S2 都截止（OFF）。这时由“抽样启动发生器”产生启动脉冲经逻辑控制电路使 S1 导通（ON），对输入电压 V_{in}进行定时 T_i 积分；T_i 一般由计数器满度计数值决定。经 T_i 时间后，由计数器溢出信号经逻辑控制电路使 S1 截止（OFF）S2 导通（ON），改变为对基准 $-V_{REF}$反积分，经 T_R 时间后积分输出为零，此时比较器瞬间反相使计数器停止，把计数内容锁存作为数字输出。

本章主要以逐次逼近式 A-D 转换芯片为例进行电路设计及程序的讲解。

8.4.3　8 路 8 位并行 A-D 转换芯片 ADC0809

ADC0809 是典型的 8 路 8 位逐次逼近式 A-D 转换器，采用 CMOS 工艺，具有 8 个通道的模拟量输入端口，可实现8路0～5V模拟信号的分时采集，片内有8路模拟选通开关，以及相应的通道地址锁存译码电路，其转换时间为100μs左右。

1. 引脚及功能

ADC0809芯片为28引脚双列直插式封装，其引脚功能如表8-9所示。表8-10为ADC0809芯片通道选择控制表。

表8-9　ADC0809芯片的引脚功能

名称	引脚	功　能
IN7～IN0	5～1，27，28，26	8路模拟量输入通道，ADC0809对输入模拟量的要求主要有：信号单极性，电压范围为0～5V。若信号过小，还需进行放大。另外，模拟量输入在A-D转换过程中值不应变化，因此对变化速度快的模拟量，在输入前应增加采样保持电路
ADDA～ADDC	25，24，23	地址线，A为低位地址，C为高位地址，模拟通道的选择信号。其地址状态与通道对应关系如表8-10所示
ALE	22	地址锁存允许信号。对应ALE上升沿，ADDA、ADDB、ADDC地址状态送入地址锁存器中
START	6	转换启动信号。START上升沿时，所有内部寄存器清“0”；START下降沿时，开始进行A-D转换；在A-D转换期间，START应保持低电平。本信号有时简写为ST
D7～D0	21～18，8，15，14，17	数据输出线。为三态缓冲输出形式，可以和单片机的数据线直接相连，D0为最低位，D7为最高位
OE	9	输出允许信号。用于控制三态输出锁存器向单片机输出转换得到的数据。OE＝0，输出数据线呈高电阻；OE＝1，输出转换得到的数据
CLOCK	10	时钟信号。ADC0809的内部没有时钟电路，所需时钟信号由外界提供，因此有时钟信号引脚。通常使用频率为640kHz左右的时钟信号
EOC	7	转换结束信号。EOC＝0，正在进行转换；EOC＝1，转换结束。使用中该状态信号既可作为查询的状态标志，又可以作为中断请求信号使用
GND，V_{CC}	11，18	GND地；V_{CC} +5V电源
$V_{REF(+)}$，$V_{REF(-)}$	12，16	参考电源。参考电压用来与输入的模拟信号进行比较，作为逐次逼近的基准。其典型值为+5V（$V_{REF(+)}$ = +5V，$V_{REF(-)}$ = 0V）

表8-10　ADC0809芯片通道选择控制

ADDC	ADDB	ADDA	选择的通道	ADDC	ADDB	ADDA	选择的通道
0	0	0	IN0	1	0	0	IN4
0	0	1	IN1	1	0	1	IN5
0	1	0	IN2	1	1	0	IN6
0	1	1	IN3	1	1	1	IN7

2. ADC0809与MCS-51单片机的接口设计

电路连接要注意到三个问题：一是8路模拟信号通道选择；二是A-D转换完成后转换数据的传送；三是时钟信号的选择。

（1）单通道使用　ADC0809 单通道转换接口电路如图 8-21 所示。

8 路模拟通道选择

如表 8-10 和图 8-21 所示，模拟通道选择信号 ADDA、ADDB、ADDC 分别接 P2 口高三位，则某一路通道的选择根据表 8-10 来确定 P2 口和数据指针 DPTR 的赋值情况。8 路模拟通道的地址为 1EFFH、3EFFH、5EFFH、7EFFH、9EFFH、BEFFH、DEFFH、FEFFH（无关位取“1”）。通过指令 MOV DPTR，#data 来选择具体转换哪一个通道上的模拟输入量，如 MOV DPTR，#3EFFH，P2.7 = 0，P2.6 = 0，P2.5 = 1 选择 IN1 通道，同时 P2.0 引脚输出低电平。

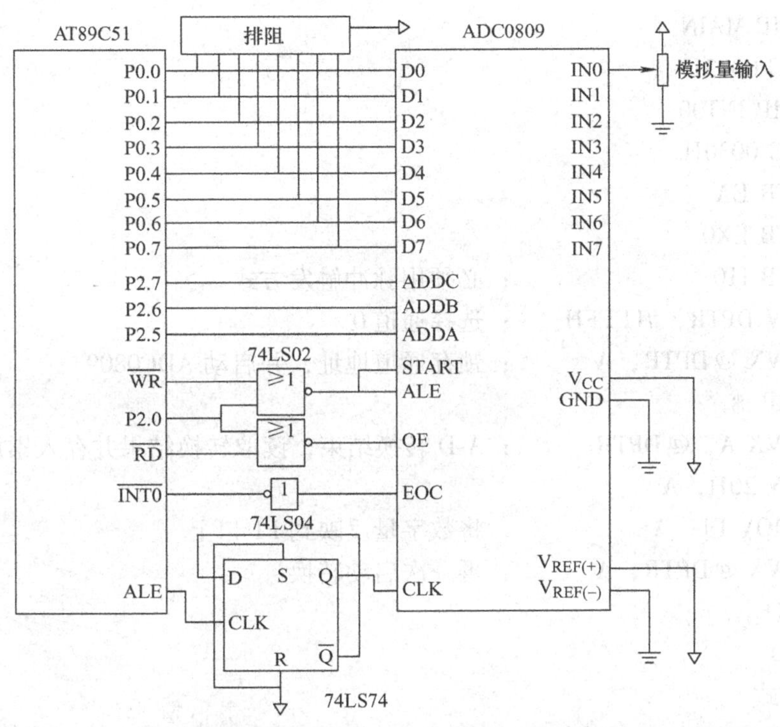

图 8-21　ADC0809 单通道转换接口电路

启动与读写

图 8-21 中把 ADC0809 的 ALE、START 信号与 51 单片机的 $\overline{WR}$、P2.0 引脚通过或非门相接，这样使得 ADC0809 的启动控制和通道地址锁存都受 51 单片机的控制，通过指令 MOVX @DPTR，A（$\overline{WR}$引脚为“0”）使得信号在或非门的脉冲变化的前沿锁存通道地址，在后沿启动 A-D 转换。

ADC0809 的 EOC 引脚通过非门接 51 单片机的外部中断 0，其是用来判断整个的 A-D 转换过程是否结束，若转换结束则 EOC 引脚输出高电平，若未结束则输出低电平。可以看出，对于 A-D 转换结束与否就可以通过查询或中断方式来判断外部中断 0（P3.2）的变化。

ADC0809 的输出控制引脚 OE 通过或非门与 51 单片机的 $\overline{RD}$、P2.0 引脚相接，若 A-D 转换结束则通过指令 MOVX A，@DPTR 使得$\overline{RD}$引脚为“0”，控制输出引脚 OE 有效，转换结果数字量送入单片机的累加器中。

时钟信号

由于 ADC0809 内部没有时钟信号，必须使用外部时钟提供时钟信号，可以使用专用的时钟电路，也可通过 51 单片机的 ALE 引脚提供。由于 ADC0809 的工作时钟频率为 640KHz 左右，若单片机工作频率为 12MHz，则单片机的 ALE 引脚输出为 2MHz，经过一个由 D 触发器构成的二分频电路后，即可形成 1MHz 供 ADC0809 使用的时钟信号。

【例 8-10】 电路如图 8-21 所示，设计通道 0 的 A-D 转换程序，转换结果存入片内 20H 单元。

解：1）中断方式

```
        ORG 0000H
        AJMP MAIN
        ORG 0003H
        AJMP INT00
        ORG 0030H
MAIN:   SETB EA
        SETB EX0
        SETB IT0                ；必须用脉冲触发方式
        MOV DPTR，#1EFFH        ；选择通道 0
        MOVX @DPTR，A           ；锁存通道地址，并启动 ADC0809
        SJMP $
INT00:  MOVX A，@DPTR           ；A-D 转换结束，读取转换结果并存入累加器 A
        MOV 20H，A
        //MOV P1，A             ；将数字量反映到 P1 口上
        MOVX @DPTR，A           ；再一次启动转换
        RETI
        END
```

2）查询方式

```
MAIN:   MOV DPTR，#1EFFH
        MOVX @DPTR，A
        JB P3.2，$
        MOVX A，@DPTR
        MOV 20H，A
        //MOV P1，A             ；可利用 P1 口来观察 A-D 转换后的结果
        AJMP MAIN
        END
```

中断方式 C 语言程序如下：

```
#include <reg51.h>
#include <absacc.h>
#define unit unsigned int
#define uchar unsigned char
```

```
#define AD XBYTE [0x1eff]          //定义 ADC0809 的地址
uchar addata;
adc0809() interrupt 0              //中断服务程序
{
addata = AD;
P1 = addata;                       //转换数据送 P1 口显示
AD = 0;
}
main()
{
EA = 1;
EX0 = 1;
IT0 = 1;
AD = 0;                            //启动 A-D 转换
while(1)
{;
}
}
```

(2) 多通道使用

由于多通道使用时涉及到通道地址的连续变化，所以电路设计要符合连续的地址变化，电路接口如图 8-22 所示。

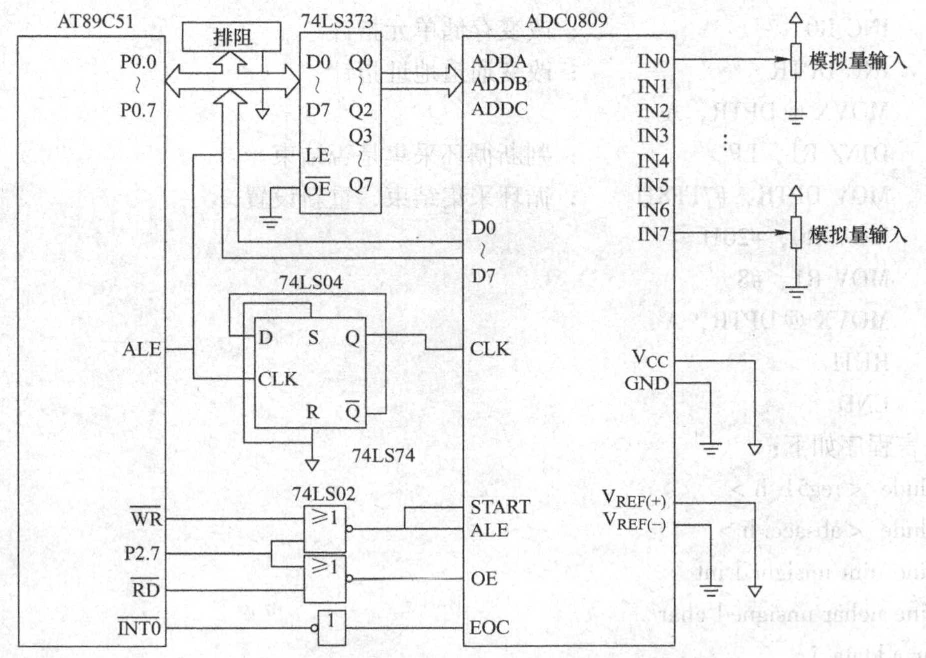

图 8-22 ADC0809 多通道转换接口电路

ADC0809 多通道转换接口电路采用了 74LS373 锁存器，将地址信息与数据信息分时处理，74LS373 的输出端 Q0 ~ Q2 分别与 ADC0809 的通道选择端 ADDA ~ ADDC 相连，并且由 P2. 7 引脚控制 ADC0809 的启动和数据输出，这样 ADC0809 的通道 IN0 ~ IN7 所对应的地址就为 07FF8H ~ 07FFFH。

【例 8-11】 循环采集 ADC0809 的 8 路通道的模拟输入量，并将数据依次存入 20H ~ 27H 单元。

解：电路设计如图 8-22 所示，采用的中断方式所对应的程序如下。

```
        ORG 0000H
        AJMP MAIN
        ORG 0003H
        AJMP INT00
        ORG 0030H
MAIN：  SETB EA
        SETB EX0
        SETB IT0                ；必须用脉冲触发方式
        MOV R0，#20H            ；设置存储单元首地址
        MOV R1，#8              ；设置循环次数
        MOV DPTR，#7FF8H        ；指向通道 IN0 的地址
        MOVX @DPTR，A
        SJMP $
INT00：MOVX A，@DPTR
        MOV @R0，A
        INC R0                  ；改变存储单元指针
        INC DPTR                ；改变通道地址指针
        MOVX @DPTR，A
        DJNZ R1，LP             ；判断循环采集是否结束
        MOV DPTR，#7FF8H        ；循环采集结束，重新设置
        MOV R0，#20H
        MOV R1，#8
        MOVX @DPTR，A
LP：    RETI
        END
```

C 语言程序如下：

```
#include <reg51.h>
#include <absacc.h>
#define uint unsigned int
#define uchar unsigned char
uchar addata,i;
uint ad;
```

```
uchar data tab[8];                    //片内 RAM
adc0809( ) interrupt 0
{
addata = XBYTE[ad];
tab[i] = addata;
i + +;                                //存储单元地址自加 1
ad + +;                               //ADC0809 通道地址自加 1
XBYTE[ad] = 0;                        //启动 A-D 转换
if(i = = 8)                           //判断 8 路通道是否循环采集完
   {
ad = 0x7ff8;
   i = 0;
   }
}
main( )
{
ad = 0x7ff8;                          //ADC0809 通道 0 地址
EA = 1;
EX0 = 1;
IT0 = 1;
i = 0;
XBYTE[ad] = 0;                        //启动 A-D 转换
while(1)
{;}
}
```

ADC0809 在进行仿真时可用其姊妹芯片 ADC0808，另外为了使用 51 单片机的 ALE 引脚的输出时钟频率，需双击仿真软件中的 AT89C51 单片机，将“Advanced Properities”选项中的“Simulate Program Fetches”选择“Yes”。

8.4.4　11 路 12 位串行 A-D 转换芯片 TLC2543

TLC2543 是 12 位开关电容逐次逼近式 A-D 转换芯片，可通过串行的三态输出端与 51 单片机的串行口进行数据传输。片内有 14 路模拟开关，可选择外部 11 个模拟量输入通道中的任一个或三个内部自测电压中的一个，具有自动采样保持功能，转换时间小于 10μs。

1. 引脚功能

TLC2543 芯片分为 20 引脚双列直插式和方形贴片式两种，其引脚功能如表 8-11 所示。

TLC2543 在每次进行 A-D 转换时都必须写入命令字，以确定下一次转换使用的通道号和输出数据的性质，输入寄存器命令字的格式如表 8-12 所示。

表 8-11　TLC2543 芯片的引脚功能

名称	引脚	功　能
AIN0 ~ AIN10	1 ~ 9，11，12	11 路模拟量输入通道。当使用 4.1MHz 的时钟时，外部输入设备的输入阻抗应≤50Ω
$\overline{CS}$	15	片选端。上升沿禁止数据输入/输出和时钟信号；下降沿复位计数器，并控制数据输入/输出和时钟信号
DIN	17	串行数据输入。先输入的 4 位数据用来选择通道，后 4 位用来设置工作方式，最高位在前，每个时钟的上升沿送入一位数据
DOUT	16	转换数字量输出。数据在$\overline{CS}$为低电平时输出。根据不同的工作方式有 8 位、12 位和 16 位三种长度
EOC	19	转换结束信号引脚。在命令字最后一个时钟的下降沿变低，直到转换结束后变为高电平
GND，V_{CC}	10，20	电源引脚。GND 接地，V_{CC}接 +5V
CLK	18	时钟引脚。(1) 前 8 个上升沿将命令字送入 TLC2543 数据寄存器，其中前 4 个是通道地址，后 4 个是工作方式控制字；(2) 在第 4 个下降沿，选定输入通道的输入模拟电压并对电容列阵充电直到最后一个 CLK 信号的下降沿结束；(3) 在 CLK 的下降沿将上次的转换结果输出；(4) 在最后一个 CLK 下降沿 EOC 变为低电平
$V_{REF(+)}$，$V_{REF(-)}$	14，13	基准电压引脚。通常 $V_{REF(+)}$ 接电源正极，$V_{REF(-)}$ 接地，最大输入电压取决于 V_{REF}之间的差值

表 8-12　TLC2543 芯片命令字格式

功能		命令字字节							
		通道地址				数据长度控制		数据输出顺序控制	数据极性控制
命令字位		D7	D6	D5	D4	D3	D2	D1	D0
模拟量输入通道	AIN0	0	0	0	0				
	AIN1	0	0	0	1				
	AIN2	0	0	1	0				
	AIN3	0	0	1	1				
	AIN4	0	1	0	0				
	AIN5	0	1	0	1				
	AIN6	0	1	1	0				
	AIN7	0	1	1	1				
	AIN8	1	0	0	0				
	AIN9	1	0	0	1				
	AIN10	1	0	1	0				

（续）

功能		命令字字节							
		通道地址				数据长度控制		数据输出顺序控制	数据极性控制
命令字位		D7	D6	D5	D4	D3	D2	D1	D0
测试电压	差模	1	0	1	1				
	$V_{REF(-)}$	1	1	0	0				
	$V_{REF(+)}$	1	1	0	1				
软件断电		1	1	1	0				
数据长度	8 位					0	1		
	12 位					/	0		
	16 位					1	1		
高位输出								0	
低位输出								1	
单极（二进制）									0
双极（补码）									1

2. TLC2543 与 51 单片机接口设计

TLC2543 是串行 A-D 转换芯片，相对于并行芯片其接口电路简单很多，节省了 I/O 口资源，电路如图 8-23 所示。此电路是通过 P1. 1、P1. 2、P1. 3 控制 TLC2543 的数字量串行输出、时钟信号、片选端，而由 P1. 0 引脚输出 TLC2543 的控制字。

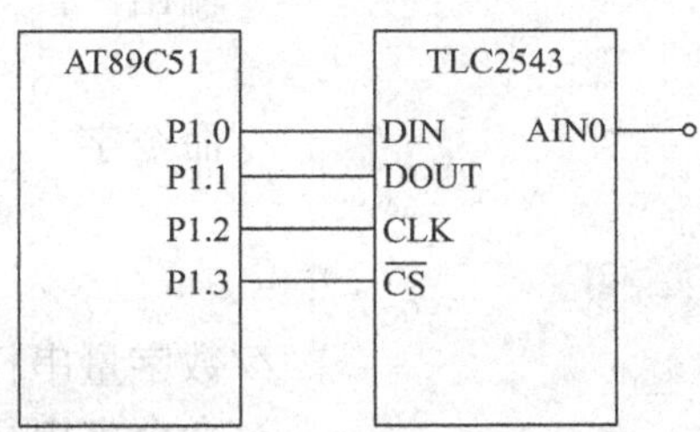

图 8-23　TLC2543 与 51 单片机接口电路

【例 8-12】　设计 TLC2543 采集 AIN0 通道的数据。

解：电路如图 8-23 所示，程序如下。

```
TLC2543： MOV R4，#04H      ；设置命令字，选择通道 0，8 位数据，高位输出
          MOV A，R4
          CLR P1. 3          ；CS 有效
          MOV R5，#8         ；8 位控制字数据
LOOP：    CLR P1. 2
          SETB P1. 1         ；P1. 1 设为输入引脚
```

```
        MOV C, P1.1         ; 数字量串行由 P1.1 存入 C
        RLC A
        MOV P1.0, C         ; 命令字串行送入 TLC2543
        SETB P1.2           ; 产生一个 CLK
        NOP
        CLR P1.2
        DJNZ R5, LOOP
        MOV 20H, A
        AJMP TLC2543
        END
```

C 语言程序如下：

```
#include <reg51.h>
#define uchar unsigned char
#define uint unsigned int
sbit CS = P1^3;
sbit CLK = P1^2;
sbit DOUT = P1^1;
sbit DIN = P1^0;
uint bdata sj[8] = {9,2,3,4,5,6,7,8};
main()
{uchar i,zj;
uchar data mlz[8] = {0,0,0,0,0,1,0,0};    //设置命令字,选择通道0,8 位数据,高位
                                          输出
CS = 0;
for(i = 0;i < 8;i + + )                   //命令字
{CLK = 0;
  DOUT = 1;
  sj[i] = DOUT;                           //数字量串行由 P1.1 存入 C
  DIN = mlz[i];                           //命令字串行送入 TLC2543
  CLK = 1;
  CLK = 0;
  }
for(i = 0;i < 8; + + i)                   //利用 P2 口显示转换结果
  {
zj = zj < < 1;
zj = zj|sj[i];
}
P2 = zj;
}
```

8.5　后向通道中的 D-A 扩展

前向通道可以收集数据或状态信息，并对数据信息进行变换送入处理器进行数据处理和状态判断，而若想调整被控参数和改变应用系统运行控制状态就必须输出一些控制信息或命令。在单片机应用系统中，对被控对象输出控制命令，实现控制操作改变其运行状态的通道通常称为后向通道。单片机作为处理器本身的 I/O 口输出信号电平很低（在空载情况下接近 5V），并不具备直接控制外部控制执行机构和输出模拟量的能力，所以通常需要进行后向通道的扩展。

8.5.1　后向通道简介

后向通道是对被控对象的控制和调节，用于实现单片机与控制机构之间的功率驱动、信号电平转换、抗干扰等功能。功率驱动是指将处理器输出的小信号进行功率放大处理，以达到可以驱动控制执行机构运行的功率要求。信号电平转换是指由于不同类型的集成电路的制造工艺不同，其输入/输出电平的有效区间也不尽相同，为了使不同类型的集成电路可以连接使用就要进行电平转换。抗干扰是指抑制由于被控对象或传输信息等在输出过程中由于受传输距离、传输环境、前向通道等多种因素的影响，所面临的电磁波、振动、噪声、信号衰减等干扰。

1. 设备驱动器

人们经常使用单片机控制一些大电流高电压执行机构，如步进电动机、直流电动机、继电器、电磁开关等，这些机构的负载功率通常都很大，单片机输出的开关量不足以直接驱动，需要进行功率放大才能驱动这些外设，有的是使用大功率接口电路，有的使用专用的驱动芯片，有的使用小功率继电器，如集成达林顿管驱动芯片 ULN2003，其可以驱动直流电动机、步进电动机、继电器、电磁阀等。

2. D-A 转换

对于外部设备的驱动和控制不仅可以使用专用的设备驱动器，还可以使用 D-A 转换芯片。D-A 转换是将数字量转换为模拟量，单片机的数字量输出经过 D-A 转换芯片后，可转化为驱动执行机构控制和调整的模拟量。这样就可以通过单片机改变控制量的大小、方向等以达到合理、科学地控制整个应用系统，使系统高效、稳定的工作。

3. 电平转换

集成电路按照制造工艺可分为 TTL、MOS、COMS、DTL 等多种类型，不同类型的集成电路之间进行连接使用时或串行通信中的不同接口之间都必须使用电平转换器，如 MC14504 可将 TTL 电平转化为 COMS 电平；DP8482AN 可将 ECL 电平转化为 TTL 电平。

4. 抑制干扰

由于环境、传输等因素对单片机应用系统的干扰会造成系统或控制的不稳定，这些干扰包括了噪声干扰、电磁干扰、电源干扰和通道干扰等，抑制这些干扰可以从软件和硬件两方面入手。在硬件方面可以使用线路驱动器和接收器、光电隔离来抑制长线路传输过程中的信号衰减、反射、噪声等干扰，或采用稳压、滤波、整流、掉电保护等技术抑制电源的干扰等。在软件方面主要是编写一些算法程序，如数字滤波程序、补偿程序、冗余校验程序等。

8.5.2　D-A 转换指标及转换原理

1. D-A 转换指标

D-A 转换指标不仅表明了 D-A 转换芯片的基本特性，而且决定了采用 D-A 转换芯片的应用系统的控制和调节输出能力。D-A 转换的性能指标主要有分辨率、建立时间、转换精度、线性误差、温度灵敏度等。

（1）分辨率　D-A 转换芯片与 A-D 转换芯片的分辨率的概念是一样的，都是表明芯片对模拟量的分辨能力。D-A 转换芯片的分辨率确定了能由 D-A 转换芯片产生的最小模拟量的变化。通常用二进制数的位数表示，如分辨率为 8 位的 D-A 转换芯片能给出满量程电压的 $1/2^8$ 的分辨能力，位数越多，则分辨率越高。

（2）建立时间　建立时间是将一个数字量转换为稳定模拟信号所需的时间，用来描述 D-A 转换芯片的速度，一般情况电流输出型的建立时间较短，而电压输出型建立时间较长。

（3）转换精度　转换精度是指满量程时 D-A 转换芯片的实际模拟输出值和理论值的接近程度。如满量程输出的理论值为 10V，而实际输出值为 9.99～10.01V，则转换精度为 ±10mV。一般情况下，D-A 转换芯片的转换精度是分辨率的 1/2，即 LSB/2（最小数字量对应的输出模拟电压值的 1/2）。

（4）线性误差　线性误差是指 D-A 转换芯片的实际转换模拟量偏离理想转换特性的最大偏差与满量程之间的百分比。

（5）偏移量误差　偏移量误差是指当输入数字量为 0 时，输出模拟量相对于 0 的偏移量。可通过外界基准电压 V_{REF} 和电位器进行调整。

（6）温度灵敏度　温度灵敏度是指在数字输入不变的情况下，模拟输出信号随温度的变化。一般 D-A 转换芯片的温度灵敏度为 ±50PPM/℃，PPM 为百万分之一。

在使用 D-A 转换芯片时，不仅要考虑其性能指标在应用系统中的影响，而且要考虑芯片的输出形式和锁存器的问题。常用的 D-A 转换芯片有电压输出型（如 TLC5615）和电流输出型（如 DAC0832）。另外有的 D-A 转换芯片内部没有锁存装置，结构比较简单，在与 51 单片机的 P0 口接口时需外加锁存芯片，此类的 D-A 转换芯片如 DAC800、AD7520 等。有的 D-A 转换芯片内部有锁存装置、数据及存器等，可以与 51 单片机的 P0 口直接相连使用，如 DAC0832、AD7542 等。

2. D-A 转换原理

D-A 转换的原理是把输入数字量的每位都按其二进制权值分别转换成对应的模拟量，然后通过运算放大器求和相加，得到最终的输出模拟量，在 D-A 转换芯片内部存在实现上述功能的电阻网络，目前绝大部分 D-A 转换芯片都采用了 T 型电阻网络将数字量转换为模拟量，电路原理如图 8-24 所示。

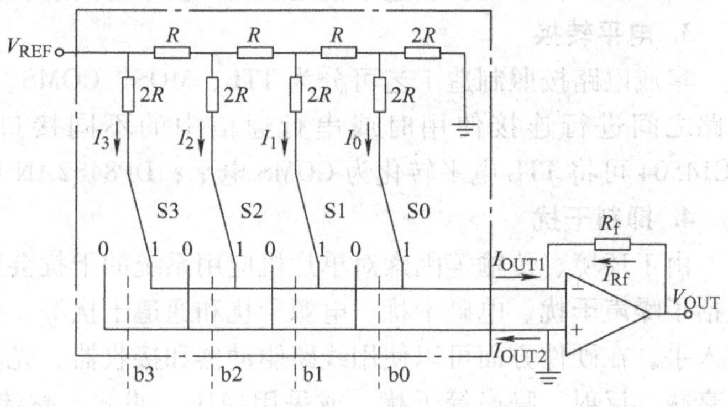

图 8-24　T 型电阻网络

电路为 4 位 D-A 转换电桥电阻为 R，桥臂电阻为 $2R$，V_{REF} 为基准电压，当开关 S0 ~ S3 全处于“1”状态下时，各桥臂上的电流为

$$I_3 = \frac{V_{REF}}{2R} = 2^3 \times \frac{V_{REF}}{2^4 R}$$

$$I_2 = \frac{I_3}{2} = 2^2 \times \frac{V_{REF}}{2^4 R}$$

$$I_1 = \frac{I_2}{2} = 2^1 \times \frac{V_{REF}}{2^4 R}$$

$$I_0 = \frac{I_1}{2} = 2^0 \times \frac{V_{REF}}{2^4 R}$$

但是在实际转换中，开关的状态是受数字量输入 $b_0 \sim b_3$ 控制的，$b_0 \sim b_3$ 若输入为“1”则开关处于“1”位置，为“0”则开关处于“0”位置，所以运放输入电流为

$$I_{OUT1} = b_3 I_3 + b_2 I_2 + b_1 I_1 + b_0 I_0 = (b_3 \times 2^3 + b_2 \times 2^2 + b_1 \times 2^1 + b_0 \times 2^0)\frac{V_{REF}}{2^4 R}$$

若取运放的反馈电阻也为阻值 R，则其反馈电阻的电流值与 I_{OUT1} 相等，方向相反，因此运放输出电流为

$$V_{OUT} = I_{R_f} R_f = -(b_3 \times 2^3 + b_2 \times 2^2 + b_1 \times 2^1 + b_0 \times 2^0)\frac{V_{REF}}{2^4 R} R = -B\frac{V_{REF}}{2^4}$$

于是得到 n 位 D-A 转换芯片输出模拟量为

$$V_{OUT} = -B\frac{V_{REF}}{2^n},\ B = b_3 \times 2^3 + b_2 \times 2^2 + b_1 \times 2^1 + b_0 \times 2^0$$

3. D-A 转换芯片输出极性

由 D-A 转换原理可以看出，D-A 转换芯片的输出模拟量的极性与基准电压 V_{REF} 相关，而实际中一些应用系统对 D-A 转换输出模拟量的极性有不同的要求，所以需要对芯片的输出极性进行变换处理。

（1）单极性电压输出　由图 8-24 可以看出，D-A 转换芯片的输出电压与基准电压 V_{REF} 的极性相反，而 V_{REF} 基准电压是单极性电压，所以 D-A 转换芯片的输出也是单极性的，即 n 位 D-A 转换芯片的模拟量输出为。

$$V_{OUT} = -B\frac{V_{REF}}{2^n}$$

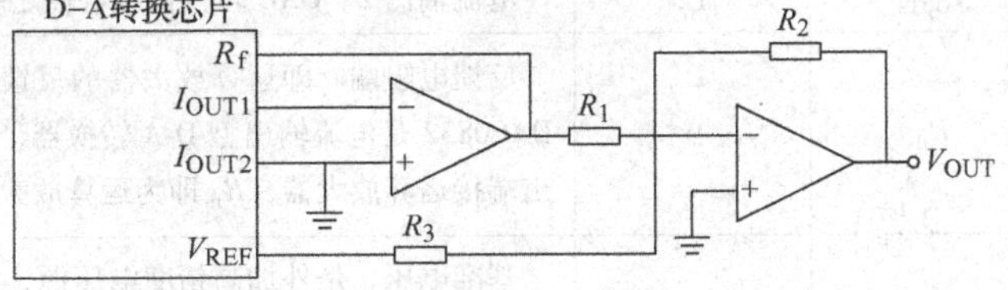

图 8-25　D-A 转换芯片双极性输出电路

（2）双极性电压输出　在有些场合需要使用双极性电压输出，可对输出电路进行调整如图 8-25 所示。

若电阻 $R_1 = R_f$，$R_2 = R_3 = 2R_f$，则 n 位 D-A 转换芯片的输出电压 $V_{OUT} = (B - 2^{n-1})\frac{V_{REF}}{2^{n-1}}$。可以看出，输入数字量小于 B 时，输出模拟量与 V_{REF} 为同极性，输入数字量大于 B

时，输出模拟量与 V_{REF} 为异极性。当然可通过调整电阻 R_2、R_3 的值来改变输出电压范围。

8.5.3　8 位并行 D-A 转换芯片 DAC0832

DAC0832 是 CMOS 工艺的 8 位并行电流输出型数字－模拟转换芯片。采用单电源供电，在 +5 ~ +15V 范围内均可正常工作，基准电压的范围为 ±10V，电流建立时间为 1μs，低功耗 20mW。具有价格低廉、接口简单、控制方便等优点，其姊妹芯片还有 DAC0830、DAC0831，可以进行互相替换。

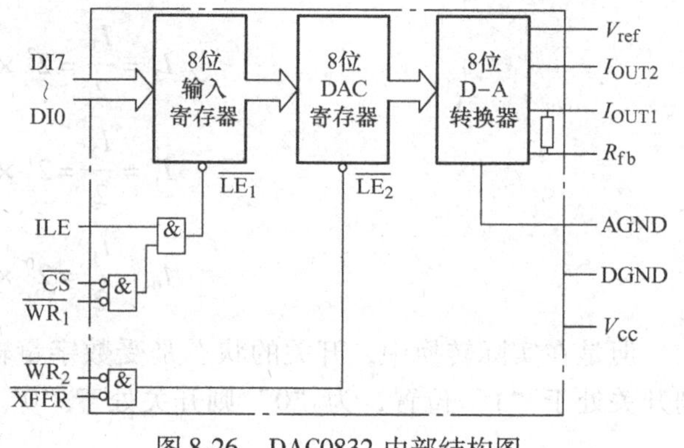

图 8-26　DAC0832 内部结构图

1. 引脚功能

DAC0832 芯片为 20 引脚，双排直插式封装。内部结构如图 8-26 所示，引脚功能如表 8-13 所示。

表 8-13　DAC0832 芯片的引脚功能

名　称	引　脚	功　能
DI7 ~ DI0	13 ~ 16，4 ~ 7	转换数字量数据输入
$\overline{CS}$	1	片选信号（输入），低电平有效
ILE	19	数据锁存允许信号（输入），高电平有效
$\overline{WR_1}$	6	第 1 写信号（输入），低电平有效。该信号与 ILE 信号共同控制输入寄存器是数据直通方式还是数据锁存方式：当 ILE =1 和 $\overline{WR_1}$ =0 时，为输入寄存器直通方式；当 ILE =1 和 $\overline{WR_1}$ =1 时，为输入寄存器锁存方式
$\overline{XFER}$	17	数据传送控制信号（输入），低电平有效
$\overline{WR_2}$	18	第 2 写信号（输入），低电平有效。该信号与 $\overline{XFER}$ 信号合在一起控制 DAC 寄存器是数据直通方式还是数据锁存方式；当 $\overline{WR_2}$ =0 和 = $\overline{XFER}$ =0 时，为 DAC 寄存器直通方式；当 $\overline{WR_2}$ =1 和 = $\overline{XFER}$ =0 时，为 DAC 寄存器锁存方式
I_{OUT1}	11	电流输出 1。当数据全为“1”时，输出电流最大；全为“0”时输出电流最小
I_{OUT2}	12	电流输出 2。DAC 转换器的特性之一是：$I_{OUT1}+I_{OUT2}$ = 常数
R_{fb}	9	反馈电阻端。即运算放大器的反馈电阻端，电阻（15kΩ）已固化在芯片中。因为 DAC0832 是电流输出型 D-A 转换器，为得到电压的转换输出，使用时需在两个电流输出端接运算放大器，R_{fb} 即为运算放大器的反馈电阻
V_{ref}	8	基准电压，是外加高精度电压源，与芯片内的电阻网络相连接，该电压可正可负，范围为 -10 ~ +10V
V_{cc}	20	电源输入端，范围为 +5 ~ +10V
DGND	3	数字地
AGND	10	模拟地

2. DAC0832 与 51 单片机接口设计

DAC0832 与 51 单片机之间可以有三种接口方式：直通方式、单缓冲方式和双缓冲方式。

（1）直通方式　当 ILE 接高电平，$\overline{CS}$、$\overline{WR_1}$、$\overline{WR_2}$和$\overline{XFER}$都接数字地时，DAC0832 内部的寄存器和转换器都直接工作，此时 DAC0832 处于直通方式，8 位数字量被送到输入端 DI0 ~ DI7 后，就通过寄存器直接加到 D-A 转换器上，被转换成模拟量输出，也就是说所有的控制引脚不需要处理器控制 DAC0832 就可以直接进行工作。在 D-A 实际连接中，为了避免信号的串扰，数字地和模拟地要区分连接，可采用滤波电容或电阻进行处理。

【例 8-13】　使用 DAC0832 的直通方式，产生一个幅值为 0 ~ -5V 的锯齿波。

解：在 DAC0832 的直通方式中，所有控制引脚均不需要 51 单片机进行控制，故只需设置 51 单片机和 DAC0832 的数据接口即可。幅值为 0 ~ -5V 说明是单极性输出。

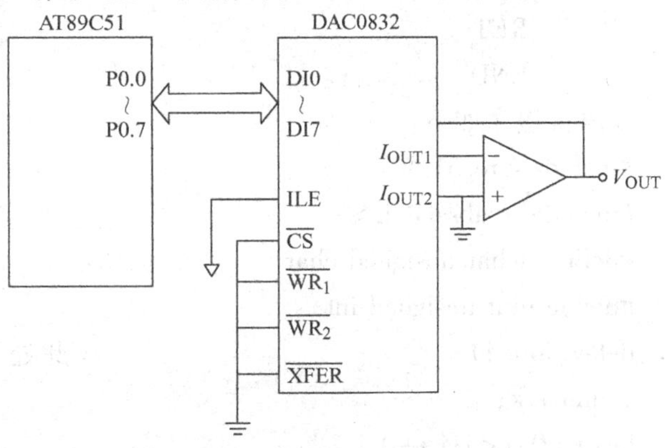

图 8-27　DAC0832 直通方式接口电路

1）电路设计

控制引脚 ILE 接高电平，其他所有控制引脚接数字地，51 单片机的 P0 口和 DAC0832 的输入端直接相连即可，如图 8-27 所示。

2）程序设计

```
MAIN：MOV A，#0
      MOVX @DPTR，A
  LP：INC A
      AJMP LP
      END
```

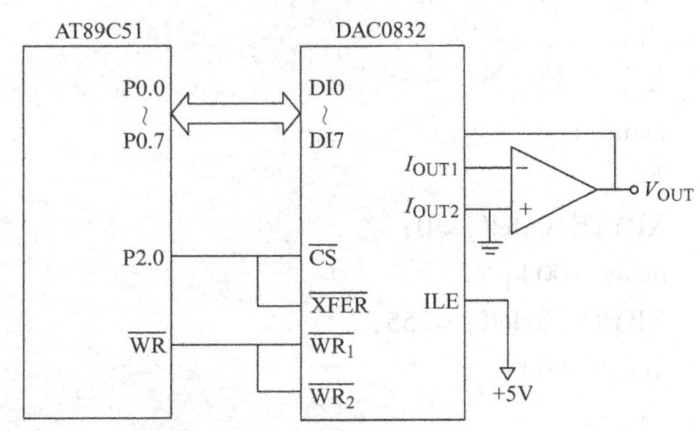

图 8-28　DAC0832 单缓冲方式接口电路

（2）单缓冲方式　所谓单缓冲方式就是使 DAC0832 的两个输入寄存器中有一个（多为 DAC 寄存器）处于直通方式，而另一个处于受控的锁存方式。为使 DAC 寄存器处于直通方式，应使$\overline{WR_2}=0$ 和$\overline{XFER}=0$。为此，可把这两个信号固定接地，或将$\overline{WR_2}$与$\overline{WR_1}$相连，将$\overline{XFER}$与$\overline{CS}$相连，如图 8-28 所示。

在实际应用中，如果只有一路模拟量输出，或虽是多路模拟量输出但并不要求输出同步的情况下，就可采用单缓冲方式。

【例 8-14】 DAC0832 工作在单缓冲方式下，输出方波。

解：电路如图 8-27 所示，由 P2.0 引脚控制 DAC0832 的片选端，程序如下。

```
MAIN：MOV DPTR，#0FEFFH        ；DAC0832 地址，P2.0 = 0
      MOV A，#0                ；方波波峰值，0V
      MOVX @DPTR，A            ；数字量送入 DAC0832
      LCALL DEL                ；二分之一方波周期
      MOV A，#255              ；方波波谷值，-5V
      MOVX @DPTR，A
```

```
      LCALL DEL
      AJMP MAIN
DEL:  MOV R0, #10          ; 晶振 6MHz, 10ms 软件延时
 D1:  MOV R1, #250
 D2:  DJNZ R1, D2
      DJNZ R0, D1
      RET
      END
```

C 语言程序如下：

```
#include <reg51.h>
#include <absacc.h>
#define uchar unsigned char
#define uint unsigned int
delay(uint i)                          //此处延时不是 10ms 的延时
{ uint j,k;
for(j=0;j<i;j++)
for(k=0;k<100;k++)
  {;}
}
main()
{
XBYTE[0xfeff]=0;
delay(100);
XBYTE[0xfeff]=255;
delay(100);
 }
```

可利用仿真软件进行仿真，观察波形。

(3) 双缓冲方式　双缓冲方式指数据通过两个寄存器锁存后再送入 D-A 转换电路，执行两次写操作才能完成一次 D-A 转换。这种方式可在 D-A 转换的同时，进行下一个数据的输入，以提高转换速度。更为重要的是，这种方式特别适用于系统中含有 2 片及以上的 DAC0832，且要求同时输出多个模拟量的场合。

【例 8-15】 使用 DAC0832 的双缓冲方式，一片 DAC0832 输出锯齿波，另一片 DAC0832 输出三角波。

解： 由于采用双缓冲方式，即两片 DAC0832 的片选端要分别进行控制。

(1) 电路设计

分别将两片 DAC0832 的片选端接到 51 单片机的 P2.0 和 P2.1，这样芯片Ⅰ的地址为 FEFFH，芯片Ⅱ的地址为 FDFFH；两个 DAC0832 的数据传输控制信号 $\overline{\text{XFER}}$ 接 P2.3，DAC 寄存器的地址为 F7FFH；而两个芯片的数字输入端并联到 P0 口，写引脚并联到单片机的写引脚。电路如图 8-29 所示。

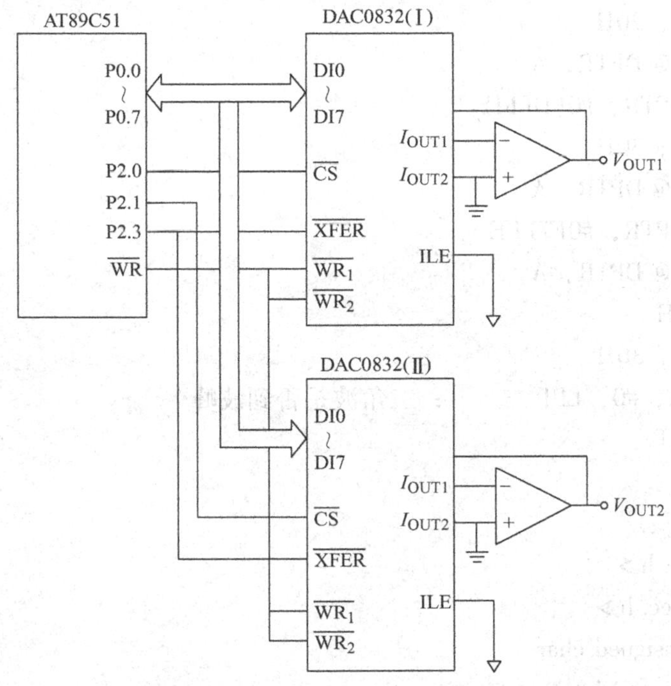

图 8-29　DAC0832 双缓冲方式接口电路

（2）程序设计

在程序设计时，要先将数据分别送入两片 DAC0832 的输入寄存器，然后选择 DAC 寄存器地址，将数据同时送入各自的 DAC 寄存器，实现两片 DAC0832 的同步转换和输出，程序如下。

```
MAIN: MOV 20H, #0            ; 锯齿波初值
      MOV 30H, #0            ; 三角波初值
  LP: MOV DPTR, #0FEFFH      ; 选定Ⅰ片 DAC0832 输入寄存器
      MOV A, 20H
      MOVX @DPTR, A          ; 锯齿波数字量送入Ⅰ片 DAC0832 输入寄存器
      MOV DPTR, #0FDFFH      ; 选定Ⅱ片 DAC0832 输入寄存器
      MOV A, 30H
      MOVX @DPTR, A          ; 三角波数字量送入Ⅱ片 DAC0832 输入寄存器
      MOV DPTR, #0F7FFH      ; 选定两片 DAC0832 的 DAC 寄存器
      MOVX @DPTR, A          ; 同时送出数字量，进行 D-A 转换输出
      INC 20H                ; 改变锯齿波数字量
      INC 30H                ; 改变三角波数字量
      MOV A, 30H
      CJNE A, #255, LP       ; 三角波是否到波谷
 LP1: DEC 30H
      MOV DPTR, #0FEFFH
```

```
        MOV A, 20H
        MOVX @DPTR, A
        MOV DPTR, #0FDFFH
        MOV A, 30H
        MOVX @DPTR, A
        MOV DPTR, #0F7FFH
        MOVX @DPTR, A
        INC 20H
        MOV A, 30H
        CJNE A, #0, LP1          ; 三角波是否到波峰
        AJMP LP
        END
```

C语言程序如下:

```
#include <reg51.h>
#include <absacc.h>
#define uchar unsigned char
#define uint unsigned int
main()
{ uchar jc,sc,i;
jc =0;
sc =0;
for(i =0;i <255;i ++)
  {
  XBYTE[0xfeff] = jc;              //数据送入Ⅰ片 DAC0832 输入寄存器
  XBYTE[0xfdff] = sc;              //数据送入Ⅱ片 DAC0832 输入寄存器
  XBYTE[0xf7ff] =0;                //选定两片 DAC0832 的 DAC 寄存器
jc ++;
sc ++;
  }
for(i =0;i <255;i ++)
  {
XBYTE[0xfeff] =jc;
XBYTE[0xfdff] = sc;
XBYTE[0xf7ff] =0;
jc ++;
sc --;
  }
}
```

将上述例题在仿真软件中进行编程及电路仿真，观察波形。

8.5.4　10 位串行 D-A 转换芯片 TLC5615

TLC5615 是带有串行缓冲基准输入的 10 位电压输出数字-模拟转换芯片。具有基准电压 2 倍的输出电压范围，3 线串行接口，具有功耗低、工作温度范围大、接口简单等优点，广泛应用于电池供电测试仪表、数字增益调整、电池远程工业控制和移动电话等领域。

1. 引脚功能

TLC5615 内部有 16 位移位寄存器、10 位 DAC 寄存器、基准缓冲器、放大器等，共有 8 个外部引脚，引脚功能如表 8-14 所示。

表 8-14　TLC5615 引脚功能表

名称	引脚	功　能	名称	引脚	功　能
DIN	1	串行数据输入端	AGND	5	模拟地
SCLK	2	串行时钟输入端	REFIN	6	基准电压输入，一般为 2V ~ VDD - 2V
$\overline{CS}$	3	片选端	OUT	7	转换模拟电压输出
DOUT	4	用于菊花链的串行数据输出端	VDD	8	电源（+5V）

当芯片工作时，片选端为低电平，且时钟 SCLK 与片选端同步情况下，串行输入数据和输出数据输入或输出，且最高有效位在前。时钟 SCLK 上升沿将串行输入数据存入移位寄存器，下降沿将数据从串行输出端输出，并在片选端的上升沿将数据送入 DAC 寄存器。

2. TLC5615 与 51 单片机接口设计

在进行接口设计时，通常时钟线、片选线、串行输入线都与 51 单片机的某个 P 口线相连，由 P 口对其控制或进行串行数据输入。典型接口电路如图 8-30 所示。

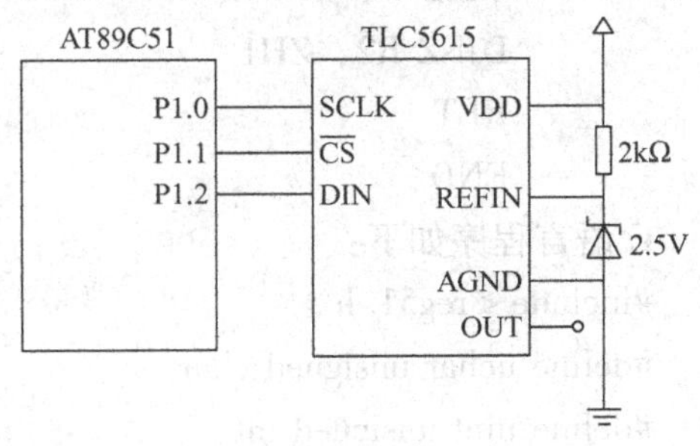

图 8-30　TLC5615 接口电路

【例 8-16】　利用 TLC5615 产生锯齿波。

解： 电路如图 8-30，程序如下。

```
MAIN：MOV 20H，#0
      MOV 21H，#0
  LP1：
      LCALL ZH
      INC 21H
      MOV A，21H
      CJNE A，#255，LP1
      LCALL ZH
      INC 21H
      INC 20H
      MOV A，20H
      CJNE A，#0FH，LP1
      LCALL ZH
```

```
      AJMP MAIN
  ZH: CLR P1.1                  ; 片选段低电平
      MOV R2, #2
      MOV A, 20H                ; 送高4位数字量
      SWAP A
      LCALL ZH1                 ; 调用传送子程序
      MOV R2, #8 ;
      MOV A, 21H                ; 送低8位数字量
      LCALL ZH1
      CLR P1.0                  ; 时钟信号送低电平
      SETB P1.1                 ; 片选段送高电平，输入的12位数字量有效
      RET
 ZH1: NOP
      CLR P1.0
      RLC A
      MOV P1.2, C
      SETB P1.0
      DJNZ R2, ZH1
      RET
      END
```

C 语言程序如下：

```
#include <reg51.h>
#define uchar unsigned char
#define uint unsigned int
sbit SCLK = P1^0;
sbit CS = P1^1;
sbit DIN = P1^2;
void DA(uint x)
{
uchar i;
CS = 0;
x = x << 6;
for(i = 0;i < 12;i ++ )
{
 SCLK = 0;
 DIN = x&0x8000;                //数字量输入
 SCLK = 1;
 x = x << 1;
 }
```

```
  CS = 1;
}
main()
{
uint sz = 0;
while(1)
{
if(sz < 0xfff)                          //12 位数字量自加变化
  {
sz ++ ;
  }
else
  {
sz = 0;
  }
DA(sz);
}
}
```

8.6 I/O 口的扩展

作为一个完整的单片机应用系统要有输入模块、采集模块、存储模块、控制模块、显示模块等，才能够实现一个复杂的数据采集和控制功能，而这些模块都会占用单片机的 I/O 口。在 51 系列单片机中共有 4 个 8 位 I/O 口（32 根线），这远远满足不了实际系统的应用要求，因此在大部分的单片机应用系统中都要进行 I/O 口的扩展。

并行 I/O 口主要用于并行数据传输，如键盘、D-A、A-D、存储器等都要通过并行 I/O 口才能够与单片机连接使用。并行接口以并行方式在单片机和外部设备之间进行数据的传输和存储，其不改变数据的传送方式，只是实现单片机和外部设备之间速度和电平的匹配以及起到 I/O 数据的缓冲作用。在 51 系列单片机内部有 4 个并行 I/O 口（P0 ~ P3），通过这些基本 I/O 口可以向外扩展其他并行 I/O 接口电路，以增加并行 I/O 口的数量。

对于并行口的扩展可有三种基本方法：第一种方法是通过串行口扩展 I/O 口，此种方法在第 7 章中已经介绍过；第二种方法是使用 TTL 芯片；第三种方法是使用可编程并行口扩展芯片。

8.6.1 TTL 芯片扩展 I/O 口

在 MCS-51 单片机应用系统中，常采用 TTL 电路、CMOS 电路锁存器或三态门构成简单的 I/O 口。通常，这种 I/O 口都是通过 P0 口扩展，由于 P0 口只能分时使用所以构成输出口时，接口芯片应具有锁存功能。在构成输入口时，根据输入数据是常态还是暂态，来确定接口芯片应具有三态缓冲还是锁存选通，采用这种方法的优点是电路设计简单、芯片成本低、配置灵活。

图 8-31 是采用 74LS244（3 态缓冲器）作扩展输入、74LS273 作扩展输出口的 I/O 口扩展电路，P0 口为双向数据线，既能从 74LS244 读入数据，又能将数据送入 74LS273 后输出。

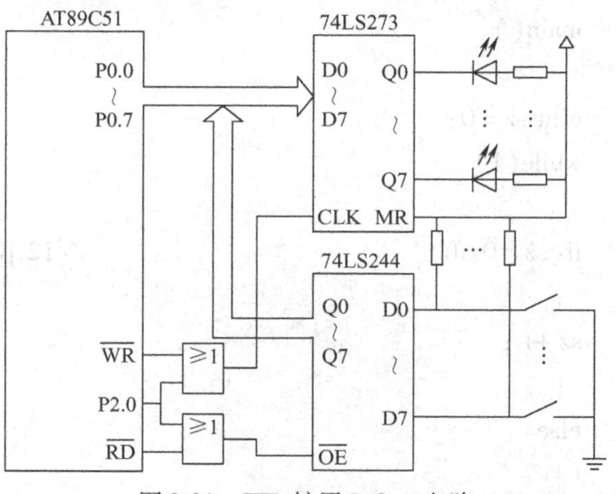

图 8-31　TTL 扩展 I/O 口电路

P2.0 作为输入、输出控制信号，执行片外数据读指令 MOVX A，@ DPTR，P2.0 和 $\overline{RD}$ 同时有效时，通过 74LS244 输入按键的数据；执行片外数据写指令 MOVX @ DPTR，A，P2.0 和 $\overline{WR}$ 同时有效，P0 通过 74LS273 输出数据显示。那么片外的两个 74 系列芯片的地址均为 FEFFH，开关状态反映到 LED 灯上的程序如下：

```
MAIN:  MOV DPTR，#0FEFFH      ；数据指针指向 74 系列芯片地址
       MOVX A，@ DPTR         ；从 74LS244 读入数据，即开关的闭合状态
       MOVX @ DPTR，A         ；向 74LS273 输出数据，控制对应开关的 LED 亮灭
       AJMP MAIN
       END
```

8.6.2　并行 I/O 口芯片 8255A

相对于 TTL 芯片扩展 I/O 口，可编程芯片集成了电源管理、中断控制、定时器等功能部件，在功能扩展上具有很大的优势，而且大大简化了硬件电路，使系统的设计、修改和扩展都变得更加灵活和方便。常用的可编程芯片有 8255A 通用并行接口扩展芯片，8155 带 256B 的 RAM 和 14 位定时计数器并行接口扩展芯片，8253 定时计数器扩展芯片，8279 键盘显示扩展芯片，8251 通信接口芯片等。这里主要介绍一下 8255A。

8255A 是 Intel 公司生产的一款并行口扩展芯片，具有 3 组 8 位 I/O 端口，即 24 根可编程设置的 I/O 口线，各组 I/O 可通过编程进行选择和设置工作方式，通用性好，使用灵活，被广泛应用于单片机与外设之间的接口电路设计。

1. 8255A 引脚功能

8255A 共有 40 个引脚，分为 I/O 端口、控制端口、地址端口、数据输入端口、电源端口 5 大部分，具体引脚功能如表 8-15 所示。

表 8-15　8255A 引脚功能表

端口	名　称	引　脚	功　　能
I/O 端口	PA7 ~ PA0	37 ~ 40，1 ~ 4	并行 I/O 口，PA 口，可双向工作
	PB7 ~ PB0	25 ~ 18	并行 I/O 口，PB 口，不可双向工作
	PC7 ~ PC0	10 ~ 13，17 ~ 14	并行 I/O 口，PC 口，被分为高低两个部分，其中 PC4 ~ PC7 与 PA 口称为 A 组，PC0 ~ PC3 与 PB 口称为 B 组

（续）

端口	名　称	引　脚	功　　能
控制端口	$\overline{RD}$	5	读信号引脚，低电平有效，“0”时允许 CPU 从 8255A 端口读取信息
	$\overline{WR}$	36	写信号引脚，低电平有效，“0”时允许 CPU 将数据信息写入 8255A
	$\overline{CS}$	6	片选引脚，低电平有效，“0”时允许 8255A 与 CPU 交换信息
	RESET	35	复位引脚，高电平有效，8255A 内部寄存器全部清 0，I/O 口线为高阻状态
地址端口	A1，A0	8，9	I/O 端口选择引脚，00 选择 PA 口，01 选择 PB 口，10 选择 PC 口，11 选择命令字口
数据输入端口	D7 ~ D0	27 ~ 34	双向数据线，用于和 51 单片机的 P0 口相连，进行数据传送
电源端口	Vcc，GND	26，7	Vcc 电源 +5V，GND 电源地

2. 8255A 工作方式及选择控制

（1）8255A 工作方式　8255A 共有 3 种工作方式，即方式 0、方式 1 和方式 2。

方式 0 是基本的输入/输出方式，即 PA、PB、PC 这 3 个 I/O 口都可以设定为输入或输出。作为输出口时，所有端口都具有锁存功能，作为输入口时，只有 PA 口具有锁存功能。

方式 1 是选通输入/输出方式，在方式 1 工作时，8255A 的 I/O 口被分为 2 组，即 A 组和 B 组。其中，A 组由 PA 口和 PC 口的高 4 位组成，PA 口作为 I/O 口，可通过程序设定为输入口或输出口，PC 口的高 4 位作为专用的联络线；B 组由 PB 口和 PC 口的低 4 位组成，PB 口作为 I/O 口，可通过程序设定为输入口或输出口，PC 口的低 4 位作为专用的联络线。

方式 2 是双向数据传送方式，此时 PA 口作为双向 I/O 口使用，PC 口作为联络线，PB 口没有该工作方式。方式 2 适用于查询或中断方式的双向数据传送。如果把 PA 口工作于方式 2 下，则 PB 只能工作于方式 0。

PC 口作为联络线时，其联络信号如表 8-16 所示。

表 8-16　PC 口联络信号表

C 口位线	方式 1		方式 2	
	输入	输出	输入	输出
PC7	I/O	$\overline{OBFA}$	×	$\overline{OBFA}$
PC6	I/O	$\overline{ACKA}$	×	$\overline{ACKA}$
PC5	IBFA	I/O	IBFA	×
PC4	$\overline{STBA}$	I/O	$\overline{STBA}$	×
PC3	INTRA	INTRA	INTRA	INTRA
PC2	$\overline{STBB}$	$\overline{ACKB}$	I/O	I/O
PC1	IBFB	$\overline{OBFB}$	I/O	I/O

（续）

C 口位线	方式 1		方式 2	
	输入	输出	输入	输出
PC0	INTRB	INTRB	I/O	I/O

注：1. $\overline{\text{STBX}}$：选通信号输入，低电平有效。当外设将数据输出到 PA 或 PB 口时，将$\overline{\text{STBX}}$置 0，端口数据送入输入缓冲器。

2. IBF：输入缓冲器满信号，高电平有效。当$\overline{\text{STBX}}$为低电平时，8255A 将 IBF 置 1，表明（通知）外设输入缓冲器已满，外设将 STB 置 1。

3. INTR：输入中断请求信号，高电平有效。当STBX信号结束，且 IBF 信号有效，即$\overline{\text{STBX}}$ = 1，INF = 1 时，INTR 为高电平，向 CPU 中断发送中断请求，当 CPU 响应中断，从 8255A 读取数据后，8255A 将 INTR 和 IBF 信号清 0。

4. $\overline{\text{OBF}}$：输出缓冲器满信号，低电平有效。CPU 将数据送入 8255A 锁存器后有效，这个输出的低电平用来通知外设开始接收数据。

5. $\overline{\text{ACK}}$：响应信号输入，低电平有效。当外设取走并处理完 8255A 的数据后，发送的响应信号。

6. INTR：输出中断请求信号，高电平有效。在外设处理完一组数据后，$\overline{\text{ACKX}}$变低，并且当$\overline{\text{OBFX}}$变高，然后在$\overline{\text{ACKX}}$又变高后使 INTR 有效，申请中断，进行下一次输出。

可通过编程对 PC 口的相应位进行置位或复位来控制 8255A 的中断的开关。

（2）8255A 的选择控制　8255A 的 3 个可编程 8 位并行 I/O 端口，即 PA、PB、PC 口的功能是通过编程对控制字进行设置来确定的。8255A 有两个控制字，一个是 I/O 口工作方式控制字，另一个是 PC 口位控制字。两个控制字的控制寄存器地址是相同的都有 A1A0 决定，只是用寄存器的最高位 D7 来区分，当 D7 = 1 时指向 I/O 口工作方式控制字，当 D7 = 0 时指向 PC 口位控制字。具体控制寄存器内容如表 8-17 和表 8-18 所示。

表 8-17　I/O 口工作方式控制字表

D7	D6	D5	D4	D3	D2	D1	D0
1-工作方式选择控制字	A 组控制				B 组控制		
	方式选择		PA 口	PC 口高 4 位	方式选择	PB 口	PC 口低 4 位
	00-方式 0 01-方式 1 1X-方式 2		1-输入口 0-输出口	1-输入口 0-输出口	0-方式 0 1-方式 1	1-输入口 0-输出口	1-输入口 0-输出口

表 8-18　PC 口位控制字

D7	D6	D5	D4	D3	D2	D1	D0
0-PC 口位控制字	无用，置 000			PC 口位选择			位控制
				000-PC0 位 001-PC1 位 010-PC2 位 011-PC3 位 100-PC4 位 101-PC5 位 110-PC6 位 111-PC7 位			0-PC 口位清 0 1-PC 口位置 1

例如，若写入控制字 10010011，则说明选择的是 I/O 口工作方式控制字，且设置 PA 口是输入口，PC 口高 4 位是输出口，A 组工作在方式 0 下，PB 口和 PC 口低 4 位是输入口，B 组工作在方式 0 下。若写入控制字 01100101，则说明选择的是 PC 口位控制字，且 PC2 位被置 1。

3. 8255A 与 51 单片机接口设计

在进行 8255A 与 51 单片机接口设计时，通常把 P0 口直接与 8255A 的数据输入端 D0 ~ D7 按位相连，读写控制线也对应连接，而片选端和地址端口线可根据实际情况选择 P0 口或 P2 口中的某些线，若选择 P0 口线，则必须要有锁存器。接口电路如图 8-32 所示。

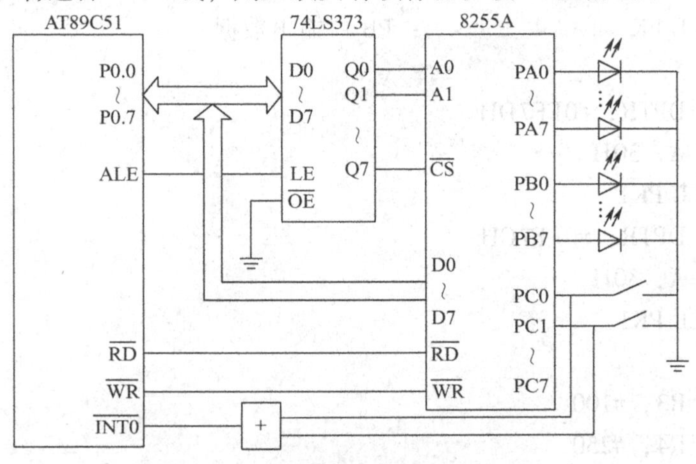

图 8-32　8255A 与 51 单片机接口电路

【例 8-17】　使用 8255A 对 51 单片机进行并行口扩展，并实现 PC 口独立式按键控制 PA、PB 口的 LED。

解： 电路设计如图 8-32 所示，程序如下，实现的是按钮 1 闭合，LED 灯自上而下依次亮一次，按钮 2 闭合，LED 灯自下而上依次亮一次。

```
        ORG 0000H
        AJMP MAIN
        ORG 0003H
        AJMP INT00
        ORG 0030H
MAIN：  SETB EA                ；中断初始化
        SETB EX0
        MOV DPTR，#0FF7FH      ；选择控制字寄存器
        MOV A，#89H            ；设置控制字，使 I/O 口均工作在方式 0 下，PA、
                               PB 为输出口，PC 为输入口
        MOVX @DPTR，A          ；送控制字
        MOV 20H，#1            ；灯初始状态
        MOV 30H，#80H
        MOV DPTR，#0FF7CH
```

```
        MOV A, 20H
        MOVX @DPTR, A
        SJMP $
SHUN:   MOV DPTR, #0FF7CH     ; 选择PA口
        MOV A, 20H
        LCALL PK              ; PA口输出数据
        MOV DPTR, #0FF7DH     ; 选择PB口
        MOV A, 20H
        LCALL PK              ; PB口输出数据
        RET
NI:     MOV DPTR, #0FF7DH
        MOV A, 30H
        LCALL PK1
        MOV DPTR, #0FF7CH
        MOV A, 30H
        LCALL PK1
        RET
DELAY:  MOV R3, #100
D1:     MOV R4, #250
D2:     DJNZ R4, D2
        DJNZ R3, D1
        RET
PK:     MOVX @DPTR, A
        RL A
        LCALL DELAY
        CJNE A, #80H, PK
        MOVX @DPTR, A
        LCALL DELAY
        MOV A, #0
        MOVX @DPTR, A
        RET
PK1:    MOVX @DPTR, A
        RR A
        LCALL DELAY
        CJNE A, #01H, PK1
        MOVX @DPTR, A
        LCALL DELAY
        MOV A, #0
        MOVX @DPTR, A
```

```
         RET
INT00:   MOV DPTR, #0FF7EH       ; 选择 PC 口
         MOVX A, @DPTR           ; 读取 PC 口状态
         JNB ACC.0, LOOP3        ; 判断具体按键按下
         JNB ACC.1, LOOP4
         AJMP LOOP5
LOOP3:   LCALL SHUN
         AJMP LOOP5
LOOP4:   LCALL NI
LOOP5:   RETI
         END
```

C 语言程序如下：

```
#include <reg51.h>
#include <absacc.h>
#define uchar unsigned char
#define uint unsigned int
delay()                              //延时子程序
{uint i,j;
for(i=0;i<200;i++)
for(j=0;j<200;j++)
  {;}
}
shun(uchar x,y)                      //顺时针显示子程序
{
uchar temp,b,i;
for(i=0;i<8;i++)
 {
 XBYTE[0xff7c]=x;                    //灯的控制状态送入 PA 口
 temp=x>>7;
 b=x<<1;
 x=b|temp;
 delay();
 }
for(i=0;i<8;i++)
 {
 XBYTE[0xff7d]=y;                    //灯的控制状态送入 PB 口
 temp=y>>7;
 b=y<<1;
 y=b|temp;
```

```
  delay();
  }
}
ni(uchar x,y)                     //逆时针显示子程序
{
uchar temp,b,i;
for(i=0;i<8;i++)
  {
  XBYTE[0xff7d]=x;
  temp=x<<7;
  b=x>>1;
  x=b|temp;
  delay();
  }
for(i=0;i<8;i++)
  {
  XBYTE[0xff7c]=y;
  temp=y<<7;
  b=y>>1;
  y=b|temp;
  delay();
  }
}
int00() interrupt 0                  //按钮中断子程序
{
   uchar jian;
   uchar deng1=0x01,deng2=0x80;
   jian=XBYTE[0xff7e];            //PC 口状态
   switch(jian)                    //判断按键
    {
   case 0xfe:shun(deng1,deng1);break;
   case 0xfd:ni(deng2,deng2);break;
   default:break;
    }
}
main()
{
 uchar deng1,deng2;
 EA=1;
```

```
EX0 = 1;
XBYTE[0xff7f] = 0x89;          //8255A 命令控制字送入 8255A 命令控制寄存器，
                                 实现使 I/O 口均工作在方式 0 下，PA、PB 为输出
                                 口，PC 为输入口
deng1 = 0x01;                  //顺时针初始状态
deng2 = 0x80;                  //逆时针初始状态
XBYTE[0xff7c] = deng1;         //顺时针初始状态送 8255A 的 PA 口
while(1)
{
  ;
}
}
```

练 习 题

1. 简述芯片扩展的选址方法。

2. 说明程序存储器和数据存储器的区别。

3. 利用 2732 芯片扩展成容量为 8K×8B 的程序存储体，设计电路并说明每个 2732 芯片的地址范围。

4. 利用 6116 芯片扩展成容量为 8K×8B 的数据存储体，设计电路并说明每个 6116 芯片的地址范围。

5. 使用八段共阳极 LED 显示器，设计电路并编写显示"E315"的程序。

6. 使用独立式键盘和共阴极 LED 显示器，设计电路并编写按键每按一次实现 LED 显示数据加 1，直到显示"9"，之后按键返回"0"重新开始的程序。

7. 使用矩阵键盘和共阴极 LED 显示器，设计电路并编写键盘按键对应"0"~"F"的显示程序。

8. 设计 ADC0809 芯片与 AT89C51 单片机的接口电路，并使用 ADC0809 芯片的通道 2，进行数据采集。编写每经过 10ms 进行一次数据采集并存入片内 RAM 的 20H 单元的程序。

9. 设计使用 TLC2543 芯片的通道 3 进行数据采集，并将数据存入片内 RAM 的 30H 单元的程序和电路。

10. 设计 DAC0832 芯片与 AT89C51 之间单缓冲方式的电路接口，编写由 DAC0832 输出波峰为 -1V，波谷为 -4V 的锯齿波。

11. 使用 DAC0832 和 AT89C51 进行电路设计和编程，实现输出高低电平占空比为 2:1 的矩形波。

12. 使用 TLC5615 和 AT89C51 进行电路设计和编程，实现输出高低电平占空比为 1:2 的矩形波。

13. 使用 8255A 芯片进行 AT89C51 单片机的并行口扩展，要求设计接口电路并编写实现 PA 口是输入口，PB 口是输出口的程序。

第9章　单片机应用系统设计

本章将对单片机应用系统基本的开发设计步骤、调试方法及典型的抗干扰技术等方面进行介绍，最后介绍三个单片机结合 Proteus 的仿真实例，便于读者学习。

9.1　单片机应用系统设计介绍

单片机应用系统是以单片机为核心，配以外围电路和软件，能体现某种或几种功能的应用系统。它由硬件部分和软件部分组成。硬件是系统的基础，软件则是在硬件的基础上对其合理地调配和使用，从而完成应用系统所要完成的任务。因此，应用系统的设计应包括硬件设计和软件设计两大部分。为了保证系统可靠地工作，在软、硬件的设计中，还要考虑其抗干扰能力，即在软、硬件的设计过程中还包括系统的抗干扰设计。

9.1.1　单片机应用系统设计步骤

一个具有可行性的单片机应用系统的设计开发过程主要有下面几个步骤：

(1) 需要分析　需求分析的内容是被测控对象的参数形式，包括电量、非电量、模拟量、数字量，以及被测控参数的范围、性能指标、系统功能、工作环境、显示、报警、打印要求等。

(2) 总体设计　总体设计就是根据需求分析的结果，设计出符合现场应用的方案，既要满足用户需求，又要使系统操作简单、可靠性高、成本低廉，然后进行方案论证，并修改不符合要求的部分。

(3) 系统硬件设计　系统硬件设计包括器件的选择、接口的设计、电路的设计制作、工艺设计等。

(4) 系统软件设计　系统软件设计包括分配系统资源、建立数据采集处理方法、编写软件等。系统软件设计和硬件设计需要协同进行，同时需要兼顾可靠性和抗干扰性。

(5) 仿真调试　仿真调试包括硬件调试和软件调试。调试时应将硬件和软件分成几个模块，分别调试，各部分调式通过后，再对所设计的硬件和软件进行集成调试和性能的测定。

(6) 固化应用程序，脱机运行这一步骤是设计开发的最后环节，以保证完成应用系统的生产应用。

(7) 文档的编制　文档的编制工作需要贯穿设计开发过程始终，是以后使用、维护及升级系统的依据，需要精心编写，使数据资料完备。文档包括任务描述、设计说明（硬件电路、程序设计说明）、测试报告和使用说明。

9.1.2　单片机应用系统硬件设计

单片机应用系统的硬件设计包括两大部分：一是单片机系统的扩展部分设计，包括存储器扩展和接口扩展（存储器扩展指 EPROM、E^2PROM 和 RAM 的扩展，接口扩展是指 8255A、8155、8279 及其他功能器件的扩展）；二是各种功能模块的设计，如信号测量功能模块、信号控制功能模块、人机对话功能模块、通信功能模块等，根据系统功能要求配置相应的转换器、键盘、显示器、打印机等外围设备。

在进行应用系统硬件设计时，首要问题是确定电路的总体方案，并需要进行详细的技术论证。所谓硬件电路的总体设计，即是为了实现该项目全部功能所需要的所有硬件的电气连线原理图。设计者应重点做好总体方案设计。从时间分配上看，硬件设计的绝大部分工作量是在最初方案的设计阶段。一旦总体方案确定下来，下一步的工作就会很顺利地进行，即使需要作部分修改，也只是在此基础上进行一些完善工作，通常不会造成较大的问题。

为了使硬件设计尽可能地合理，单片机应用系统的系统扩展与模块设计应遵循下列原则：

1）尽可能选择典型电路，并符合单片机的常规使用方法。

2）在充分满足系统功能要求的前提下，留有余地，以便二次开发。

3）硬件结构设计应与软件设计方案一并考虑。

4）整个系统相关器件要力求性能匹配。

5）硬件上要有可靠性与抗干扰设计。

6）充分考虑单片机的带载驱动能力。

9.1.3　单片机应用系统软件设计

在进行应用系统的总体设计时，软件设计和硬件设计应统一考虑，协同进行。当系统的电路设计定型后，软件的任务也就明确了。应用系统中的应用软件是根据功能要求来设计的，应该能够可靠的实现系统的各种功能。

在单片机测控系统中，软件的重要性与硬件设置同样重要。为了满足测控系统的要求，软件设计必须符合以下基本要求：

1. 易理解性、易维护性

软件系统应容易阅读和理解，容易发现和纠正错误，容易修改和补充。由于生产过程自动化程度的不断提高和测控系统结构的日趋复杂，自动化技术设计人员很难在短时间内就对整个系统做到理解无误，同时，应用软件的设计与调试不可能一次完成，如果编制的软件容易理解和修改，在运行中逐步暴露出来的问题就比较容易得到解决。单纯追求软件占有最小存储空间是片面的。有时要采用模块化程序设计方案，使流程清晰、明了，同时还要尽量减少循环嵌套、调用嵌套及中断嵌套的次数。

2. 实时性

实时性是测控系统的普遍要求，即要求系统及时响应外部事件，并及时给出处理结果。近年来，由于硬件的集成度与速度的提高，配合相应的软件，很容易满足实时性这一要求。在工程应用软件设计中，采用汇编语言比高级语言更具有实时性。

3. 可测试性

测控系统软件的可测试性具有两方面的含义：其一是指比较容易地制定出测试准则，并根据这些准则对软件进行测定；其二是软件设计完成后，首先在模拟环境下运行，经过静态分析和动态仿真运行，证明准确无误后才可投入实际运作。

4. 准确性

准确性对测控系统具有重要意义。系统中要进行大量运算，算法的正确性与精确性问题对控制结果有直接影响，因此在算法的选择、位数选择方面要符合要求。

5. 可靠性

可靠性是测控软件最重要的指标之一，包括两方面的要求：第一是运行参数环境发生变化时，软件都能可靠运行并给出正确结果，即软件具有自适应性；第二是工业环境极其恶劣，干扰严重时，软件必须也能可靠运行，这对测控系统尤为重要。

应用软件是根据系统功能要求设计的。软件的功能可分为两大类：一类是执行软件，它能完成各种实质性的功能，如测量、计算、显示、打印、输出控制；另一类是监控软件，专门用来协调各执行模块和操作者的关系，在系统软件中充当组织调度角色。设计人员进行程序设计时应从以下几个方面加以考虑：

1）根据软件功能要求，将系统软件分成若干个相对独立的部分。根据它们之间的联系和时间上的关系，设计出合理的软件总体结构，使其清晰，流程合理。

2）培养结构化程序设计风格，各功能程序实行模式化、子程序化，既便于调试、链接，又便于移植、修改。

3）建立正确的数学模型，根据功能要求，描述出各个输入和输出变量之间的数学关系。数学模型是关系到系统性能好坏的重要因素。

4）为了提高软件设计的总体效率，以简明、直观的方法对任务进行描述，在编写应用软件之前，应绘制出程序流程图。

5）要合理分配系统资源，包括 ROM、RAM、定时器/计数器、中断源等。

6）注意在程序的有关位置写上功能注释，提高程序的可读性。

7）加强软件抗干扰设计，它是提高计算机应用系统可靠性的有力措施。

通过编辑软件编辑出来的源程序必须用编译程序汇编后生成目标代码。如果源程序有语法错误，则返回编辑过程，修改原文件后再继续编译，直到无语法错误为止。这之后就是利用目标代码进行程序调试，如果在运行中发现设计上的错误，再重新修改源程序，如此反复直到成功为止。

9.2 单片机应用系统的开发与调试

9.2.1 单片机应用系统的开发

在经过了总体设计、硬件设计、软件设计及原器件的焊接安装后，在系统的程序存储器中写入编制好的应用程序，系统即可运行。但第一次运行时通常会出现一些硬件或软件上的错误，这就需要通过调试来发现错误并进行改正。MSC-51 单片机只是一个芯片，本身无开发功能，要编制、开发应用软件，对硬件电路进行诊断、调试，必须借助仿真开发工具模拟实际的单片机，这样能随时观察运行的中间过程而不改变运行中原有的数据性能和结果，从而进行模仿现场的真实调试。完成这一在线仿真工作的开发工具就是单片机在线仿真器。一般也把仿真、开发工具称为仿真开发系统。

1. 仿真开发系统的功能

一般来说，仿真开发系统应具有以下基本功能：

1）诊断和检查用户样机硬件电路。

2）输入和修改用户样机程序。

3）程序的运行、调试（单步运行、设置断点运行）、排错、状态查询等功能。

4）将程序固化到 EPROM 芯片中。

仿真开发系统都必须具备上述基本功能，但对于一个比较完善的仿真开发系统还应具有以下功能：

1）具备较全的开发软件。配有高级语言（如 C 语言等）开发环境，用户可用高级语言编制应用软件，再编译链接生成目标文件、可执行文件。同时要求支持汇编语言，有丰富的子程序，可供用户选择调用。

2）有跟踪调试、运行能力。开发软件占用单片机的硬件资源尽量少。

2. 仿真开发系统的种类

目前国内使用较多的仿真开发系统大致分为 3 类：

（1）通用型单片机开发系统　这是目前国内使用最多的一类开发系统，如上海复旦大学的 SICE-Ⅱ、SICE-Ⅳ、伟福（WAVE）公司的在线仿真器。此类系统采用国际上流行的独立仿真结构，与任何具有 RS-232C 串行口（或并行口）的计算机相连即可构成单片机仿真开发系统。

在调试用户样机时，仿真插头必须插入用户样机空出的单片机插座中。当仿真器通过串行口（或并行口）与计算机联机后，用户可以先在计算机上编辑、修改源程序，然后通过 MCS-51 交叉汇编软件将其汇编成目标代码，传送到仿真器的仿真 RAM 中。这时用户可以使用单步、断点、跟踪、全速等方式运行用户程序，系统状态实时显示在屏幕上。该类仿真器采用模块化结构，配备了不同的外设，如外存板、打印机、键盘/显示板等，用户可根据需要加以选用。在没有计算机支持的场合，也可以利用键盘/显示板在现场完成仿真调试工作。

（2）软件模拟开发系统　这是一种完全依靠软件手段进行开发的系统。开发系统与用户系统在硬件上无任何联系。通常这种系统是由通用计算机加模拟开发软件构成的。

模拟开发系统的工作原理是利用模拟开发软件在通用计算机上实现对单片机的硬件模拟、指令模拟和运行状态模拟，从而完成应用软件开发的全过程。单片机相应的输入端通过键盘相应的按键设定，输出端的状态则出现在显示器指定的窗口区域。在开发软件的支持下，通过指令模拟，可方便地进行编程、单步运行、设置断点运行、修改等软件调试工作。调试过程中，软件运行状态、各寄存器的状态、端口状态等都可以在显示器指定的窗口区域显示出来，以确定程序运行有无错误。常见的用于 MCS-51 单片机的模拟开发调试软件为 WAVE 公司的 SIM51。

模拟调试软件不需要任何在线仿真器，也不需要用户样机就可以在计算机上直接开发和模拟调试 MCS-51 单片机软件。调试完毕的软件可以将其固化，完成一次初步的软件设计工作。对于实时性要求不高的应用系统，一般能直接投入运行。即使是实时性要求较高的应用系统，通过多反复模拟调试也可正常投入运行。

模拟调试软件功能很强，基本上包括了在线仿真器的单步、断点、跟踪、检查和修改等功能，并且还能模拟产生各种中断（事件）和 I/O 应答过程。因此，模拟调试软件是比较有实用价值的模拟开发工具。

模拟开发系统的最大缺点是不能进行硬件部分的诊断与实时在线仿真。

（3）普及型开发系统　这种开发装置通常是采用相同类型的单片机做成单板机形式。它所配置的监控程序可满足应用系统仿真调试的要求，能输入程序、设置断点运行、单步运行、修改程序，并能很方便地查询各寄存器、I/O 接口、存储器的状态和内容，是一种廉价的能独立完成应用系统开发任务的普及型单板系统。此系统中必须配备 EPROM 写入器和仿真插头等。

9.2.2　单片机应用系统的调试

单片机应用系统的调试包括硬件调试和软件调试。但硬件调试和软件调试并不能完全分开，许多硬件错误是在软件调试过程中被发现和纠正的。一般的调试方法是先排除明显的硬件故障，再进行软、硬件综合调试。如果硬件调试不通过，软件调试就无从做起。下面结合作者在单片机开发过程中的体会讨论硬件调试的技巧。

1. 应用系统联机前的静态调试

硬件的静态调试包括以下几方面。

（1）排除逻辑故障

这类故障往往由于涉及加工制板过程中的工艺性错误所造成的。主要包括错线、开路、短路。排除的方法是首先将加工的印制板认真对照原理图，看两者是否一致。应特别注意电源系统检查，以防止电源短路和极性错误，并重点检查系统总线（地址总线、数据总线和控制总线）是否存在相互之间短路或其他信号线路短路。必要时利用数字万用表的短路测试功能，可以缩短排错时间。

（2）排除元器件失效

造成这类错误的原因有两个：一是元器件买来时就已坏了；二是由于安装错误，造成器件烧坏。可以检查元器件与设计要求的型号、规格和安装是否一致。在保证安装无误后，用替换方法排除错误。

（3）排除电源故障

在通电前，一定要检查电源电压的幅值和极性，否则很容易造成集成损坏。加电后检查各插件上引脚的电位，一般先检查 Vcc 与 GND 之间的电位，若在4.8~5V之间则属于正常。若有高压联机仿真器调试时，将会损坏仿真器等，有时会使应用系统中的集成块发热损坏。

完成了绘图制板工作，准备焊接元器件及插座，进行联机仿真调试之前，应做好下述工作：

1）在未焊各元器件管座或元件之前，首先用眼睛或万用表直接检查线路板各处是否有明显的断路、短路的地方，尤其是要注意电源是否短路。未经检查就焊上元件或管座，常因管座、元件遮盖住线路难以进行故障定位，若需将已焊好的管座再拨下来，造成的困难是可想而知的。

2）元器件在焊接过程中要逐一检查，例如二极管、晶体管、电解电容的极性、电容的容量、耐压及元件的数值等。

3）管座、元件焊接完毕，还要仔细检查各元件之间的裸露部分有无相互接触现象，焊接面的各焊接点间及焊点与近邻线有无连接，对于布线过密或未加阻焊处理的印制板，更应注意检查这些可能造成短路的原因。

4）完成上述检查后，先空载上电（未插芯片），检查线路板各引脚及插件上的电位是否正常，特别是单片机引脚上的各点电位（若有高压，联机调试时会通过仿真线进入仿真系统，损坏相关器件）。若一切正常，将芯片插入各管座，再通电检查各点电压是否达到要求、逻辑电平是否符合电路或器件的逻辑关系。若有问题，掉电后再认真检查故障原因。

完成上述联机调试准备工作后，在断电的情况下用仿真线将目标样机和仿真系统相连，进入监控状态，即可进行联机仿真调试。

2. 联机仿真调试

联机仿真调试的方案是：把整个应用系统按其功能分成若干模块，如系统扩展模块、输入模块、输出模块、A-D 模块等。针对不同的功能模块，编写一小段测试程序，并借助于万用表、示波器、逻辑笔等仪器来检查硬件电路的正确性。

信号线是联络单片机和外部器件的纽带，信号线连接错误或时序不对，都会造成外围电路的读写错误。MCS-51 系列单片机的信号线大体分为读、写信号线、片选信号线、时钟信号线、外部程序存储器读选通信号线、地址锁存信号线、复位信号线等几大类。这些信号大多属于脉冲信号，对于脉冲信号，借助示波器用常规方法很难观测到，必须利用软件编程的方法来实现。

9.3　单片机应用系统的抗干扰技术

单片机系统被广泛应用于工业测控领域，由于工业生产的作业环境一般来说比较恶劣，干扰严重，这些干扰有时会导致系统不能正常运行，甚至会严重损害系统中的器件。因此，必须在单片机系统开发设计过程中适当地采用抗干扰技术，以保证单片机系统在实际应用中可靠地运行。

9.3.1　干扰源概述

单片机系统中的干扰主要是电噪声，指叠加于有用信号上使原有用信号发生畸形变化的变化电量。由于噪声在一定条件下影响和破坏单片机系统或设备正常工作，所以通常把具有危害性的噪声称为干扰。影响单片机系统可靠、安全运行的主要因素主要来自系统内部和外部的各种电气干扰，并受系统结构设计、元器件选择、安装、制造工艺影响。一旦在系统中出现了干扰，就会对测量通道产生影响，导致测量结果产生误差，甚至影响指令的正常执行，造成控制失灵，严重的干扰则会导致事故，造成重大损失。

形成干扰的基本要素有三个：

1）干扰源　指产生干扰的元件、设备或信号，如雷电、继电器、可控硅、电动机、高频时钟等都可能成为干扰源。

2）传播途径　指干扰从干扰源传播到敏感器件的通路或媒介。典型的干扰传播路径是通过导线的传导和空间的辐射。

3）敏感器件　指容易被干扰的对象，如 A-D 转换器、D-A 转换器、单片机、数字 IC、弱信号放大器等。

1. 干扰的分类

通常可以按照噪声产生的原因、传导方式、波形特性等对干扰进行分类。

干扰按噪声产生的原因可分为放电噪声、高频振荡噪声和浪涌噪声。

1）放电噪声　主要是雷电、静电、电动机的电刷跳动、大功率开关触点断开等放电产生的干扰。

2）高频振荡噪声　主要是中频电弧炉、感应电炉、开关电源、直流—交流变换器等产生高频振荡时形成的噪声。

3）浪涌噪声　主要是交流系统中电动机启动电流、电炉合闸电流、开关调节器的导通电流以及晶闸管变流器等设备产生涌流而形成的噪声。这些干扰对单片机测控系统都有严重影响。其中尤以各类开关分断时电感性负载所产生的干扰最难抑制或消除。

干扰按传导方式不同可分为共模噪声和串模噪声。

干扰按波形特性不同可分为持续正弦波、脉冲电压、脉冲序列等。

2. 干扰的耦合方式

干扰源产生的干扰是通过耦合通道对单片机测控系统产生电磁干扰。因此要消除干扰，需要先弄清干扰源与干扰对象之间的传递方式和耦合机理。干扰源与干扰对象之间有 6 种耦合方式。

（1）电导性耦合方式　电导性耦合方式是干扰信号经过导线直接传导到被干扰电路中而造成对电路的干扰。在测控系统中，干扰噪声经过电源线耦合进入计算机电路是最常见的直接耦合现象。对这种方式，可采用滤波去耦的方法有效地抑制或防止电磁干扰信号的窜入。

（2）公共阻抗耦合方式　公共阻抗耦合方式是噪声源和信号源具有公共阻抗时的传导耦合。公共阻抗根据元件配置和实际器件的具体情况而定。例如，电源线和接地线的电阻、电感在一定条件下会形成公共阻抗。一个电源电路对几个电路同时供电时，如果电源不是内阻抗为零的理想电压源，则其内阻抗就成为接受供电的几个电路的公共阻抗。只要其中某一个电路的电流发生变化，便会引起其他电路的供电电压发生变化，形成公共阻抗耦合。公共阻抗耦合一般发生在两个电路的电流流经一个公共阻抗时，一个电路在该阻抗上的电压降会影响到另一个电路。常见的公共阻抗耦合有公共地和电源阻抗两种。干扰源的电流经过供电电源电路时，这些电流便在电源电路所有阻抗上产生电压降。

为了防止公共阻抗耦合，应使耦合阻抗趋近于零，通过耦合阻抗上的干扰电流使得产生的干扰电压消失。此时，有效回路与干扰回路即使存在电气连接，它们彼此也不再互相干扰，这种情况通常称为电路去耦，即没有任何公共阻抗耦合的存在。

（3）电容耦合方式　电容耦合方式指电位变化在干扰源与干扰对象之间引起的静电效应，又称静电耦合或电场耦合。单片机测控电路的元件之间、导线之间、导线与元件之间都存在着分布电容。如果某一个导体上的信号电压（或噪声电压）通过分布电容使其他导体上的电位受到影响，这样的现象就称为电容性耦合。从抗干扰的角度考虑，降低输入阻抗是有利的。

（4）电磁感应耦合方式　电磁感应耦合又称磁场耦合。在任何载流导体周围空间中都会产生磁场。若磁场是交变的，则对其周围闭合电路产生感应电动势。在设备内部，线圈或变压器的漏磁是一个很大的干扰源；在设备外部，两根导线在很长的一段区间架设时，也会产生干扰。

（5）辐射耦合方式　电磁场辐射也会造成干扰耦合。当高频流过导体时，在该导体周围产生电力线和磁力线，并产生高频变化，从而形成一种在空间传播的电磁波。处于电磁波中的导体便会感应出相应频率的电动势。电磁辐射干扰是一种无规则的干扰。这种干扰很容易通过电源线传到单片机系统中。此外，当信号传输线（输入线、输出线、控制线）较长时，它们能辐射干扰波和接受干扰波，称为天线效应。

（6）漏电耦合方式　漏电耦合是电阻性耦合方式。当相邻的元件或导线的绝缘电阻降低时，有些电信号便通过这个降低了的绝缘电阻耦合到逻辑元件的输入端，形成干扰。

3. 干扰的侵入途径

干扰的侵入途径即传递方式，干扰信号主要通过3种途径进入单片机系统内部，即电磁感应（空间）、传输通道和电源线。

环境对单片机测控系统的干扰一般都是以脉冲的形式进入系统的，干扰侵入单片机系统的途径主要有3种：

（1）空间干扰　空间干扰通过电磁感应侵入系统，来源于天体辐射和雷电产生的电磁波，广播电台或通信发射设备发出的电磁波，以及周围电气设备产生逆变电流产生的电磁干扰，这些空间辐射干扰可能会使单片机系统不能正常工作。

（2）电源干扰　很多单片机系统都采用交流电源供电。由于工业测控环境中存在着大量大功率设备，特别是大型感性负载设备的启停会造成电网的严重波动，使得电网电压大幅度涨落形成浪涌。由于大功率开关的通断，电动机的启停，电焊等原因，电网中常常出现几百伏，甚至几千伏的尖峰脉冲干扰，这样的干扰有时会持续很长时间，因此必须采取措施克服来自供电电源的干扰。

（3）传输通道干扰　在单片机测控系统中，为了完成数据采集和实施控制的目的，存在着大量的信号传输介质，开关量的输入输出及模拟量的输入输出都是必不可少的。这些输入输出的信号线和控制线常常距离很长，因此不可避免地会引入干扰。

4. 干扰对单片机应用系统的影响

影响应用系统可靠、安全运行的主要因素来自系统内部和外部的各种电磁干扰，以及系统结构设计，元器件安装，加工工艺和外部电磁环境条件等。这些因素对单片机系统造成的干扰后果主要表现在以下几个方面：

（1）测量数据误差加大　干扰侵入单片机系统测量单元模拟信号的输入通道，叠加在测量信号上，会使数据采集误差加大，甚至干扰信号强于测量信号，尤其是一些微弱测量信号，如人体的生物电信号。

（2）影响单片机RAM存储器和E^2PROM等　虽然在单片机系统中，程序、表格数据存在程序存储器EPROM或Flash ROM中，避免了这些数据受到干扰破坏。但是片内RAM、外扩RAM、E^2PROM中的数据还是都有可能受到外界干扰而变化。

（3）控制系统失灵　单片机输出的控制信号通常依赖于某些条件的状态输入信号和对这些信号的逻辑处理结果。若这些输入的状态信号受到干扰，引入虚假状态信息，将导致输出控制误差加大，甚至失灵。

（4）程序运行失常　外界的干扰有时导致机器频繁复位或单片机程序计数器 PC 值发生改变，都会破坏程序的正常运行。

在以上干扰源对系统的影响中，以来自供电系统的交流电源干扰最为强烈，其次是传输通道的干扰。对于来自空间的电磁辐射干扰，它在强度上远远小于从传输通道和电源线侵入的干扰，一般只需加以适当的屏蔽及接地即可解决。对其他干扰源的抑制，除了采用屏蔽和接地技术外，还可以使用隔离技术等削弱传输通道上的干扰，采用稳压和滤波的方法保证电源的质量。对于引起测量数据误差的干扰，可以采用软硬件结合的方式来矫正逼真测量正值。

9.3.2　硬件抗干扰技术

硬件抗干扰技术是单片机系统设计时首选的抗干扰措施，能有效的抑制干扰源，阻断干扰传输通道。

1. 屏蔽技术

屏蔽技术就是对两个空间区域之间进行金属隔离，以控制电场、磁场和电磁波由一个区域对另一个区域的感应和辐射。采用屏蔽体包围的方式来完成，一方面防止干扰电磁场向外扩散，另一方面防止器件受到外界电磁场的影响。电磁屏蔽主要是防止高频电磁波辐射的干扰，以金属板，金属网和金属盒构成的屏蔽体能够有效地对付电磁波的干扰。屏蔽体以反射方式和吸收方式来削弱电磁波。

磁场屏蔽是防止电动机、电磁铁、变压器线圈等的磁感应和磁耦合，用高导磁材料做成屏蔽层，使磁路闭合，一般接大地。当屏蔽低频磁场时，选择磁钢泼墨合金、铁等导磁率高的材料；而屏蔽高频磁场则选择铜、铝等导电率高的材料。电场屏蔽是为了解决分布电容问题，一般是接大地，这主要是指单层屏蔽。对于双层屏蔽，例如双变压器，一次侧屏蔽需接大地，二次侧屏蔽需接浮地。

在做屏蔽处理时，还应注意屏蔽体的接地问题，为了消除屏蔽体与内部电路的寄生电容，屏蔽体一般采用“一点接地”的原则。

2. 接地技术

（1）接地种类　单片机系统有两种接地，即设备接地和信号接地。

设备接地。设备接地是真正的与大地相连，即将设备机壳接大地。一般是防止机壳上积累电荷，产生静电放电而危及设备和人身安全，使漏到机壳上的电荷能及时泄放到地壳上，确保人身和设备安全；二是当设备的绝缘损坏使机壳带电时，促使电源的保护动作而切断电源，以便保护人员的安全。外壳接地的接地电阻应当尽可能低，因此在材料及施工方面均有一定的要求。外壳接地是十分重要的，但实际中常常被忽视。

信号接地。信号接地是电路工作的需要。在许多情况下，信号接地不与设备外壳相连，信号地的零电位参考点（即信号地）相对于大地是浮空的。所以信号地又称“浮地”。信号接地是为电路正常工作而提供一个基准电位。该基准电位可以设为电路系统中的某一点、某一段或某一块等。当该基准点不与大地连接时，视为相对的零电位，它会随着外界电磁场的变化而变化，从而导致电路系统工作的不稳定。不正确的工作接地会增加干扰，比如公共阻抗干扰和地线环路干扰等。为了防止各种电路在工作时互相产生干扰，根据电路的限制，将信号接地按不同种类分别设置，禁止使用一个接地点。

（2）接地系统　单片机应用系统中大概有以下几种地线：数字地（又称逻辑地），这种地作为逻辑开关的零地位；模拟地，这种地作为 A-D 转换、前置放大器或比较器的零地位；功率地，这种地为大部件的零地位；信号地，这种地通常为传感器和小信号前置放大器的地；交流地，交流 50Hz 地线，这种地线是噪声的；屏蔽地，为了防止静电感应和磁场感应而设置的地。这些地线该如何处理，是单片机测控系统设计、安装、调试中的重要问题，需要慎重考虑和分析。

全机浮空和机壳接地的比较。全机浮空即机器各个部分全部与大地浮置起来。这种方法有一点的抗干扰能力，但要求与大地的绝缘电阻不能小于 50MΩ，一旦绝缘下降便会带来干扰。在浮空部分应设置必要的屏蔽，例如双层屏蔽浮地或多层屏蔽。机壳接地即除机壳接地外，其余部分浮空。这种方法抗干扰能力强，而且安全可靠，但工艺复杂。两种方法相比较，后者较好，并被越来越多地采用。

一点接地与多种接地的应用原则。低频（1MHz 以下）电路一般采用一点接地，高频（100MHz 以上）一般采用多点接地。因为在低频电路中，布线和元件的电感较小，而接地电路形成的环路对干扰的影响很大，因此采用一点接地。对于高频电路，地线上具有电感，因而增加了地线阻抗，同时各地线之间又产生了电感耦合，当频率很高时，特别是当地线长度等于 1/4 波长的奇数倍时，地线阻抗就会变得很高，这时地线变成了天线，可以向外辐射噪声信号。

单片机测控系统的工作频率大多太低，对它作用的干扰频率也大多在 1MHz 以下，故适合采用一点接地。工作频率在 1 ~ 100MHz 之间的电路，适合采用多点接地。

交流地与信号地不能共用。在同一地线的两点间会有数毫伏甚至几伏电压，对低电平信号来说，这是一个非常严重的干扰。因此，交流地与信号地不能共用。

数字地与模拟地。数字地通常有很大的噪声，而且电流的跳跃会造成很大的电流尖峰。所有的模拟公共导线（地）应该与数字公共导线（地）分开走线。特别是在 ADC 和 DAC 电路中，尤其要注意地线的正确连接，否则转换将不准确，且干扰严重。因此，ADC、DAC 和采样保持芯片中都提供了独立的模拟地和数字地，它们分别有相应的引脚，必须将所有的模拟地和数字地相连，然后模拟（公共）地与数字（公共）地仅在一点上相连接，在芯片和其他电路中不能再有公共点。

微弱信号模拟地的接法。A-D 转换器在采集 0 ~ 50mV 微小信号时，模拟地的接法极为重要。为了提高抗共模干扰的能力，可采用三线采样双层屏蔽浮地技术。所谓三线采样，就是将地线和信号线一起采样。这种双层屏蔽技术是抗共模干扰最有效的方法。

功率地。由于功率设备对地线产生较大的电流，此时地线应与小信号分开走线，并加粗地线。

3. 电源干扰的抑制

根据工程统计，单片机系统中约有 70% 的干扰来自电源耦合。因此，提高电源系统的供电质量对确保单片机安全可靠运行是非常重要的。

1）采用交流稳压器。当电网电压波动范围较大时，应使用交流稳压器。若采用磁饱和式交流稳压器，对来自电源的噪声干扰有抑制作用。

2）采用电源滤波器。交流电源引线上的滤波器可以抑制输入端的瞬态干扰。直流电源的输出也接入电容滤波器，以使输出电压的纹波限制在一定范围内，并能抑制数字信号产生的脉冲干扰。

3）在要求供电质量很高的特殊情况下，可以采用发电机组或逆变器供电。

4）对电源变压器采取屏蔽措施。利用几毫米的高导磁材料将变压器屏蔽起来，以减小漏磁通的影响。

5）在每块印制电路板的电源与地之间并联去耦电容，即 5 ~ 10μF 的电解电容和一个 0.01 ~ 0.1μF 电容，这可以消除电源线和地线中的脉冲电流干扰。

6）采用分离式供电。整个系统不是统一变压、滤波、稳压后供各个单元电路使用，而是变压后直接送给各单元进行整流、滤波、稳压。这样可以有效消除各单元电路电源线和地线间的耦合干扰，又提高了供电质量，增大了散热面积。

7）分类供电方式。空调照明动力设备分为一类供电方式，把单片机及其外设分为一类供电方式。以避免强电设备工作时对单片机系统的干扰。

8）尽量提高接口器件的电源电压，提高接口的抗干扰能力。例如。用光耦合器输出端驱动直流继电器。

4. 隔离技术与功率接口

传输通道是系统输入输出以及单片机之间进行信息传输的路径。对于抑制传输通道引入的干扰，主要采用隔离技术。隔离信号的目的之一是从电路上把干扰源和易干扰的部分隔离开来，使测控装置与现场仅保持信号联系，但不直接发生电的联系。隔离的实质是把引进的干扰通道切断，从而达到隔离现场干扰的目的。

常用的隔离方式有光电隔离、继电器及固态继电器隔离、晶闸管隔离等。在单片机应用系统中经常采用光电耦合实现不同类型信号的隔离。

（1）光电隔离　光电隔离是由光电耦合器来完成的。光电耦合器是以光为媒介传输信号的器件。其输入端配置发光源，输出端配置受光器，因而输入和输出在电气上是完全隔离的。开关量输入电路接入光电耦合器之后，由于光电耦合器的隔离作用，使夹在输入开关量中的各种干扰脉冲都被挡在输入回路的一侧。除此之外，还能起到很好的安全保障作用，因为在光电耦合器的输入回路和输出回路之间有很高的耐压值（500V ~ 1kV），由于光电耦合器不是将输入侧和输出侧的电信号进行直接耦合，而是以光为媒介进行间接耦合，具有较高的电气隔离和抗干扰能力。

（2）继电器隔离

直流继电器接口

直流继电器，一般用功率接口集成电路或晶体管驱动。在使用较多继电器的系统中，可用功率接口集成电路驱动。就抗干扰设计而言，对启停负荷不太大的设备，采用继电器隔离输出方式更直接。因为继电器触点的负载能力远远大于光电耦合器的负载能力，能直接控制动力电路。

固态继电器接口

固态继电器是一种新型电子继电器，输入控制电流小，可用 TTL、HTL、CMOS 等集成电路或外加简单的辅助元件就可以直接驱动负载，因此适宜用在单片机测控系统中作为输出通道的控制元件。与普通电磁继电器相比，固态继电器具有无机械噪声，无抖动和回跳，快关速度快，体积小，工作可靠等优点。

固态继电器是一种四端口器件，两个输入端，两个输出端，内部采用光电耦合器隔离输入输出。按照不同的区分方式可以分为直流型和交流型，常开式和常闭式，过零型和非过零型。

晶闸管接口

晶闸管习惯上又被称为SCR。它是一种大功率半导体器件，分为单向晶闸管和双向晶闸管。单向晶闸管既有单向导电的整流作用，又有开关作用；双向晶闸管主要用来控制交流电路。

光耦合双向晶闸管可控硅驱动器是一种单片机输出与双向晶闸管可控硅之间较理想的接口器件，它由输入和输出两部分组成。常用型号有MOC3030/31/32（用于115V交流），MOC3040/41（用于220V交流）。

5. 印制电路板抗干扰

印制电路板（PCB）是电子产品中电路元件和器件的支撑件，它提供电路元件和器件的电气连接。随着PCB的密度越来越高，PCB设计的好坏对产品抗干扰能力影响很大。因此，必须遵守PCB设计的原则和抗干扰设计的要求。

1）应把相互有关的器件尽量安放得靠近些以取得较好的抗噪声效果。时钟发生器、晶振和CPU的时钟输入端都易产生噪声，要互相靠近些。CPU复位电路、硬件看门狗要尽量靠近CPU相应的引脚。易产生噪声的器件，大电流电路等应尽量远离逻辑电路，如有可能，应另外做成电路板。

2）D-A和A-D转换电路要特别注意地线的连接，否则干扰影响将很严重。D-A、A-D芯片及采样芯片均提供了数字地和模拟地，否则干扰影响将会很严重。D-A、A-D芯片及采样芯片均提供了数字地和模拟地，分别有相应的引脚。在线路设计中，必须将所有器件的数字地和模拟地分别连接，数字地和模拟地仅在一点相连。

3）接地线尽量加粗，使其降低对地电阻，使它能通过三倍于电路板的允许电流，并且宽度最好在3ms以上，应构成闭环路，以明显提高抗噪声能力。电源线应根据电流的大小，尽量加粗导体的宽度，并采取电源线、地线与数据传递方向一致的走线方法。

4）采样电源去耦和集成芯片去耦。在电源的入口处需接一个大容量的电解电容（10～100μF），来分别对高频噪声和低频噪声进行抑制。原则上在每个集成芯片的电源（Vcc）和地线（GND）都应安放一个0.1μF的陶瓷电容，安装时务必尽量缩短电容引线的长度。

5）印制电路板布线原则。布线时应避免导线有90°的弯角；不要在印制板上留下空白铜箔，应尽量接地；双面布线时，两面的走线应垂直交叉，以减少磁耦合干扰；导线间距应尽量加大，以降低导线之间的分布电容；高电流或大电流的线路要注意与小信号路线进行隔离和屏蔽；容易受到干扰的信号线应尽量缩短；对于关键信号线，可采用地线进行包围。

9.3.3 软件抗干扰技术

尽管采取了硬件抗干扰措施，但很难保证系统完全不受干扰。因此，在硬件抗干扰措施的基础上，还要采取软件抗干扰技术加以补充，作为硬件措施的辅助手段。

侵入单片机测控系统的干扰，其频谱往往很宽，并且具有随机性，采用硬件抗干扰措施，只能抑制某个频段的干扰，但仍有一些干扰会侵入系统。因此，除了采取硬件抗干扰方法外，还要采取软件抗干扰措施。由于这些噪声的随机性，可以通过软件滤波（即数字滤波技术）剔除虚假信号，求取真值。对于输入的数字信号，可以通过重复检测的方法，将随机干扰引起的虚假输入状态信号滤除掉。当系统受到干扰后，往往使可编程的输入输出端口状态发生改变。侵入单片机系统的干扰作用于 CPU 部位时，将使系统失控，必须尽可能早地发现并采取弥补措施。

为了确保程序被干扰后能恢复到所要求的控制状态，就要对干扰后程序自动恢复的入口地址进行正确设定。因此，程序自动恢复入口方法也是软件抗干扰设计的一项重要内容。软件抗干扰技术是系统受干扰后使系统恢复正常运行或输入信号受干扰后去伪求真的一种辅助方法。因此软件抗干扰是被动措施，而硬件抗干扰才是主动措施。但由于软件抗干扰方法具有简单，灵活方便，节省硬件资源等特点，因而在单片机系统中被广泛使用。在单片机测控系统中，只要认真分析系统所处环境的干扰来源及传播途径，采用硬件和软件相结合的抗干扰措施，就能保证长期稳定、可靠地运行。

软件抗干扰技术研究的主要内容有两个：其一是采取软件的方法抑制叠加在模拟输入信号上的噪声的影响，如数字滤波技术；其二由于干扰而使运行程序发生混乱，导致程序乱飞或陷入死循环时，采取使程序纳入正轨的措施，如指令冗余，软件陷阱，看门狗技术。这些方法可以用软件实现，也可以采用软硬件相结合的方法实现。常用的软件抗干扰措施有：数字滤波方法、开关量输入输出抗干扰方法、软件拦截技术（指令冗余，软件陷阱）和看门狗技术等。

1. 数字滤波

数字滤波是将一组输入数字序列进行一定的运算转换成另一组输出数字序列的装置。数字滤波就是通过一定的计算或判断程序减少干扰信号在有用信号中的比例，在对模拟信号多次采样的基础上，通过软件算法提取最逼近真值数据的过程。

数字滤波的算法灵活，可选择权限参数，其效果往往是硬件滤波电路无法达到的，其优点主要表现在以下方面：不需要增加设备，可靠性高，稳定性好，可以对频率很低（如 0.01Hz）的信号实现滤波，灵活，方便，功能强。

2. 开关量输入输出抗干扰

（1）输入信号重复检测方法　输入信号的干扰是叠加在有效电平信号上的一系列离散尖脉冲，作用时间很短。当控制系统存在输入干扰，又不能用硬件加以有效抑制时，可用软件重复检测的方法达到“去伪存真”的目的，直到连续两次或连续两次以上的采集结果完全一致方为有效。若信号总是变化不定，在达到最高次数限额时，则可给出报警信号。对于来自各类开关类型传感器的信号，如限位开关、行程开关等，都可采用这种方式。如果在连续采集数据之间插入延时，则能够对付较宽的干扰。

（2）输出端口数据刷新方法　开关量输出软件抗干扰设计主要是采取重复输出的方法，这是一种提高输出接口抗干扰性能的有效措施。对于那些用锁存器输出的控制信号，这些措施很有必要。在尽可能短的周期内，将数据重复输出，受干扰影响的设备在还没有来得及响应的时候，正确的信息又来到了，这样就可以及时防止错误动作的产生。在程序结构的安排上，可为输出数据建立一个数据缓冲区，在程序的循环体内将数据输出。对于增量控制型设备不能这样重复送数，只有通过检测通道，从设备的反馈信息中判断数据传输的正确与否。

在执行重复性输出功能时，对于可编程接口芯片，工作方式控制字与输出状态字要一并重复设置，使输出模块可靠的工作。

3. 软件拦截技术

当串入单片机系统的干扰作用在CPU部位时，后果更加严重，将使系统失灵。使用软件拦截技术可以将运行程序纳入正轨，转到指定的程序入口。

（1）软件看门狗的应用　选用定时器T0作为看门狗，将定时器T0的中断定义为最高级别中断。看门狗启动后，系统必须及时刷新定时器T0的时间常数。

（2）指令冗余技术

NOP指令的使用。在MSC-51单片机的指令系统中所有指令都不超过3个字节，因此在程序中连续插入三条NOP指令，有助于降低程序计数器发生错误的概率。

重要指令冗余。对于程序流向起决定作用的指令（如RET、RETI、ACALL等）和某些对系统工作状态有重要作用的指令（如影响IE寄存器、TMOD寄存器的指令等）之后插入两条NOP指令，以确保这些指令正确执行。

4. "看门狗"技术

计算机如果受到干扰而失控，会引起程序"乱飞"，这可能使程序陷入死循环。当软件技术不能使失控的程序摆脱死循环的困境时，通常采用程序监视技术（WDT），使程序脱离死循环。WDT是一种软硬件结合的抗程序"跑飞"措施，其硬件主体是一个用于产生定时T的计数器，该计数器基本独立运行，其定时输出端接CPU的复位线，而其定时清零由CPU控制，正常情况下，程序启动WDT后，CPU周期性地将WDT清零，这样WDT的定时溢出就不会发生，如同睡眠一般不起任何作用。在受到干扰的异常情况下，CPU时序逻辑被破坏，程序执行混乱，不能周期性的将WDT清零，这样WDT的定时溢出使其复位，从而摆脱瘫痪。

5. 系统复位特征

单片机应用系统采用看门狗电路后，在一定程度上解决了系统死机的现象，但是每次发生复位都使系统执行初始化，这在干扰较强的情况下仍不能工作，同时系统虽然没有死机，但工作状态频繁变化，同样不能容忍。

理想状态的复位应该是系统可以鉴别是首次上电复位（又称冷启动）还是异常复位。如果是首次上电复位，则进行全部初始化；如果是异常复位，则不需要进行全部初始化，测控程序不必从头开始执行，而应该从故障部位开始。

（1）上电标志的设定方法

1）SP建立上电标志。

2）PSW.5建立上电标志。

3）在内部RAM建立上电标志。

4）软件复位与中断激活标志。

当系统执行中断服务程序时，来不及执行RETI指令而受到干扰跳出该程序后，程序"乱飞"过程有软件陷阱或软件"看门狗"将程序引向0000H，显然这时中断激活标志并未清除，这样就会使系统热启动时，不管中断标志是否置位，都不会响应系统中断的请求。因此，由软件陷阱或看门狗捕获的程序一定要清除MSC-51系列单片机中断激活标志，才能消除系统热启动后不响应中断的隐患。

（2）程序失控后恢复运行的方法　一般来说，主程序是由若干个功能模块组成的，每个功能模块入口设置有一个标志，系统故障复位后，可根据这些标志选择进入相应的功能模块。这一点对一些自动化生产线的控制系统尤为重要。

总之单片机的测控系统由于受到严重干扰将发生程序乱飞、陷入死循环以及中断关闭等故障。系统通过冗余技术，软件陷阱技术和"看门狗"技术等，使程序重新进入0000H单元。进入单片机后，系统要执行上电标志判断、RAM数据检查与恢复、清除中断激活标志等一系列的操作，决定入口地址。

9.4 单片机在线编程技术

传统的单片机编程方式必须要把单片机先从电路板上取下来，然后放入专用的编程机器进行编程，最后再放入电路板上调试，这样容易损坏芯片，降低了开发效率。随着电子技术和单片机技术的发展，出现了可以在线编程的单片机。

9.4.1 单片机在线编程概述

单片机的在线编程目前有两种方法实现：在系统可编程（ISP）和在应用可编程（IAP）。ISP一般是通过单片机专用的串行编程接口对单片机内部的FLASH存储器进行编程，进入在线编程模式后，单片机只是提供一个接口，不再运行用户的程序，擦写逻辑全由上位机提供。IAP技术是从结构上将FLASH存储器映射为两个存储体，当运行一个存储体上的用户程序时，可对另一个存储体重新编程，之后将控制从一个存储体转向另一个。进入IAP模式后，芯片会运行一个存储体的用户程序，芯片的编程逻辑都有芯片中的这段程序控制，上位机只是作为单片机的一个数据源，向单片机传输要擦写的数据。ISP的实现一般需要很少的外部电路辅助实现，而IAP的实现则更加灵活，通常可利用单片机的串行口接收计算机的RS232口，但需要通过专门设计的固件程序来编程内部存储器。

利用ISP和IAP，不需要编程器就可以进行单片机的实验和开发，单片机芯片可以直接焊接到电路板上，调试结束即成成品，还可以远程在线升级或者改变单片机中的程序。

例如，Ateml公司的单片机AT89S5X系列，PHILIPS公司的P89C51RX2XX系列，ST公司的μPSD32xx系更单片机等都具备ISP功能。在线编程功能成为单片机领域的发展趋势。

9.4.2 ISP技术

ISP（在系统可编程）不用脱离系统，可以在电路板的空白期间编写最终用户代码，而不需要从电路板上取下器件，已经编程的期间也可以用ISP方式擦除或再编写。

单片机可以通过SPI或其他的串行接口接收上位机传来的数据并写入存储器。所以即使将芯片焊接在电路板上，只要留出和上位机接口一样标准的ISP接口，配合ISP下载电缆，在电路板上就可以实现对芯片的编程配置或芯片内部存储器的改写，而无需再取出芯片。ISP技术是未来发展的方向，对比传统的开发系统有以下优势：

1）工程师在开发时彻底告别频繁插拔芯片的烦恼，避免频繁插拔而损坏芯片。

2）ISP技术可以加速产品的上市并降低开发成本。

3）ISP技术可以帮助工程师缩短从设计、生产到现场调试的生产流程，并采用经过证实更有效的方式进行现场审计和产品维护，大大的提高工作效率。

4）在实验新品等经常需要用不同的程序调试芯片时，ISP技术更加实用。

9.5　应用实例——单片机温度控制系统

9.5.1　温度传感器概述

温度传感器是各种传感器中最常用的一种，早期使用的是模拟温度传感器，如热敏电阻，随着环境温度的变化，它的阻值也发生线性变化，用处理器采集电阻两端的电压，然后就可计算出当前环境温度。随着科技的进步，现代的温度传感器已经走向数字化、小型化，接口简单，广泛应用于生产实践的各个领域，为我们的生活提供便利。

图 9-1 ~ 图 9-4 所示为一些温度传感器的实物图。

图 9-1　热电偶温度传感器

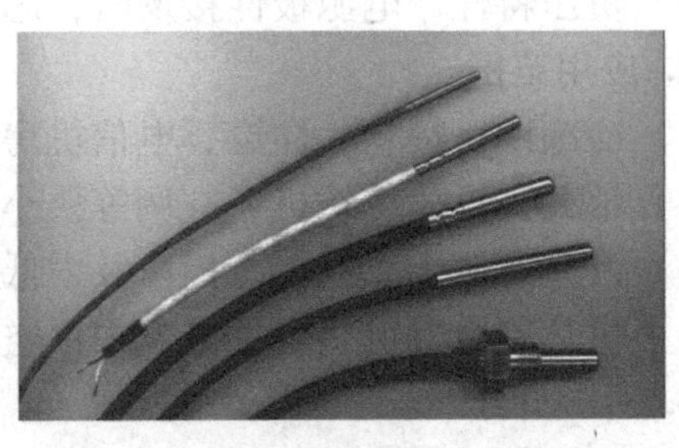

图 9-2　铂电阻温度传感

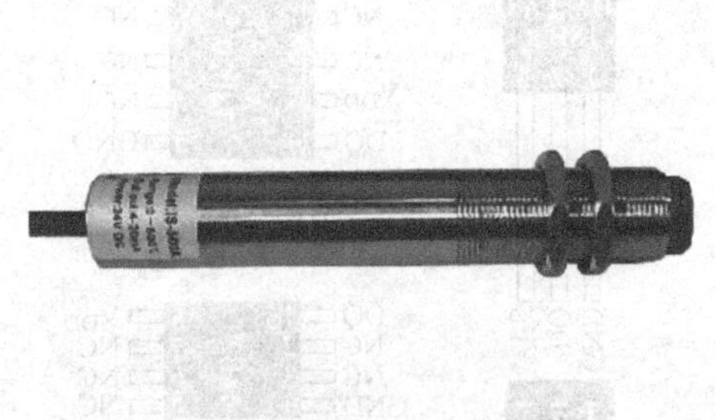

图 9-3　红外温度传感器

图 9-4　数字温度传感器

9.5.2　DS18B20 温度传感器介绍

DS18B20 是美国 DALLAS 半导体公司推出的第一片支持“一线总线”接口的温度传感器，它具有微型化、低功耗、高性能、抗干扰能力强、易配微处理器等优点，可直接将温度转化成串行数字信号供处理器处理。

1. DS18B20 温度传感器特性

1）适应电压范围宽，电压范围在 3.0 ~ 5.5V，在寄生电源方式下可由数据线供电。

2）独特的单线接口方式，它与微处理器连接时仅需要一条口线即可实现微处理器与 DS18B20 的双向通信。

3）支持多点组网功能，多个 DS18B20 可以并联在唯一的三线上，实现组网多点测温。

4）在使用中不需要任何外围元件，全部传感元件及转换电路集成在形如一只晶体管的集成电路内。

5）测温范围 -55℃ ~ +125℃，在 -10℃ ~ +85℃时精度为 ±0.5℃。

6）可编程分辨率为 9 ~ 12 位，对应的可分辨温度分别为 0.5℃，0.25℃，0.125℃和 0.0625℃，可实现高精度测温。

7）在 9 位分辨率时，最多在 93.75ms 内可把温度转换为数字；12 位分辨率时，最多在 750ms 内把温度值转换为数字，显然速度更快。

8）测量结果直接输出数字温度信号，以“一线总线”串行传送给 CPU，同时可传送 CRC 校验码，具有极强的抗干扰纠错能力。

9）负压特性。电源极性接反时，芯片不会因发热而烧毁，但不能正常工作。

2. 应用范围

1）冷冻库、粮仓、储罐、电信机房、电力机房、电缆线槽等测温和控制领域。

2）轴瓦、缸体、纺机、空调等狭小空间工业设备的测温和控制。

3）汽车空调、冰箱、冷柜以及中低温干燥箱等。

4）供热制冷管道热量计量、中央空调分户热能计量等。

3. 引脚介绍

DS18B20 实物如图 9-5 所示。DS18B20 有两种封装：三脚 T0-92 直插式（用的最多、最普遍的封装）和八脚 SOIC 贴片式，封装引脚见图 9-6 所示。表 9-1 列出了 DS18B20 的引脚定义。

图 9-5 DS18B20 实物图

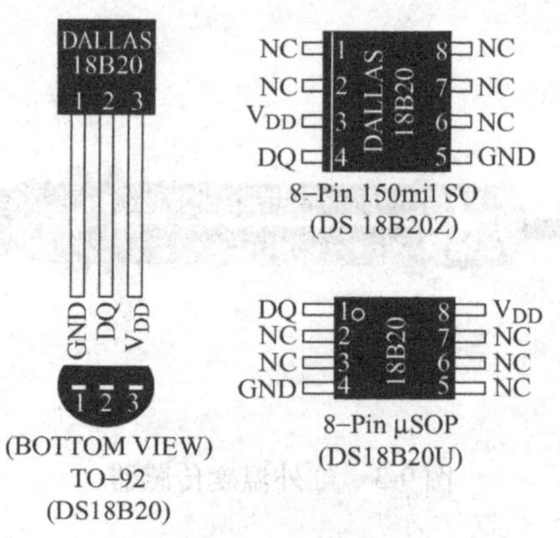

图 9-6 DS18B20 封装图

表 9-1 DS18B20 引脚定义

引脚	GND	DQ	V_{DD}	NC
定义	电源负极	信号输入输出	电源正极	空

4. 工作原理

（1）控制 DS18B20 的指令

1）33H-读 ROM。读 DS18B20 温度传感器 ROM 中的编码（即 64 位地址）。

2）55H-匹配 ROM。发出此命令之后，接着发出 64 位 ROM 编码，访问单总线上与该编码相对应的 DS18B20 并使之做出响应，为下一步对该 DS18B20 的读/写做准备。

3）FOH-搜索 ROM。用于确定挂接在同一总线上的 DS18B20 的个数，识别 64 位 ROM 地址，为操作各器件做好准备。

4）CCH-跳过 ROM。忽略 64 位 ROM 地址，直接向 DS18B20 发温度变换命令，适用于一个从机工作。

5）ECH-告警搜索命令。执行后只有温度超过设定值上限或下限的芯片才做出响应。

64 位光刻 ROM 中的序列号是出厂前被光刻好的，它可以看作该 DS18B20 的地址序列码。其各位排列顺序是：开始 8 位为产品类型标号，接下来 48 位是该 DS18B20 自身的序列号，最后 8 位是前面 56 位的 CRC 循环冗余校验码（CRC = X8 + X5 + X4 + 1）。光刻 ROM 的作用是使每一个 DS18B20 都各不相同，这样就可以实现一条总线上挂接多个 DS18B20 的目的。

（2）DS18B20 指令用法

当主机需要对众多在线 DS18B20 中的某一个进行操作时，首先应将主机逐个与 DS18B20 挂接，读出其序列号；然后再将所有的 DS18B20 挂接到总线上，单片机发出匹配 ROM 命令（55H），紧接着主机提供的64 位序列（包括该DS18B20 的48 位序列号）之后的操作就是针对该 DS18B20 的。

如果主机只对一个 DS18B20 进行操作，就不需要读取 ROM 编码以及匹配 ROM 编码了，只要用跳过 ROM（CCH）命令，就可进行如下温度转换和读取操作。

1）44H-温度转换。启动 DS18B20 进行温度转换，12 位转换时最长为 750ms（9 位为 93.75ms）。结果存入内部 9 字节的 RAM 中。

2）BEH-读暂存器。读内部 RAM 中 9 字节的温度数据。

3）4EH-写暂存器。发出向内部 RAM 的第 2，3 字节写上、下限温度数据命令，紧跟该命令之后，是传送两字节的数据。

4）48H-复制暂存器。将 RAM 中第 2，3 字节的内容复制到 E^2PROM 中。

5）B8H-重调 E^2PROM。将 E^2PROM 中内容恢复到 RAM 中的第 3，4 字节。

6）B4H-读供电方式。读 DS18B20 的供电模式。寄生供电时，DS18B20 发送 0；外接电源供电时，DS18B20 发送 1。

以上这些指令涉及的存储器为高速暂存器 RAM 和可电擦除 E^2PROM，如表 9-2 所示。

表 9-2　高速暂存器 RAM

寄存器内容	字节地址	寄存器内容	字节地址
温度值低位（LSB）	0	保留	5
温度值高位（MSB）	1	保留	6
高温限值（TH）	2	保留	7
低温限值（TL）	3		
配置寄存器	4	CRC 校验值	8

高速暂存器 RAM 由 9 个字节的存储器组成。第 0 ~ 1 个字节是温度的显示位；第 2 和第 3 个字节是复制的 TH 和 TL，同时第 2 和第 3 个字节的数字可以更新；第 4 个字节是配置寄

存器，同时第 4 个字节的数字可以更新；第 5，6，7 三个字节是保留的。可电擦除 E^2PROM 又包括温度触发器 TH 和 TL，以及一个配置寄存器。

表 9-3 列出了温度数据在高速暂存器 RAM 的第 0 和第 1 个字节中的存储格式。

表 9-3 温度数据存储格式

	bit7	bit6	bit5	bit4	bit3	bit2	bit1	bit0
LSByte	8	4	2	1	0. 5	0. 25	0. 125	0. 0625
	bit15	bit14	bit13	bit12	bit11	bit10	bit9	bit8
MSByet	S	S	S	S	S	64	32	16

DS18B20 在出厂时默认配置为 12 位，其中最高位为符号位，即温度值共 11 位，单片机在读取数据时，一次会读 2 字节共 16 位，读完后将低 11 位的二进制数转化为十进制数后再乘以 0. 0625 便为所测的实际温度值。另外，还需要判断温度的正负。前 5 个数字为符号位，这 5 位同时变化，我们只需要判断 1 位就可以了。前 5 位为 1 时，读取的温度为负值，且测到的数值需要取反加 1 再乘以 0. 0625 才可得到实际温度值。前 5 位为 0 时，读取的温度为正值，只要将测得的数值乘以 0. 0625 即可得到实际温度值。

5. 工作时序图

（1）初始化时序图如图 9-7 所示。

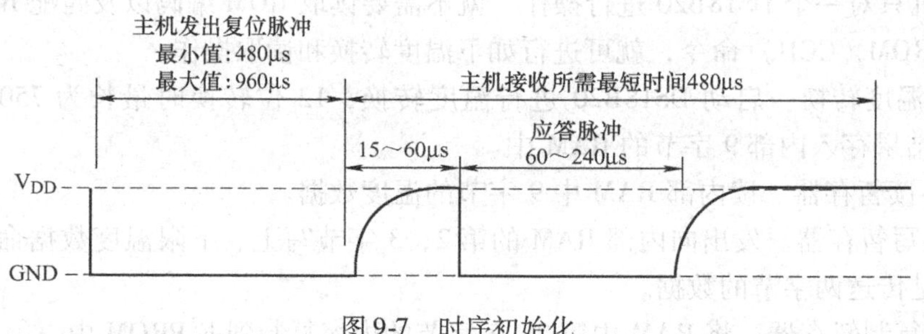

图 9-7　时序初始化

1）先将数据线置高电平 1。

2）延时（该时间要求不是很严格，但是要尽可能短一点）。

3）数据线拉到低电平 0。

4）延时 750μs（该时间范围可以在 480 ~960μs）。

5）数据线拉到高电平 1。

6）延时等待。如果初始化成功，则在 15 ~60ms 内产生一个由 DS18B20 返回的低电平 0，根据该状态可以确定它的存在。但是应注意，不能无限地等待，不然会使程序进入死循环，所以要进行超时判断。

7）若 CPU 读到数据线上的低电平 0 后，还要进行延时，其延时的时间从发出高电平算起（第 5）步的时间算起）最少要 480μs。

8）将数据线再次拉到高电平 1 后结束。

（2）DS18B20 写数据时序图如图 9-8 所示。

1）数据线先置低电平 0。

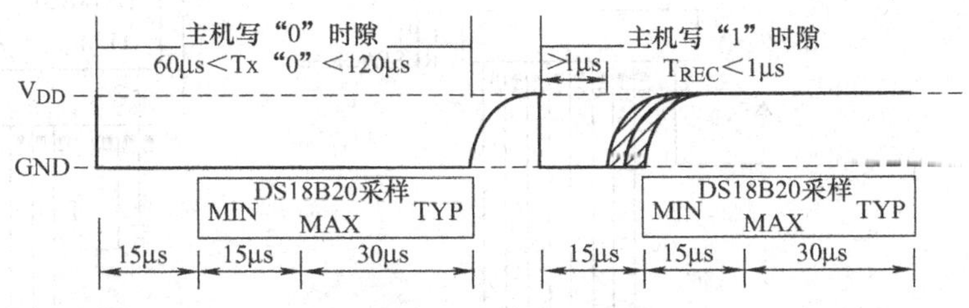

图 9-8　写数据时序图

2）延时确定的时间为 15μs。

3）按从低位到高位的顺序发送数据（一次只发送一位）。

4）延时时间为 45μs。

5）将数据线拉到高电平 1。

6）重复 1）~5）步骤，直到发送完整个字节。

7）最后将数据线拉高到 1。

（3）DS18B20 读数据时序图如图 9-9 所示。

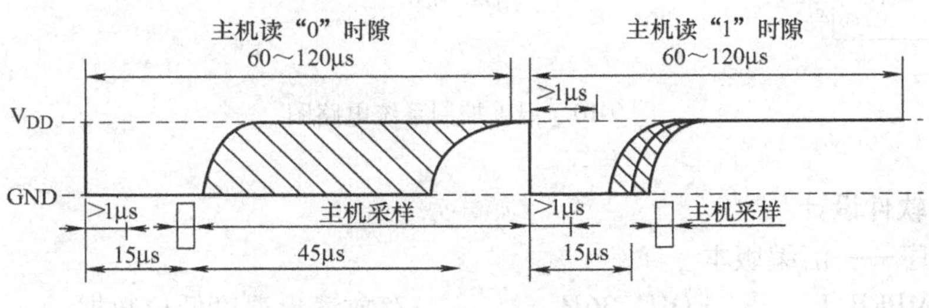

图 9-9　读数据时序图

1）将数据线拉高到 1。

2）延时 2μs。

3）将数据线拉低到 0。

4）延时 6μs。

5）将数据线拉高到 1。

6）延时 4μs。

7）读数据线的状态得到一个状态位，并进行数据处理。

8）延时 30μs。

9）重复 1）~7）步骤，直到读取完一个字节。

9.5.3　温度控制系统总体设计

1. 系统硬件电路图

通过温度采样单元 DS18B20 采集温度信息，由 AT89C51 进行处理并将实际温度值和设定温度值分别显示在 LCD 显示器上。温度控制系统电路图如图 9-10 所示。

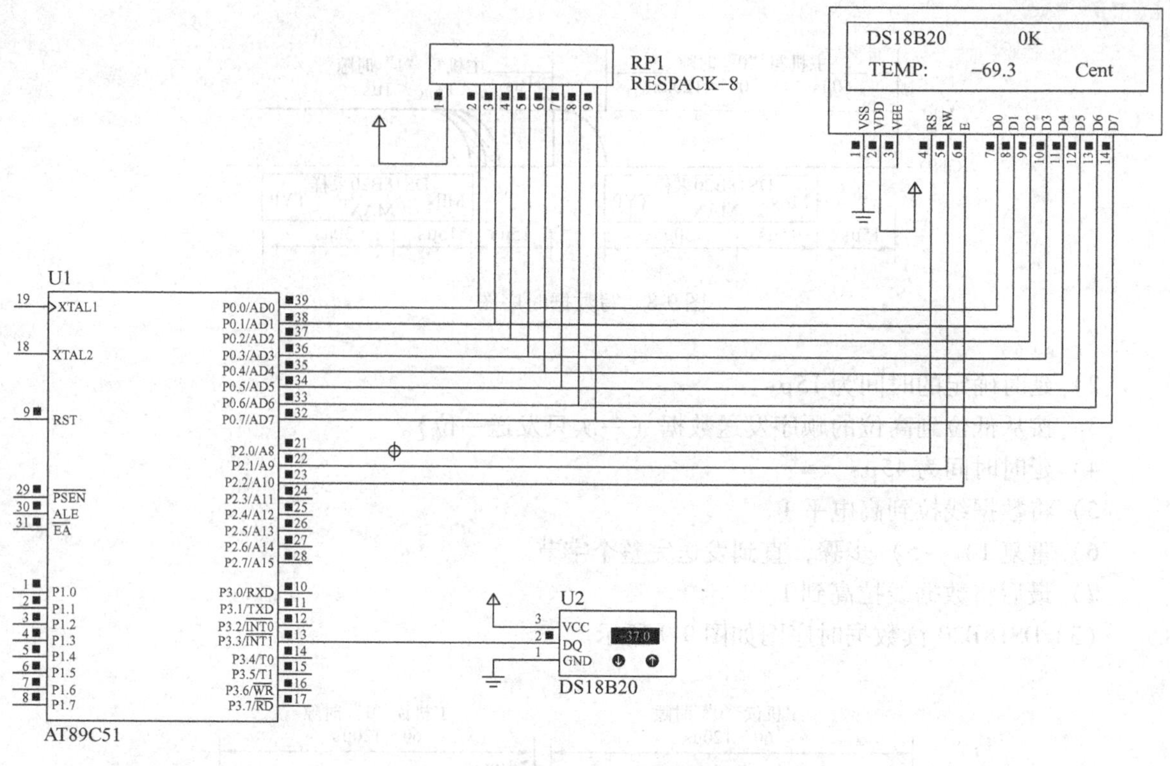

图 9-10 温度控制系统电路图

2. 系统的软件设计

（1）主程序——汇编版本

```
            TEMPER_L        EQU   36H         ;存放读出温度低位数据
            TEMPER_H        EQU   35H         ;存放读出温度高位数据
            TEMPER_NUM      EQU   60H         ;存放转换后的温度值
            FLAG1           BIT 00H
            DQ              BIT P3. 3         ;一线总线控制端口
            ORG             0000H
            LJMP            MAIN
            ORG             0100H
MAIN：      MOV             SP,#70H
            LCALL           GET_TEMPER        ;从 DS18B20 读出温度数据
            LCALLT          EMPER_COV         ;转换读出的温度数据并保存
            SJMP            $                 ;完成一次数字温度采集
;*****************************************************************;
;** 读出转换后的温度值
;*****************************************************************;
GET_TEMPER:SETB             DQ                ;定时入口
BCD：LCALL                  INIT_1820
```

```
        JB          FLAG1,S22
        LJMP        BCD                 ;若 DS18B20 不存在则返回
S22:    LCALL       DELAY1
        MOV         A,#0CCH             ;跳过 ROM 匹配------0CC
        LCALL       WRITE_1820
        MOV         A,#44H              ;发出温度转换命令
        LCALL       WRITE_1820
        NOP
        LCALL       DELAY
CBA:    LCALL       INIT_1820
        JB          FLAG1,ABC
        LJMP        CBA
ABC:    LCALL       DELAY1
        MOV         A,#0CCH             ;跳过 ROM 匹配
        LCALL       WRITE_1820
        MOV         A,#0BEH             ;发出读温度命令
        LCALL       WRITE_1820
        LCALL       READ_18200
RET
; ************************************************************ ;
; ** 读 DS18B20 的程序,从 DS18B20 中读出一个字节的数据
; ************************************************************ ;
        READ_1820:
        MOV         R2,#8
RE1:    CLR         C
        SETB        DQ
        NOP
        NOP
        CLR         DQ
        NOP
        NOP
        NOP
        SETB        DQ
        MOV         R3,#7
        DJNZ        R3,$
        MOV         C,DQ
        MOV         R3,#23
        DJNZ        R3,$
        RRC         A
```

```
        DJNZ        R2,RE1
        RET
;**************************************************************;
;** 写 DS18B20 的程序
;**************************************************************;
        WRITE_1820:
        MOV         R2,#8
        CLR         C
WR1:    CLR         DQ
        MOV         R3,#6
        DJNZ        R3,$
        RRC         A
        MOV         DQ,C
        MOV         R3,#23
        DJNZ        R3,$
        SETB        DQ
        NOP
        DJNZ        R2,WR1
        SETB        DQ
        RET
;**************************************************************;
;** 读 DS18B20 的程序,从 DS18B20 中读出两个字节的温度数据
;**************************************************************;
        READ_18200:
        MOV         R4,#2           ;将温度高位和低位从 DS18B20 中读出
        MOV         R1,#36H         ;低位存入 36H(TEMPER_L),高位存入
                                     35H(TEMPER_H)
RE00:   MOV         R2,#8
RE01:   CLR         C
        SETB        DQ
        NOP
        NOP
        CLR         DQ
        NOP
        NOP
        NOP
        SETB        DQ
        MOV         R3,#7
        DJNZ        R3,$
```

```
        MOV             C,DQ
        MOV             R3,#23
        DJNZ            R3,$
        RRC             A
        DJNZ            R2,RE01
        MOV             @ R1,A
        DEC             R1
        DJNZ            R4,RE00
        RET
;*************************************************************;
;** 将从 DS18B20 中读出的温度数据进行转换
;*************************************************************;
        TEMPER_COV:
        MOV             A,#0F0H
        ANL             A,TEMPER_L        ;舍去温度低位中小数点后的四位温度数值
        SWAP            A
        MOV             TEMPER_NUM,A
        MOV             A,TEMPER_L
        JNB             ACC.3,TEMPER_COV1     ;四舍五入去温度值
        INC             TEMPER_NUM
        TEMPER_COV1:
        MOV             A,TEMPER_H
        ANL             A,#07H
        SWAP            A
        ADD             A,TEMPER_NUM
        MOV             TEMPER_NUM,A    ;保存变换后的温度数据
        LCALL           BIN_BCD
        RET
;*************************************************************;
;** 将十六进制的温度数据转换成压缩 BCD 码
;*************************************************************;
        BIN_BCD:
        MOV             DPTR,#TEMP_TAB
        MOV             A,TEMPER_NUM
        MOVC            A,@ A + DPTR
        MOV             TEMPER_NUM,A
        RET
        TEMP_TAB:
          DB 00H,01H,02H,03H,04H,05H,06H,07H
```

```
        DB 08H,09H,10H,11H,12H,13H,14H,15H
        DB 16H,17H,18H,19H,20H,21H,22H,23H
        DB 24H,25H,26H,27H,28H,29H,30H,31H
        DB 32H,33H,34H,35H,36H,37H,38H,39H
        DB 40H,41H,42H,43H,44H,45H,46H,47H
        DB 48H,49H,50H,51H,52H,53H,54H,55H
        DB 56H,57H,58H,59H,60H,61H,62H,63H
        DB 64H,65H,66H,67H,68H,69H,70H,71H
        DB 72H,73H,74H,75H,76H,77H,78H,79H
        DB 80H,81H,82H,83H,84H,85H,86H,87H
        DB 88H,89H,90H,91H,92H,93H,94H,95H
        DB 96H,97H,98H,99H
; *************************************************************** ;
; ** DS18B20 初始化程序
; *************************************************************** ;
INIT_1820:
        SETB        DQ
        NOP
        CLR         DQ
        MOV         R0,#80H
TSR1:   DJNZ        R0,TSR1             ;延时
        SETB        DQ
        MOV         R0,#25H             ;96US-25H
TSR2:   DJNZ        R0,TSR2
        JNB         DQ,TSR3
        LJMP        TSR4                ;延时
TSR3:   SETB        FLAG1               ;置位标志位,表示 DS1820 存在
        LJMP        TSR5
TSR4:   CLR         FLAG1               ;清除标志位,表示 DS1820 不存在
        LJMP        TSR7
TSR5:   MOV         R0,#06BH            ;200US
TSR6:   DJNZ        R0,TSR6             ;延时
TSR7:   SETB        DQ
        RET
; *************************************************************** ;
; ** 重新写 DS18B20 暂存存储器设定值
; *************************************************************** ;
        RE_CONFIG:
        JB          FLAG1,RE_CONFIG1    ;若 DS18B20 存在,转 RE_CONFIG1
```

```
        RET
RE_CONFIG1:
        MOV         A,#0CCH         ;发 SKIP ROM 命令
        LCALL       WRITE_1820
        MOV         A,#4EH          ;发写暂存存储器命令
        LCALL       WRITE_1820
        MOV         A,#00H          ; TH(报警上限)中写入 00H
        LCALL       WRITE_1820
        MOV         A,#00H          ;TL(报警下限)中写入 00H
        LCALL       WRITE_1820
        MOV         A,#7FH          ;选择 12 位温度分辨率
        LCALL       WRITE_1820
        RET
; *************************************************************** ;
; ** 延时子程序
; *************************************************************** ;
        DELAY:
        MOV         R7,#00H
   MIN: DJNZ        R7,YS500
        RET
 YS500: LCALL       YS500US
        LJMP        MIN
YS500US: MOV        R6,#00H
        DJNZ        R6,$
        RET
DELAY1: MOV         R7,#20H
        DJNZ        R7,$
        RET
        END
```

(2)主程序——C 语言版本

```
//DS18B20 温度检测及其液晶显示
#include <reg52.h>          //包含单片机寄存器的头文件
#include <intrins.h>        //包含_nop_()函数定义的头文件
unsigned char code digit[11] = {"0123456789 - "};          //定义字符数组显示数字
unsigned char code Str[] = {"DS18B20    OK"};               //说明显示的是温度
unsigned char code Error[] = {"DS18B20 ERROR"};             //说明没有检测到 DS18B20
unsigned char code Error1[] = {" PLEASE   CHECK"};          //说明没有检测到 DS18B20
unsigned char code Temp[] = {"TEMP:"};                      //说明显示的是温度
unsigned char code Cent[] = {"Cent"};                       //温度单位
```

```
unsigned char flag,tltemp;                          //负温度标志和临时暂存变量
/ *****************************************************************
以下是对液晶模块的操作程序
***************************************************************** /
sbit RS = P2^0;      //寄存器选择位,将 RS 位定义为 P2.0 引脚
sbit RW = P2^1;      //读写选择位,将 RW 位定义为 P2.1 引脚
sbit E = P2^2;       //使能信号位,将 E 位定义为 P2.2 引脚
sbit BF = P0^7;      //忙碌标志位,,将 BF 位定义为 P0.7 引脚
/ *****************************************************************
函数功能:延时 1ms
(3j +2) * i = (3 ×33 +2) ×10μs =1010μs,可以认为是 1ms
***************************************************************** /
void delay1ms()
{
  unsigned char i,j;
    for(i =0;i <4;i ++)
      for(j =0;j <33;j ++)
      ;
}
/ *****************************************************************
函数功能:延时若干毫秒
入口参数:n
***************************************************************** /
void delaynms(unsigned char n)
{
  unsigned char i;
    for(i =0;i <n;i ++)
      delay1ms();
}
/ *****************************************************************
函数功能:判断液晶模块的忙碌状态
返回值:result。result =1,忙碌;result =0,不忙
***************************************************************** /
bit BusyTest(void)
  {
    bit result;
    RS =0;                 //根据规定,RS 为低电平,RW 为高电平时,可以读状态
    RW =1;
    E =1;                  //E =1,才允许读写
```

```
    _nop_();                        //空操作
    _nop_();
    _nop_();
    _nop_();                        //空操作四个机器周期,给硬件反应时间
    result = BF;                    //将忙碌标志电平赋给 result
  E =0;                             //将 E 恢复低电平
  return result;
  }
/ ************************************************************************
函数功能:将模式设置指令或显示地址写入液晶模块
入口参数:dictate
************************************************************************ /
void WriteInstruction (unsigned char dictate)
{
    while(BusyTest() ==1);          //如果忙就等待
    RS =0;                          //根据规定,RS 和 R/W 同时为低电平时,可以写入指
                                    //令
    RW =0;
    E =0;                           //E 置低电平(根据表 8-6,写指令时,E 为高脉冲,
                                    //就是让 E 从 0 到 1 发生正跳变,所以应先置"0"
    _nop_();
    _nop_();                        //空操作两个机器周期,给硬件反应时间
    P0 = dictate;                   //将数据送入 P0 口,即写入指令或地址
    _nop_();
    _nop_();
    _nop_();
    _nop_();                        //空操作四个机器周期,给硬件反应时间
    E =1;                           //E 置高电平
    _nop_();
    _nop_();
    _nop_();
    _nop_();                        //空操作四个机器周期,给硬件反应时间
    E =0;                           //当 E 由高电平跳变成低电平时,液晶模块开始执行命
                                    //令
  }
/ ************************************************************************
函数功能:指定字符显示的实际地址
入口参数:x
************************************************************************ /
```

```
 void WriteAddress(unsigned char x)
 {
     WriteInstruction(x|0x80);    //显示位置的确定方法规定为"80H + 地址码 x"
 }
/ ********************************************************************
函数功能:将数据(字符的标准 ASCII 码)写入液晶模块
入口参数:y(为字符常量)
 ******************************************************************** /
 void WriteData(unsigned char y)
 {
     while(BusyTest() ==1);
     RS =1;                       //RS 为高电平,RW 为低电平时,可以写入数据
     RW =0;
     E =0;                        //E 置低电平(根据表 8-6,写指令时,E 为高脉冲,
                                  //就是让 E 从 0 到 1 发生正跳变,所以应先置"0"
     P0 = y;                      //将数据送入 P0 口,即将数据写入液晶模块
     _nop_();
     _nop_();
     _nop_();
     _nop_();                     //空操作四个机器周期,给硬件反应时间
     E =1;                        //E 置高电平
     _nop_();
     _nop_();
     _nop_();
     _nop_();                     //空操作四个机器周期,给硬件反应时间
     E =0;                        //当 E 由高电平跳变成低电平时,液晶模块开始执行
                                  //命令
 }
/ ********************************************************************
函数功能:对 LCD 的显示模式进行初始化设置
 ******************************************************************** /
void LcdInitiate(void)
{
     delaynms(15);                //延时 15ms,首次写指令时应给 LCD 一段较长的反应
                                  //时间
     WriteInstruction(0x38);      //显示模式设置:16 ×2 显示,5 ×7 点阵,8 位数据接口
delaynms(5);                      //延时 5ms,给硬件一点反应时间
     WriteInstruction(0x38);
     delaynms(5);                 //延时 5ms,给硬件一点反应时间
```

```
    WriteInstruction(0x38);           //连续三次,确保初始化成功
    delaynms(5);                      //延时 5ms,给硬件一点反应时间
    WriteInstruction(0x0c);           //显示模式设置:显示开,无光标,光标不闪烁
    delaynms(5);                      //延时 5ms  ,给硬件一点反应时间
    WriteInstruction(0x06);           //显示模式设置:光标右移,字符不移
    delaynms(5);                      //延时 5ms  ,给硬件一点反应时间
    WriteInstruction(0x01);           //清屏幕指令,将以前的显示内容清除
    delaynms(5);                      //延时 5ms  ,给硬件一点反应时间
 }
/ *****************************************************************
以下是 DS18B20 的操作程序
 ***************************************************************** /
sbit DQ = P3^3;
unsigned char time;                    //设置全局变量,专门用于严格延时
/ **********************************************
函数功能:将 DS18B20 传感器初始化,读取应答信号
出口参数:flag
 ***************************************************************** /
bit Init_DS18B20(void)
{
  bit flag;                            //储存 DS18B20 是否存在的标志,flag = 0,表示
                                       //存在;flag = 1,表示不存在
  DQ = 1;                              //先将数据线拉高
  for(time = 0;time < 2;time ++)       //略微延时约 6μs
    ;
  DQ = 0;                              //再将数据线从高拉低,要求保持 480 ~ 960μs
  for(time = 0;time < 200;time ++)     //略微延时约 600μs
    ;                                  //以向 DS18B20 发出一持续 480 ~ 960μs 的低电
                                       //平复位脉冲
  DQ = 1;                              //释放数据线(将数据线拉高)
   for(time = 0;time < 10;time ++)
    ;                                  //延时约 30μs(释放总线后需等待 15 ~ 60μs 让
                                       //DS18B20 输出存在脉冲)
  flag = DQ;                           //让单片机检测是否输出了存在脉冲(DQ = 0 表
                                       //示存在)
  for(time = 0;time < 200;time ++)     //延时足够长时间,等待存在脉冲输出完毕
     ;
  return (flag);                       //返回检测成功标志
}
```

```
/ ********************************************************************
函数功能:从 DS18B20 读取一个字节数据
出口参数:dat
******************************************************************** /
unsigned char ReadOneChar( void)
 {
    unsigned char i =0;
    unsigned char dat;               //储存读出的一个字节数据
    for (i =0;i <8;i ++ )
    {
      DQ =1;                         //先将数据线拉高
      _nop_();                       //等待一个机器周期
      DQ =0;                         //单片机从 DS18B20 读数据时,将数据线从高拉
                                     //低即启动读时序
      _nop_();                       //等待一个机器周期
      DQ =1;                         //将数据线"人为"拉高,为单片机检测 DS18B20
                                     //的输出电平做准备
      for( time =0;time <2;time ++ )
          ;                          //延时约 6μs,使主机在 15μs 内采样
            dat >> =1;
      if( DQ ==1)
         dat| =0x80;                 //如果读到的数据是 1,则将 1 存入 dat
      else
         dat| =0x00;                 //如果读到的数据是 0,则将 0 存入 dat
                                     //将单片机检测到的电平信号 DQ 存入 r[i]
      for( time =0;time <8;time ++ )
      ;                              //延时 3μs,两个读时序之间必须有大于 1μs 的
                                     //恢复期
      }
   return( dat);                     //返回读出的十六进制数据
}
/ ********************************************************************
函数功能:向 DS18B20 写入一个字节数据
入口参数:dat
******************************************************************** /
WriteOneChar( unsigned char dat)
{
    unsigned char i =0;
    for (i =0; i<8; i ++ )
```

```
    {
        DQ = 1;                        //先将数据线拉高
        _nop_();                       //等待一个机器周期
        DQ = 0;                        //将数据线从高拉低时即启动写时序
        DQ = dat&0x01;                 //利用与运算取出要写的某位二进制数据,
                                       //并将其送到数据线上等待 DS18B20 采样
        for(time = 0;time < 10;time ++)
          ;                            //延时约 30μs,DS18B20 在拉低后的约 15 ~
                                       //60μs 期间从数据线上采样
        DQ = 1;                        //释放数据线
        for(time = 0;time < 1;time ++)
            ;                          //延时 3μs,两个写时序间至少需要 1μs 的恢
                                       //复期
        dat >> = 1;                    //将 dat 中的各二进制位数据右移 1 位
    }
  for(time = 0;time < 4;time ++)
      ;                                //稍作延时,给硬件一点反应时间
}
/ ***************************************************************
函数功能:做好读温度的准备
*************************************************************** /
void ReadyReadTemp(void)
{
      Init_DS18B20();                  //将 DS18B20 初始化
      WriteOneChar(0xCC);              //跳过读序号列号的操作
      WriteOneChar(0x44);              //启动温度转换
      delaynms(200);                   //转换一次需要延时一段时间
      Init_DS18B20();                  //将 DS18B20 初始化
      WriteOneChar(0xCC);              //跳过读序号列号的操作
      WriteOneChar(0xBE);              //读取温度寄存器,前两个分别是温度的低位和
                                       //高位
}
/ ***************************************************************
以下是与温度有关的显示设置
*************************************************************** /
/ ***************************************************************
函数功能:显示没有检测到 DS18B20
*************************************************************** /
void display_error(void)
```

```
{
    unsigned char i;
        WriteAddress(0x00);              //写显示地址,将在第1行第1列开始显示
        i = 0;                           //从第一个字符开始显示
        while(Error[i] != '\0')          //只要没有写到结束标志,就继续写
        {
            WriteData(Error[i]);         //将字符常量写入 LCD
            i ++;                        //指向下一个字符
            delaynms(100);               //延时 100ms,以看清显示的说明
        }
        WriteAddress(0x40);              //写显示地址,将在第1行第1列开始显示
        i = 0;                           //从第一个字符开始显示
            while(Error1[i] != '\0')     //只要没有写到结束标志,就继续写
            {
                WriteData(Error1[i]);    //将字符常量写入 LCD
                i ++;                    //指向下一个字符
                delaynms(100);           //延时 100ms,以看清关于显示的说明
            }
            while(1)                     //进入死循环,等待查明原因
                ;
}
/****************************************************************************
函数功能:显示说明信息
****************************************************************************/
void display_explain(void)
{
    unsigned char i;
        WriteAddress(0x00);              //写显示地址,将在第1行第1列开始显示
          i = 0;                         //从第一个字符开始显示
            while(Str[i] != '\0')        //只要没有写到结束标志,就继续写
            {
                WriteData(Str[i]);       //将字符常量写入 LCD
                i ++;                    //指向下一个字符
                delaynms(100);           //延时 100ms,以看清显示的说明
            }
}
/****************************************************************************
函数功能:显示温度符号
****************************************************************************/
```

```
void display_symbol( void)
 {
    unsigned char i;
        WriteAddress(0x40);                  //写显示地址,将在第 2 行第 1 列开始显示
          i =0;                              //从第一个字符开始显示
            while( Temp[i] ! ='\0')          //只要没有写到结束标志,就继续写
            {
              WriteData( Temp[i]);           //将字符常量写入 LCD
              i ++;                          //指向下一个字符
              delaynms(50);                  //延时 50ms 给硬件一点反应时间
            }
}
/ *********************************************************************
函数功能:显示温度的小数点
********************************************************************* /
void display_dot( void)
{
    WriteAddress(0x49);                      //写显示地址,将在第 2 行第 10 列开始
                                             //显示
    WriteData('.');                          //将小数点的字符常量写入 LCD
    delaynms(50);                            //延时 50ms 给硬件一点反应时间
}
/ *********************************************************************
函数功能:显示温度的单位(Cent)
********************************************************************* /
void display_cent( void)
{
    unsigned char i;
      WriteAddress(0x4c);                    //写显示地址,将在第 2 行第 13 列开始
                                             //显示
        i =0;                                //从第一个字符开始显示
          while( Cent[i] ! ='\0')            //只要没有写到结束标志,就继续写
          {
              WriteData( Cent[i]);           //将字符常量写入 LCD
              i ++;                          //指向下一个字符
              delaynms(50);                  //延时 50ms 给硬件一点反应时间
          }
}
```

```
/ ******************************************************************
函数功能:显示温度的整数部分
入口参数:x
****************************************************************** /
void display_temp1(unsigned char x)
{
unsigned char j,k,l;                    //j,k,l 分别储存温度的百位、十位和个位
   j = x/100;                           //取百位
   k = (x%100)/10;                      //取十位
   l = x%10;                            //取个位
   WriteAddress(0x46);                  //写显示地址,将在第 2 行第 7 列开始显示
   if(flag == 1)                        //负温度时显示“ - ”
   {
   WriteData(digit[10]);                //将百位数字的字符常量写入 LCD
   }
   else{
   WriteData(digit[j]);                 //将百位数字的字符常量写入 LCD
   }
   WriteData(digit[k]);                 //将十位数字的字符常量写入 LCD
   WriteData(digit[l]);                 //将个位数字的字符常量写入 LCD
   delaynms(50);                        //延时 50ms 给硬件一点反应时间
}
/ ******************************************************************
函数功能:显示温度的小数部分
入口参数:x
****************************************************************** /
 void display_temp2(unsigned char x)
{
   WriteAddress(0x4a);                  //写显示地址,将在第 2 行第 11 列开始
                                        //显示
   WriteData(digit[x]);                 //将小数部分的第一位数字字符常量写
                                        //入 LCD
   delaynms(50);                        //延时 50ms 给硬件一点反应时间
}
/ ******************************************************************
函数功能:主函数
****************************************************************** /
 void main(void)
 {
```

```
unsigned char TL;                  //储存暂存器的温度低位
unsigned char TH;                  //储存暂存器的温度高位
unsigned char TN;                  //储存温度的整数部分
unsigned char TD;                  //储存温度的小数部分
LcdInitiate();                     //将液晶初始化
delaynms(5);                       //延时 5ms 给硬件一点反应时间
if(Init_DS18B20()==1)
display_error();
display_explain();
display_symbol();                  //显示温度说明
display_dot();                     //显示温度的小数点
display_cent();                    //显示温度的单位
while(1)                           //不断检测并显示温度
  {   flag=0;
      ReadyReadTemp();             //读温度准备
      TL=ReadOneChar();            //先读的是温度值低位
      TH=ReadOneChar();            //接着读的是温度值高位
      if((TH&0xf8)!=0x00)          //判断高五位得到温度正负标志
      {
      flag=1;
      TL=~TL;                      //取反
      TH=~TH;                      //取反
      tltemp=TL+1;                 //低位加 1
      TL=tltemp;
      if(tltemp>255) TH++;         //如果低 8 位大于 255,向高 8 位进 1
      TN=TH*16+TL/16;              //实际温度值=(TH*256+TL)/16,即:
                                   //TH*16+TL/16 这样得出的是温度的整
                                   //数部分,小数部分被丢弃了
      TD=(TL%16)*10/16;            //计算温度的小数部分,将余数乘以 10
                                   //再除以 16 取整,
      }
      TN=TH*16+TL/16;              //实际温度值=(TH*256+TL)/16,即:
                                   //TH*16+TL/16 这样得出的是温度的整
                                   //数部分,小数部分被丢弃了
      TD=(TL%16)*10/16;            //计算温度的小数部分,将余数乘以 10 再
                                   //除以 16 取整,这样得到的是温度小数部
                                   //分的第一位数字(保留 1 位小数)
      display_temp1(TN);           //显示温度的整数部分
      display_temp2(TD);           //显示温度的小数部分
```

```
        delaynms(10);
    }
}
```

9.6　应用实例——交通灯控制系统设计

9.6.1　交通灯系统的总体设计

交通灯控制规则如下：

（1）每个街口有左拐、右拐、直行及行人四种指示灯。每个灯有红、绿两种颜色。自行车与汽车共用左拐、右拐和直行指示灯。

（2）共有四种通行方式：

1）车辆南北直行、各路右拐，南北向行人通行。南北向通行时间为1min，各路右拐比直行滞后10s开放。

2）南北向左拐、各路右拐，行人禁行。通行时间为1min。

3）东西向直行、各路右拐，东西向行人通行。东西向通行时间为1min，各路右拐比直行滞后10s开放。

4）东西向左拐、各路右拐。行人禁行。通行时间为1min。

（3）在通行结束前10s，绿灯闪烁直至结束。

图9-11为交通灯控制系统的工作原理图。

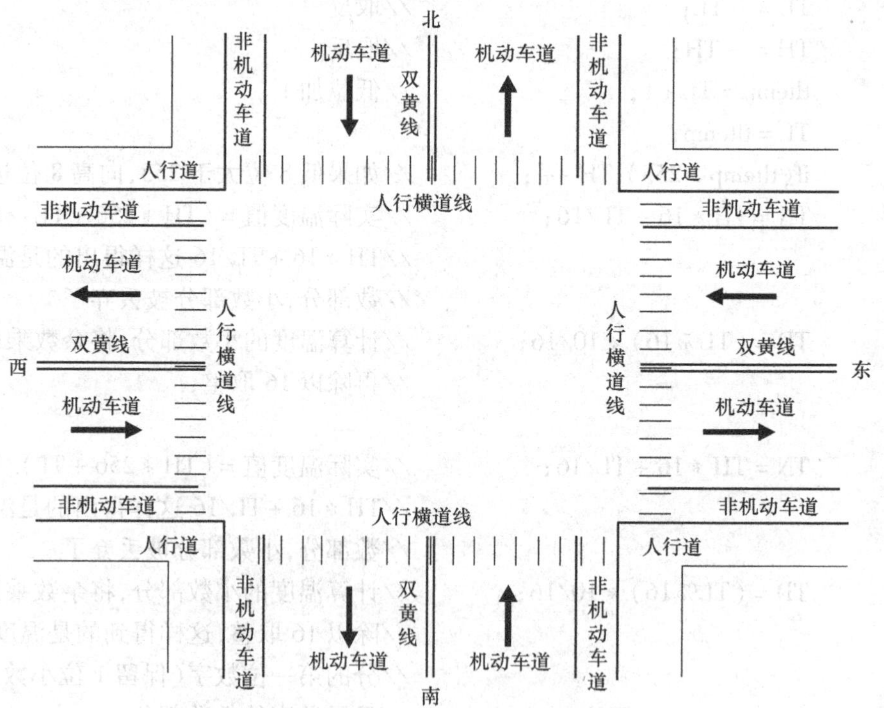

图9-11　交通灯控制系统原理图

9.6.2 交通灯控制系统的功能要求

本设计能模拟基本的交通控制系统，用红绿灯表示禁行和通行信号，还能进行倒计时显示，通行时间调整和紧急处理等功能。

1. 倒计时显示

倒计时显示可以提醒驾驶员信号灯灯色发生改变的时间，在“停止”和“通过”两者间作出合适的选择。倒计时显示可以提醒驾驶员灯色发生改变的时间，帮助驾驶员在“停止”和“通过”两者间作出合适的选择，更加安全。

2. 时间的设置

本设计中可通过键盘对时间进行手动设置，增加了人为的可控性，避免自动故障和意外的发生。在紧急状态下，可设置所有灯变为红灯。键盘是单片机系统中最常用的人机接口，一般情况下有独立式和行列式两种。前者软件编写简单，但在按键数量较多时特别浪费 I/O 口资源，一般用于按键数量少的系统。后者适用于按键数量较多的场合，但是在单片机 I/O 口资源相对较少而需要较多按键时，此方法仍不能满足设计要求。本系统要求的按键控制不多，且 I/O 口足够，可直接采用独立式。

3. 紧急处理

交通路口出现紧急状况在所难免，如特大事件发生，救护车等急行车需要通过等。在交通控制中增设禁停按键，就可达到此要求。

9.6.3 系统硬件的设计

采用一块 AT89C51 单片机、两段共阴 LED 显示器、SW1、SW2 两个双掷开关以及 32 个 LED，其中 16 个红色、16 个绿色发光二极管，每两个为一组。若 P0 端口的电压输出电流不足以驱动 LED，就利用上拉电阻使 LED 正常工作，但不需电阻亦可。单片机晶振选用 12MHz。图 9-12 是交通灯系统硬件电路图。

9.6.4 系统软件的设计

（1）主程序—汇编语言版

```
;  *****************************************************************;
;  ** 赋值程序，定时器和中断等的开启，初始化红绿灯
;  *****************************************************************;
         SECOND EQU 30H
         DBUF    EQU    50H
         ORG 0000H
         LJMP START
         ORG 0003H
         LJMP START0
         ORG 0013H
         LJMP START1
START：MOV R7，#5
```

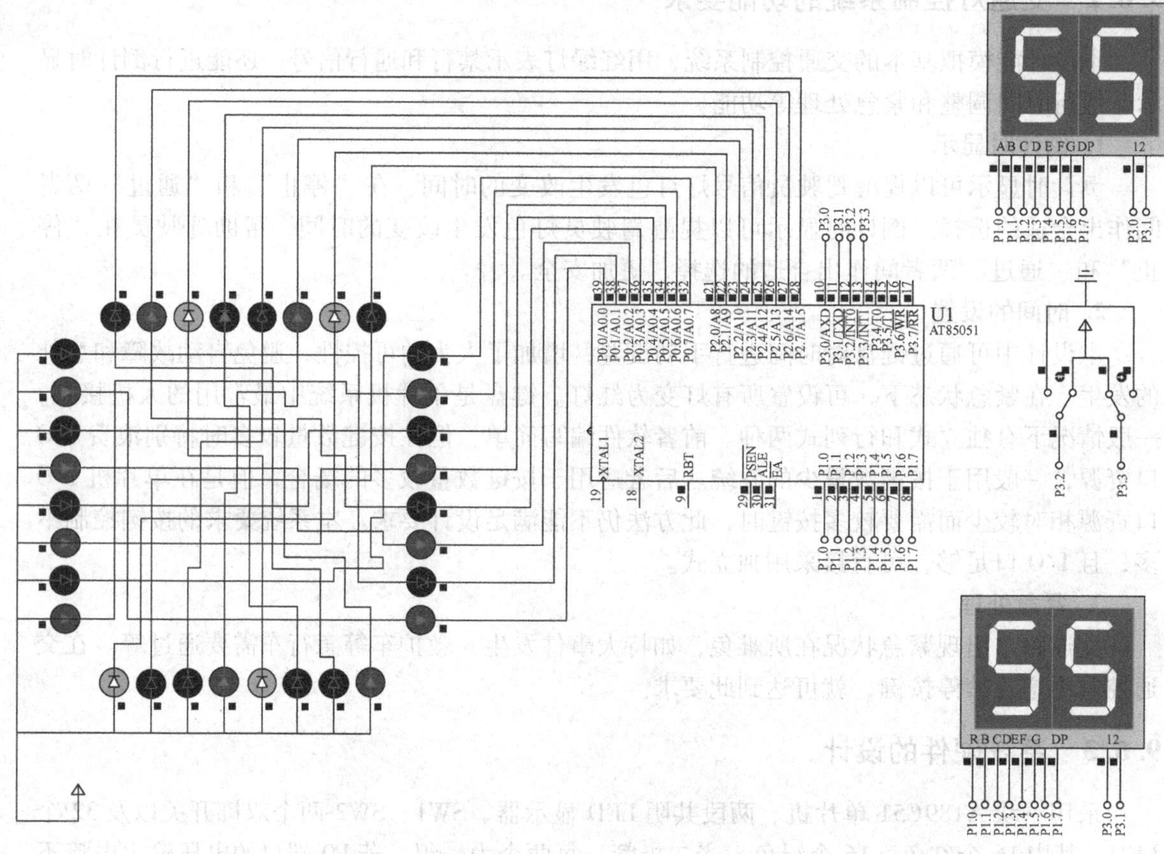

图 9-12　是交通灯系统硬件电路图

```
MOV   SP, #60H
SETB   EA
SETB EX0
SETB   EX1
SETB   IT0
SETB IT1
MOV   TCON, #00H
MOV   TMOD, #01H
MOV TH0, #3CH
MOV TL0, #0B0H
CLR TF0
SETB TR0
MOV A, #0FFH
MOV P2, A
MOV P0, A
```

```
;  ************************************************************ ;
;  ** 控制状态一和四的选择
;  ************************************************************ ;
LOOPM:   SETB P3.7
         LJMP LOOP
 LOOPK:  CLR P3.7
  LOOP:  MOV R2, #20
         MOV R3, #10
         MOV SECOND, #60
         JNB P3.7, LP1
         LCALL STATE1
         LJMP Z1
   LP1:  LCALL STATE4
    Z1:  LCALL DISPLAY
         JNB TF0, Z1
         CLR TF0
         MOV TH0, #3CH
         MOV TL0, #0B0H
         DJNZ R2, Z1
         MOV R2, #20
         DEC SECOND
         LCALL DISPLAY
         DJNZ R3, Z1
;  ************************************************************ ;
;  ** 控制状态二和五的选择
;  ************************************************************ ;
         MOV R2, #20
         MOV R3, #40
         MOV SECOND, #50
         JNB P3.7, LP2
         LCALL STATE2
         LJMP Z2
   LP2:  LCALL STATE5
    Z2:  LCALL DISPLAY
         JNB TF0, Z2
         CLR TF0
         MOV TH0, #3CH
         MOV TL0, #0B0H
         DJNZ R2, Z2
```

```
        MOV R2, #20
        DEC SECOND
        LCALL DISPLAY
        DJNZ R3, Z2
; ************************************************************ ;
; ** 控制状态二和五的选择，绿灯闪烁
; ************************************************************ ;
        MOV   R2, #20
        MOV   R3, #10
        MOV   R4, #1
        MOV SECOND, #10
  Z3:   LCALL DISPLAY
        JNB P3.7, LP3
        LCALL STATE2
        LJMP MM1
 LP3:   LCALL STATE5
 MM1:   JNB TF0, Z3
        CLR TF0
        MOV TH0, #3CH
        MOV TL0, #0B0H
        JNB P3.7, SS1
        MOV P2, #0BFH
        LJMP SS2
 SS1:   MOV P0, #0BFH
 SS2:   DJNZ R4, Z3
        MOV R4, #1
        DJNZ R2, Z3
        MOV R2, #20
        DEC SECOND
        LCALL DISPLAY
        DJNZ R3, Z3
; ************************************************************ ;
; ** 控制状态三和六的选择
; ************************************************************ ;
        MOV R2, #20
        MOV R3, #50
        MOV SECOND, #60
  Z4:   LCALL DISPLAY
        JNB P3.7, LP4
```

```
        LCALL STATE3
        LJMP MM2
LP4:    LCALL STATE6
MM2:    JNB TF0, Z4
        CLR TF0
        MOV TH0, #3CH
        MOV TL0, #0B0H
        DJNZ R2, Z4
        MOV R2, #20
        DEC SECOND
        LCALL DISPLAY
        DJNZ R3, Z4
; ****************************************************************;
; ** 控制状态三和六的选择，绿灯闪烁
; ****************************************************************;
        MOV R2, #20
        MOV R3, #10
        MOV R4, #1
        MOV SECOND, #10
Z5:     LCALL DISPLAY
        JNB P3.7, LP5
        LCALL STATE3
        LJMP MM3
LP5:    LCALL STATE6
MM3:    JNB TF0, Z5
        CLR TF0
        MOV TH0, #3CH
        MOV TL0, #0B0H
        DJNZ R4, Z5
        MOV P1, #75H
        JNB P3.7, SS3
        MOV P2, #0EEH
        MOV P0, #0AEH
        LJMP SS4
SS3:    MOV P2, #0AEH
        MOV P0, #0EEH
SS4:    MOV R4, #1
        DJNZ R2, Z5
        MOV R2, #20
```

```
        DEC SECOND
        LCALL DISPLAY
        DJNZ R3, Z5
        JB P3.7, KK
        LJMP LOOPM
    KK: LJMP LOOPK
; ****************************************************************;
; ** 中断 ITO
; ****************************************************************;
START0: ACALL DISPLAY
        JB P3.2, K0
        PUSH ACC
        MOV A, P0
        PUSH ACC
        MOV A, P2
        PUSH ACC
        MOV  P2, #0A9H
        MOV P0, #0A9H
    A0: JB P3.2, A1
        ACALL DISPLAY
        LJMP A0
    A1:  ACALL DISPLAY
        JNB P3.2, A0
        POP ACC
        MOV P2, A
        POP ACC
        MOV P0, A
        POP ACC
    K0: RETI
; ****************************************************************;
; ** 中断 IT1
; ****************************************************************;
START1: ACALL DISPLAY
        JB P3.3, K1
        PUSH ACC
        MOV A, P0
        PUSH ACC
        MOV A, P2
        PUSH ACC
```

```
        MOV A, R2
        PUSH ACC
        MOV A, R3
        PUSH ACC
        MOV A, SECOND
        PUSH ACC
        MOV P2, #56H
        MOV P0, #56H
A2:     JB P3.3, A3
        ACALL DISPLAY
        LJMP A2
A3:     ACALL DISPLAY
        ACALL DISPLAY
        JNB  P3.3, A2
        MOV R2, #20
        MOV R3, #15
        MOV SECOND, #15
A4:     LCALL DISPLAY
        JNB TF0, A4
        CLR TF0
        MOV TH0, #3CH
        MOV TL0, #0B0H
        DJNZ R2, A4
        MOV R2, #20
        DEC SECOND
        LCALL DISPLAY
        DJNZ R3, A4
        POP ACC
        MOV SECOND, A
        POP ACC
        MOV R3, A
        POP ACC
        MOV R2, A
        POP ACC
        MOV P2, A
        POP ACC
        MOV P0, A
        POP ACC
K1:     RETI
```

```
; *************************************************************** ;
STATE1:  MOV P2, #99H
         MOV P0, #0AAH
         RET
STATE2:  MOV P2, #95H
         MOV P0, #0AAH
         RET
STATE3:  MOV P2, #66H
         MOV P0, #0A6H
         RET
STATE4:  MOV P0, #99H
         MOV P2, #0AAH
         RET
STATE5:  MOV P0, #95H
         MOV P2, #0AAH
         RET
STATE6:  MOV P0, #66H
         MOV P2, #0A6H
         RET
; *************************************************************** ;
; ** 显示程序及结束
; *************************************************************** ;
DISPLAY:
         MOV A, SECOND
         MOV B, #10
         DIV AB
         MOV DBUF, A
         MOV A, B
         MOV  DBUF+1, A
         MOV R0, #DBUF
         MOV  R1, #DBUF+1
         MOV DPTR, #LEDMAP
   DP:
         MOV A, @R0
         MOVC A, @A+DPTR
         MOV P1, A
         CLR P3.0
         ACALL DELAY
         SETB P3.0
```

```
         MOV A, @R1
         MOVC A, @A + DPTR
         MOV P1, A
         CLR P3.1
         ACALL DELAY
         SETB P3.1
         DJNZ R7, DP
         MOV R7, #5
         RET
DELAY:   MOV R6, #01H
  AA1:   MOV R5, #0FFH
   AA:   DJNZ R5, AA
         DJNZ R6, AA1
         RET
LEDMAP:  DB  3FH, 06H, 5BH, 4FH, 66H, 6DH
         DB  7DH, 07H, 7FH, 6FH, 77H, 7CH
         DB  58H, 5EH, 7BH, 71H, 00H, 40H
         END
```

（2）主程序——C 语言版

```
#include <reg52.h>
unsigned char Tab[ ] = {0x3F,0x06,0x5B,0x4F,0x66,0x6D,0x7D,0x07,0x7F,0x6F};
                                    //共阴极数码管 7 段显示码表
sbit P30 = P3^0;                    //位选段
sbit P31 = P3^1;
unsigned int x = 60;                //60s 倒计时
unsigned int y = 0;                 //定时器计数
unsigned int z = 0;                 //交通灯过程计数
unsigned int a = 0;                 //中断延迟计数
unsigned count = 0;                 //闪烁计数
unsigned char flag = 1;             //标志位
unsigned char flag2  =  1;
sbit P37 = P3^7;                    //位判断
void delay1ms(unsigned int i)
{
unsigned char j;
 while(i --)
 {
 for(j = 0;j < 115;j ++)            //1ms 基准延时程序
 {
```

```
    ;
    }
  }
}
main()
{
   P37 =1;                          //开定时器中断
   EA =1;
   ET0 =1;
   EX0 =1;
   IT0 =1;
   EX1 =1;                          //开外部中断
   IT1 =1;
   TMOD| =0x01;                     //定时工作模式 1
   TR0 =1;
   TH0 =(65536-50000)/256;          //定时 50ms
   TL0 =(65536-50000)%256;
   while(1)
   {
     P31 =0;
     delay1ms(1);
     P30 =1;
     P1 =Tab[x%10];                 //数码管个位显示
     delay1ms(5);
     P30 =0;
     delay1ms(1);
     P31 =1;
     P1 =Tab[x/10%10];              //数码管十位显示
     delay1ms(5);
     if(flag2  == 1)
     {
     if(P37 ==1)
     {
     if(z <10)                      //南北直行,行人绿灯,其余红灯,延迟 10s
     {
         P2 =0x99;
         P0 =0xAA;
     }
     if(z > =10 && z <50)           //南北直行,行人绿灯,右拐绿灯,其余红灯,延迟 40s
```

```
{
    P2 = 0x95;
    P0 = 0xAA;
}
if(z >= 50 && z < 60)          //南北直行,行人绿灯,右拐绿灯,闪烁,其余红灯,延
                               //迟 10s
{
   if(flag == 1)
     {P2 = 0x95;
      P0 = 0xAA;
     }
}
if(z >= 60 && z < 110)         //南北左拐,右拐绿灯,东西右拐绿灯,其余红灯,延迟
                               //50s
  {
      P2 = 0x66;
      P0 = 0xA6;
  }
}
if(P37 == 0)                   //判断 P3.7 口是否为 0
{
    if(z < 130)                //东西直行,行人绿灯,其余红灯,延迟 10s
    {
       P2 = 0xaa;
       P0 = 0x99;
    }
   if(z >= 130 && z < 170)     //东西直行,行人,右拐绿灯,其余红灯,延迟 40s
{
    P2 = 0xAA;
    P0 = 0x95;
}
if(z >= 170 && z < 180)        //东西直行,行人,右拐绿灯,闪烁,其余红灯,延迟 10s
{
   if(flag == 1)
     {P2 = 0xAA;
      P0 = 0x95;
     }
}
if(z >= 180 && z < 230)        //东西左拐,右拐绿灯,南北右拐绿灯,其余红灯,延
```

迟 50s

```
        {
            P2 = 0xA6;
            P0 = 0x66;
        }
      }
    }
  }
}
void tim(void) interrupt 1 using 0
{
    TH0 = (65536 - 50000)/256;
    TL0 = (65536 - 50000)%256;
    if(flag2 == 0)                  //中断延时
    {
        a ++;
        if(a == 300)
            {flag2 = 1;
             a = 0;}
    }
    if(flag2 == 1)
    {   y ++;                       //定时器中断 50ms 一次,共 20 次,则延迟 1s
    if(y == 20)
      {x --;
      if(x == 0)
          x = 60;
      y = 0;
      z ++;
      if(z == 120)                  //完成南北 120s 后,P3.7 置 0
          {
          P37 = 0;}
      if(z == 240)
          {
          P37 = 1;
          z = 0;
          }
      if(z >= 50 && z < 60)         //南北直行,行人绿灯,右拐绿灯,闪烁,其余红灯,延
                                    //迟 10s
      {}
```

```
    if(count!  = 1)
    {
     P2 =0xbf;
     P0 =0xAA;
     flag =0;
     count ++ ;          }
     else {flag =1;
            count =0;      }
  }
if(z> =110 && z<120)          //南北左拐,右拐绿灯,东西右拐绿灯,闪烁,其余红
                              //灯,延迟 50s
{
    if(count!  =1)
    {
     P2 =0x66;
     P0 =0xA6;
     count ++ ;
    }
    else {count =0;
          P2 =0xee;
          P0 =0xae;
          }
 }
 if(z> =170 && z<180)         //东西直行,行人,右拐绿灯,闪烁,其余红灯,延迟 10s
  {
    if(count!  =1)
    {
     P2 =0xAA;
     P0 =0xBF;
     flag =0;
     count ++ ;          }
     else {flag =1;
            count =0;      }
  }
 if(z> =230 && z<240)         //东西左拐,右拐绿灯,南北右拐绿灯,闪烁,其余红
                              //灯,延迟 10s
{
    if(count!  =1)
    {
```

```
            P2 = 0xa6;
            P0 = 0x66;
            count ++ ;
          }
          else { count = 0;
                P2 = 0xae;
                P0 = 0xee;
                }
      }
      }
      }
}
void int0(void)     interrupt 0 using 0     //外部中断函数 0
{
    P0 = 0xa9;
    P2 = 0xa9;
    flag2 = 0;
}
void int1(void)     interrupt 2 using 0     //外部中断函数 1
{
    P0 = 0x56;
    P2 = 0x56;
    flag2 = 0;
}
```

9.7 应用实例——直流电动机控制系统

9.7.1 直流电动机原理及应用

1. 直流电动机实物图片（见图 9-13 ~ 图 9-15）

图 9-13　普通直流电动机

图 9-14　无刷直流电动机

2. 直流电动机的结构及工作原理简介

电动机是使机械能与电能相互转换的机械，直流电动机把直流电能变为机械能。作为机电执行元部件，直流电动机内部有一个闭合的主磁路。主磁通在主磁路中流动，同时与两个电路交联，其中一个电路是用来产生磁通的，称为励磁电路；另一个电路是用来传递功率的，称为功率回路或电枢回路。现行的直流电动机都是旋转电枢式，也就是说，励磁绕组及其所包围的铁心组成的磁极为定子，带换向单元的电枢绕组和电枢铁心结合构成直流电动机的转子。其物理模型如图9-16所示。

图9-15　伺服直流电动机

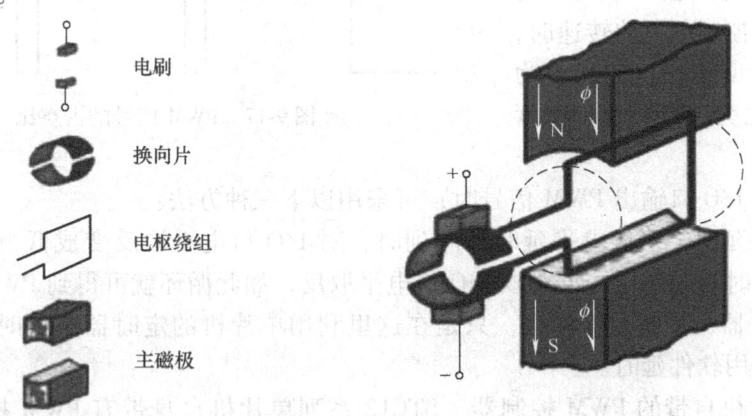

图9-16　直流电动机的物理模型图

其中，固定部分有磁铁，这里称为主磁极；固定部分还有电刷。转动部分有环形铁心和绕在环形铁心上的绕组。(其中两个小圆圈是为了表示该位置上的导体电势或电流的方向)

图9-16表示一台最简单的两极直流电机模型，它的固定部分（定子）上，装设了一对直流励磁的静止的主磁极N和S，在旋转部分（转子）上装设电枢铁心。定子与转子之间有一气隙。在电枢铁心上放置了两根导体连成的电枢绕组，绕组的首端和末端分别连到两个圆弧形的铜片上，此铜片称为换向片。换向片之间互相绝缘，由换向片构成的整体称为换向器。换向器固定在转轴上，换向片与转轴之间亦相互绝缘。在换向片上放置一对固定不动的电刷，当电枢旋转时，电枢绕组通过换向片和电刷与外电路接通。

3. 直流电动机的驱动

用单片机控制直流电动机时，需要加驱动电路，为直流电动机提供足够大的驱动电流。使用不同的直流电动机，其驱动电流也不同，我们要根据实际需求选择合适的驱动电路，通常有以下几种驱动电路：晶体管电流放大驱动电路、电动机专用驱动模块（如L298）和达林顿驱动器等。如果是驱动单个电动机，并且电动机的驱动电流不大时，我们可用晶体管搭建驱动电路，不过这样要稍微麻烦些。如果电动机所需要的驱动电流较大，可直接选用市场上现成的电动机专用驱动模块，这种模块接口简单，操作方便，并可为电动机提供较大的驱动电流，不过它的价格要贵一些。如果是读者自己学习电动机原理及电路驱动原理使用，建议选用达林顿驱动器，它实际上是一个集成芯片，单块芯片同时可驱动8个电动机，每个电动机由单片机的一个 I/O 口控制，当需要调节直流电动机转速时，使单片机的相应 I/O 口输出不同占空比的 PWM 波形即可。

PWM（Pulse Width Modulation，脉冲宽度调制）是按一定规律改变脉冲序列的脉冲宽度，以调节输出量和波形的一种调制方式。我们在控制系统中最常用的是矩形波 PWM 信号，在控制时需要调节 PWM 波的占空比。如图 9-17 所示，占空比是指高电平持续时间在一个周期时间内的百分比。控制电机的转速时，占空比越大，速度越快，如果全为高电平，占空比为 100% 时，速度达到最快。

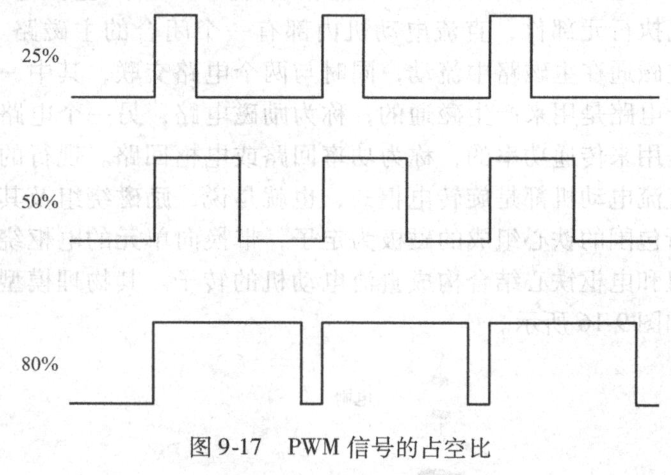

图 9-17　PWM 信号的占空比

当用单片机 I/O 口输出 PWM 信号时，可采用以下三种方法：

（1）用软件延时　当高电平延时时间到时，对 I/O 口电平取反变成低电平，然后再延时；当低电平延时时间到时，再对该 I/O 口电平取反，如此循环就可得到 PWM 信号。

（2）用定时器　控制方法同上，只是在这里利用单片机的定时器来定时进行高、低电平的翻转，而不用软件延时。

（3）用单片机自带的 PWM 控制器　STC12 系列单片机自身带有 PWM 控制器，STC89 系列单片机无此功能，其他型号的很多单片机也带有 PWM 控制器，如 PIC 单片机、AVR 单片机等。

9.7.2　直流电动机调速系统的设计

1. 设计思路

选用 AT 89C51 单片机控制，通过外部中断来读取控制按钮的动作，通过 L298 驱动芯片来实现电动机的驱动，通过 PWM 技术来控制电动机的速度。结构框图如图 9-18 所示。

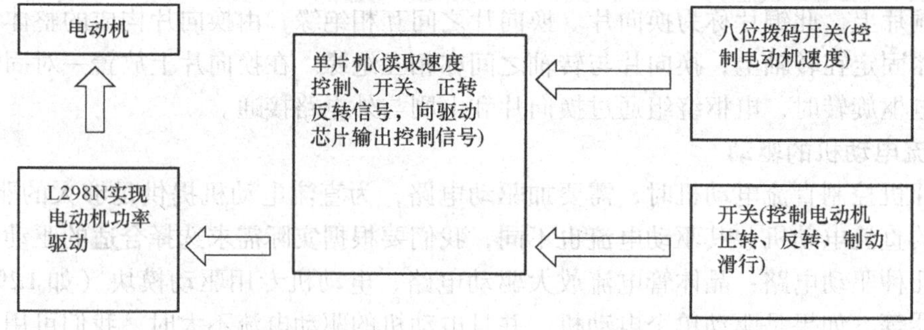

图 9-18　直流电动机调速系统结构框图

2. 直流电动机的驱动电路设计

利用 L298 芯片驱动电动机电路，原理图如图 9-19 所示。

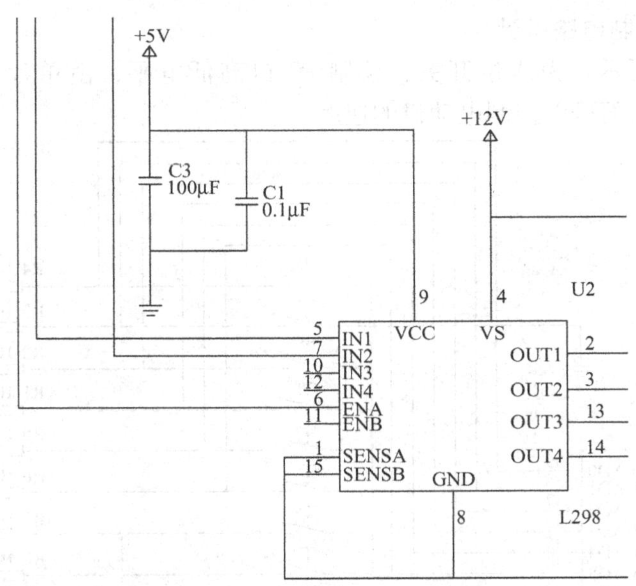

图 9-19　L298 芯片驱动电动机电路

L298 双 H 桥直流电动机驱动板可以驱动两台直流电动机，使能端 ENA、ENB 为高电平有效，若要对直流电动机进行 PWM 调速，需要设置 IN1、IN2，确定电动机的转动方向，然后对使能端输出 PWM 脉冲，即可实现调速，控制方式及直流电动机状态如下表 9-4 所示。

表 9-4　控制方式及直流电动机状态表

ENA	IN1	IN2	直流电机状态
0	X	X	停止
1	0	0	制动
1	0	1	正转
1	1	0	反转
1	1	1	制动

L298 引脚符号及功能：

SENSA、SENSB：分别为两个 H 桥的电流反馈脚，不用时可以直接接地

ENA、ENB：使能端，输入 PWM 信号

IN1、IN2、IN3、IN4：输入端，TTL 逻辑电平信号

OUT1、OUT2、OUT3、OUT4：输出端，与对应输入端同逻辑

VCC：逻辑控制电源，4. 5 ~7V

GND：接地

VSS：电动机驱动电源，最小值需比输入的低电平电压高

3. 正反转控制电路设计

设计采用一个停止开关、一个正转开关、一个反转开关，实现直流电动机的正转、反转、停止，开关与单片机的接口电路如图 9-20 所示。本电路利用普通按键开关实现正反转控制。

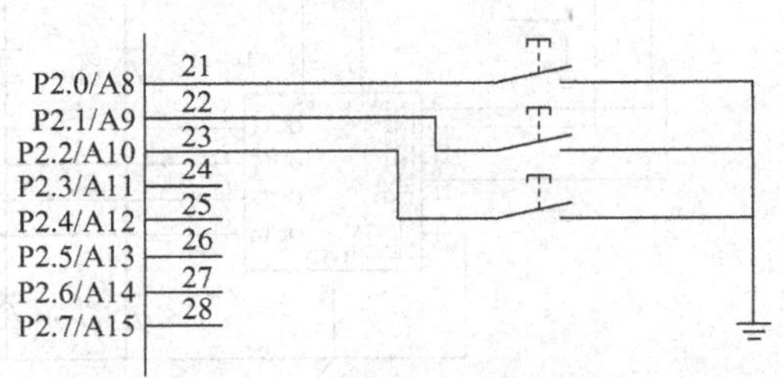

图 9-20　正反转控制电路设计

4. PWM 脉冲控制电路设计

电路如图 9-21 所示，为八位开关，控制 P0 口高低电平，由单片机读取后控制输出 PWM 波的占空比，从而可以控制电动机的速度。

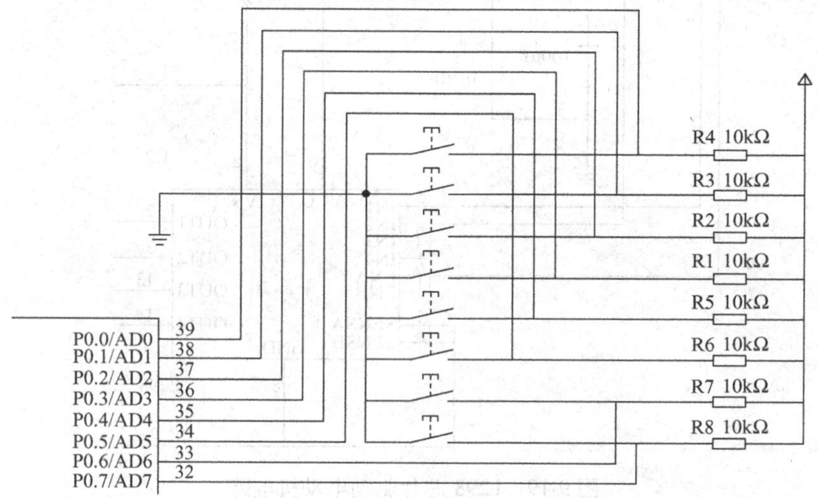

图 9-21　PWM 脉冲控制电路

直流电动机调速系统的总体电路图如图 9-22 所示。

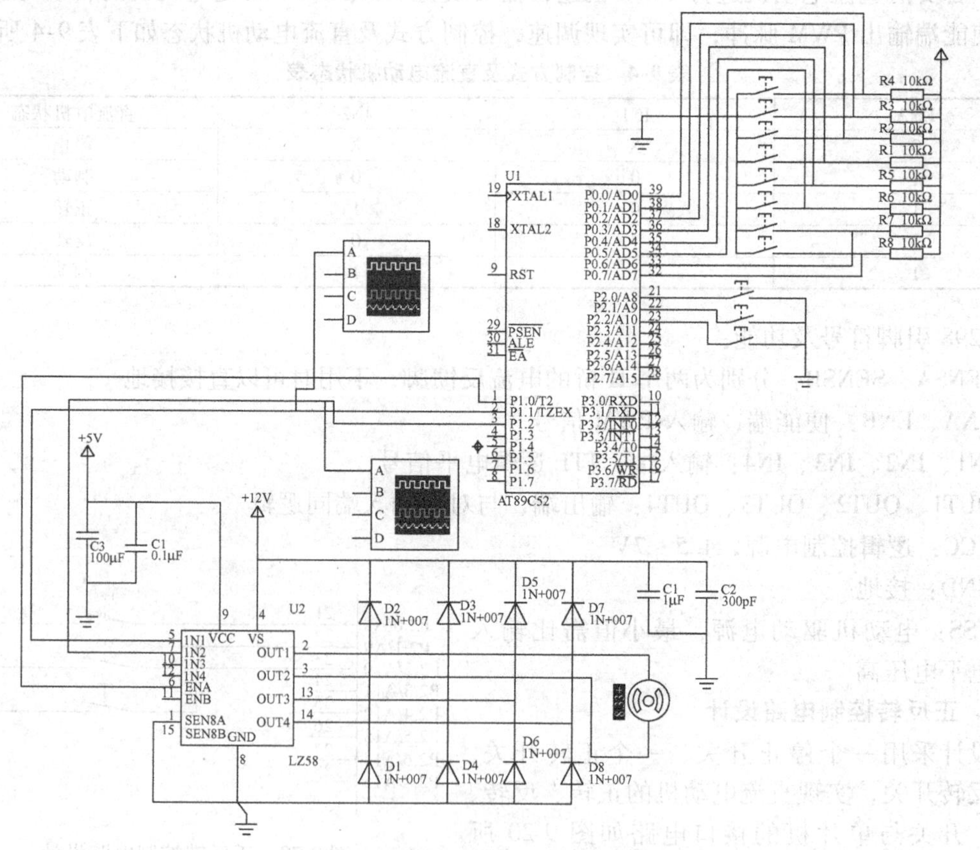

图 9-22　直流电动机调速系统电路图

5. 系统的软件设计

（1）主程序—汇编语言版

```
         ORG   0000H
         LJMP MAIN
         ORG   0003H                    ；判断中断状态
         LJMP INT00
         ORG   000BH                    ；判断定时器 0 中断状态
         LJMP IT00
MAIN：   MOV SP，#60H                   ；初始指定一个堆栈地址
         MOV TMOD，#01H                 ；确定定时中断方式
         MOV TH0，#0FFH                 ；置初值
         MOV TL0，#0FFH
         CLR P1.0                       ；初始化
         CLR P1.1
         CLR P1.2
         CLR   IT0                      ；低电平触发
         CLR   C                        ；清零标志位
         SETB EA                        ；开总开关
         SETB EX0                       ；开外部中断开关
         SETB ET0                       ；开定时中断开关
         SETB TR0                       ；定时中断开启
         SJMP $                         ；等待中断
INT00：  CLR EX0
         MOV P2，#0FFH                  ；读 P2 口状态
         MOV A，P2
         JNB ACC.1，ZZ1                 ；跳转到正转子程序
         JNB ACC.2，FZ1                 ；跳转到反转子程序
         JNBACC.3，TZ1                  ；跳转到停止子程序
         SETB EX0
         RETI
  ZZ1：  LCALL TTS                      ；软件延时去抖
         JNB ACC.1，ZZ
         RETI
   ZZ：  SETB P1.1                      ；控制直流电动机正转
         CLR   P1.2
         LCALL TTS
         SETB EX0
         RETI
  FZ1：  LCALL TTS                      ；软件延时去抖
```

```
        JNB ACC.2, FZ
        RETI
FZ:     CLR   P1.1              ; 控制直流电动机反转
        SETB P1.2
        LCALL TTS
        SETB EX0
        RETI
TZ1:    LCALL TTS               ; 软件延时去抖
        JNB ACC.3, TZ
        RETI
TZ:     CLR   P1.1              ; 控制直流电动机停止
        CLR   P1.2
        LCALL TTS
        SETB EX0
        RETI
IT00:   MOV P0, #0FFH           ; 扫描 P0 口控制 PWM 波开关状态
        MOV A, P0
        MOV R0, A               ; 将 P0 口状态放入 R0
        CPL P1.0                ; 控制 PWM 波程序
        JB P1.0, Y1
        MOV TH0, R0
        RETI
Y1:     MOV   A, P0
        MOV   R0, A
        MOV   A, #0FFH
        SUBB A, R0
        MOV   TH0, A
        RETI
TTS:    MOV   R3, #0E0H         ; 延时子程序
TT1S:   MOV   R4, #30H
TT0S:   DJNZ  R4, TT0S
        DJNZ  R3, TT1S
        RET
        END
```

（2）主程序—C 语言版

```
#include <reg52.h>
sbit PWM0 = P1^1;
sbit PWM1 = P1^2;
sbit ENA = P1^0;
```

```
sbit key_ ZZ   = P2^1;                //正转键
sbit key_ FZ   = P2^2;                //反转键
sbit key_ stop = P2^0;                //停止键
unsigned int ZZ;                      //正转标志位
unsigned int FZ;                      //反向标志位
unsigned int TS;                      //换向标志位
unsigned char CYCLE;                  //定义周期该数字X基准定时时间如果是
                                      //20则周期是20×0.5ms
unsigned char PWM_ ON ;               //定义高电平时间
main ()
{
  ENA = 1;
  TMOD | = 0x01;                      //定时器设置1ms in 12M crystal
  TH0 = (65536 - 500) /256;
  TL0 = (65536 - 500)%256;            //定时0.5ms
  P0 = 0xff;
  TR0 = 1;
  CYCLE = 20;                         //时间可以调整,这个是20步调整,周期
                                      //10ms,8位PWM就是256步
  while (1)
  {
     if (P0 == 0xFE)                  //P0.0按下
     {
        if (TS == 1)
            {IE = 0x82;               //打开中断
            ZZ = 1;                   //正反转标志位置1和清零
            FZ = 0;                   //正反转标志位置1和清零
           PWM_ ON = 16;}             //设置步数
        if (TS == 2)
            {
            IE = 0x82;
            ZZ = 0;
            FZ = 1;
           PWM_ ON = 16;
           }
     }
     if (P0 == 0xFD)                  //P0.1按下
        {
        if (TS == 1)
```

```
            {IE =0x82;
            ZZ =1;
            FZ =0;
           PWM_ ON =14;}
      if (TS ==2)
            {
            IE =0x82;
            ZZ =0;
            FZ =1;
           PWM_ ON =14;
           }
      }
   if (P0 ==0xFB)                    //P0. 2 按下
      {
      if (TS ==1)
            {IE =0x82;
           ZZ =1;
           FZ =0;
           PWM_ ON =12;}
     if (TS ==2)
            {
            IE =0x82;
            ZZ =0;
            FZ =1;
           PWM_ ON =12;
           }
      }
   if (P0 ==0xF7)                    //P0. 3 按下
      {
      if (TS ==1)
            {IE =0x82;
             ZZ =1;
             FZ =0;
           PWM_ ON =10;}
      if (TS ==2)
            {
            IE =0x82;
            ZZ =0;
            FZ =1;
```

```
        PWM_ ON = 10;
        }
    }
if (P0 == 0xEF)                          //P0. 4 按下
    {
            if (TS == 1)
        {IE = 0x82;
         ZZ = 1;
        FZ = 0;
       PWM_ ON = 8;}
  if (TS == 2)
        {
        IE = 0x82;
        ZZ = 0;
        FZ = 1;
        PWM_ ON = 8;
        }
    }
if (P0 == 0xDF)                          //P0. 5 按下
    {
   if (TS == 1)
        {IE = 0x82;
        ZZ = 1;
        FZ = 0;
       PWM_ ON = 6;}
   if (TS == 2)
        {
        IE = 0x82;
        ZZ = 0;
        FZ = 1;
        PWM_ ON = 6;
        }
    }
if (P0 == 0xBF)                          //P0. 6 按下
    {
        if (TS == 1)
        {IE = 0x82;
             ZZ = 1;
        FZ = 0;
```

```
            PWM_ ON =4;}
        if (TS ==2)
            {
            IE =0x82;
            ZZ =0;
            FZ =1;
            PWM_ ON =4;
            }
        }
    if (P0 ==0x7F)                          //P0. 7 按下
        {
            if (TS ==1)
            {IE =0x82;
                ZZ =1;
            FZ =0;
            PWM_ ON =2;}
        if (TS ==2)
            {
            IE =0x82;
            ZZ =0;
            FZ =1;
            PWM_ ON =2;
            }
        }
    if (key_ ZZ ==0)                        //正转按下，TS 标志位为 1
      {
        TS =1;
      }
    if (key_ FZ ==0)                        //反转按下，TS 标志位为 2
      {
        TS =2;
      }
    if (key_ stop ==0)                      //停车按下，关闭定时中断
      {
        EA =0;
        PWM0 =0;
        PWM1 =0;
      }
}
```

```
}
/*****************************************************************/
/*          定时中断                                              */
/*****************************************************************/
void tim (void) interrupt 1 using 1
{
   static unsigned char count;
   TH0 = (65536 - 500) /256;
   TL0 = (65536 - 5000)%256;              //定时0. 5ms
   if (count == PWM_ ON)
        {
          if (ZZ == 1)
            {
              PWM0 = 1;                   //开始正转
              PWM1 = 0;
                }
          if (FZ == 1)                    //开始反转
            {
              PWM0 = 0;
              PWM1 = 1;
                }
        }
   if (count == CYCLE)
   {
      count = 0;
      if (PWM_ ON! =0)                    //如果左右时间是0，保持原来状态
        {
         PWM0 = 0;
         PWM1 = 0;
        }
   }
   count ++;
}
```

附录　MCS 系列单片机指令表

附表 1　按照功能排列的指令表

数据传送指令

序号	助记符	指令功能	对标志位影响				操作码
			Cy	AC	OV	P	
1	MOV A,Rn	A←Rn	×	×	×	✓	E8 ~ EFH
2	MOV A,direct	A←(direct)	×	×	×	✓	E5H
3	MOV A,@ Ri	A←(Ri)	×	×	×	✓	E6H,E7H
4	MOV A,#data	A←data	×	×	×	✓	74H
5	MOV Rn,A	Rn←A	×	×	×	×	F8 ~ FFH
6	MOV Rn,direct	Rn←(direct)	×	×	×	×	A8 ~ AFH
7	MOV Rn,#data	Rn←data	×	×	×	×	78H ~ 7FH
8	MOV direct,A	direct←A	×	×	×	×	F5H
9	MOV direct,Rn	direct←Rn	×	×	×	×	88H ~ 8FH
10	MOV direct1,direct2	direct1←direct2	×	×	×	×	85H
11	MOV direct,@ Ri	direct←(Ri)	×	×	×	×	86H,87H
12	MOV direct,#data	direct←(data)	×	×	×	×	75H
13	MOV @ Ri,A	(Ri)←A	×	×	×	×	F6H,F7H
14	MOV @ Ri,direct	(Ri)←(direct)	×	×	×	×	A6H ~ A7H
15	MOV @ Ri,#data	(Ri)←data	×	×	×	×	76H ~ 77H
16	MOV DPTR,#data16	DPTR←data16	×	×	×	×	90H
17	MOVC A,@ A + DPTR	A←(A + DPTR)	×	×	×	✓	93H
18	MOVC A,@ A + PC	A←(A + PC)	×	×	×	✓	83H
19	MOVX A,@ Ri	A←(Ri)	×	×	×	✓	E2H,E3H
20	MOVX A,@ DPTR	A←(DPTR)	×	×	×	✓	E0H
21	MOVX @ Ri,A	(Ri)←A	×	×	×	×	F2H,F3H
22	MOVX @ DPTR,A	(DPTR)←A	×	×	×	×	F0H
23	PUSH direct	SP←SP + 1,(direct)→(SP)	×	×	×	×	C0H
24	POP direct	direct←(SP),SP←SP - 1	×	×	×	×	D0H
25	XCH A,Rn	A↔Rn	×	×	×	✓	C8H,CFH
26	XCH A,direct	A↔(direct)	×	×	×	✓	C5H
27	XCH A,@ Ri	A↔(Ri)	×	×	×	✓	C6H,C7H
28	XCHD A,@ Ri	A3 ~ A0↔(Ri)3 ~ (Ri)0	×	×	×	✓	D6H,D7H

（续）

算数运算指令							
序号	助记符	指令功能	对标志位影响				操作码
			Cy	AC	OV	P	
1	ADD A,Rn	A←A+Rn	✓	✓	✓	✓	28H~2FH
2	ADD A,direct	A←A+(direct)	✓	✓	✓	✓	25H
3	ADD A,@Ri	A←A+(Ri)	✓	✓	✓	✓	26H,27H
4	ADD A,#data	A←A+data	✓	✓	✓	✓	24H
5	ADDC A,Rn	A←A+Rn+Cy	✓	✓	✓	✓	38H~3FH
6	ADDC A,direct	A←A+(direct)+Cy	✓	✓	✓	✓	35H
7	ADDC A,@Ri	A←A+(Ri)+Cy	✓	✓	✓	✓	36H,37H
8	ADDC A,data	A←A+data+Cy	✓	✓	✓	✓	34H
9	SUBB A,Rn	A←A-Rn-Cy	✓	✓	✓	✓	98H~9FH
10	SUBB A,direct	A←A-(direct)-Cy	✓	✓	✓	✓	95H
11	SUBB A,@Ri	A←A-(Ri)-Cy	✓	✓	✓	✓	96H,97H
12	SUBB A,#data	A←A-data-Cy	✓	✓	✓	✓	94H
13	INC A	A←A+1	×	×	×	✓	04H
14	INC Rn	Rn←Rn+1	×	×	×	×	08H~0FH
15	INC direct	direct←(direct)+1	×	×	×	×	05H
16	INC @Ri	(Ri)←(Ri)+1	×	×	×	×	06H,07H
17	INC DPTR	DPTR←DPTR+1	×	×	×	×	A3H
18	DEC A	A←A-1	×	×	×	✓	14H
19	DEC Rn	Rn←Rn-1	×	×	×	×	18H~1FH
20	DEC direct	direct←(direct)-1	×	×	×	×	15H
21	DEC @Ri	(Ri)←(Ri)-1	×	×	×	×	16H,17H
22	MUL AB	BA←A*B	0	×	✓	✓	A4H
23	DIV AB	AB←A÷B;A←商,B←余数	0	×	✓	✓	84H
24	DA A	对A进行BCD调整	✓	✓	✓	✓	D4H

（续）

逻辑运算和移位指令							
序号	助记符	指令功能	对标志位影响				操作码
			Cy	AC	OV	P	
1	ANL　A,Rn	A←A∧Rn	×	×	×	✓	58H～5FH
2	ANL　A,direct	A←A∧(direct)	×	×	×	✓	55H
3	ANL　A,@Ri	A←A∧(Ri)	×	×	×	✓	56H～57H
4	ANL　A,#data	A←A∧data	×	×	×	✓	54H
5	ANL　direct,A	direct←(direct)∧A	×	×	×	×	52H
6	ANL　direct,#data	direct←(direct)∧data	×	×	×	×	53H
7	ORL　A,Rn	A←A∨Rn	×	×	×	✓	48H～4FH
8	ORL　A,direct	A←A∨(direct)	×	×	×	✓	45H
9	ORL　A,@Ri	A←A∨(Ri)	×	×	×	✓	46H,47H
10	ORL　A,#data	A←A∨data	×	×	×	✓	44H
11	ORL　direct,A	direct←(direct)∨A	×	×	×	×	42H
12	ORL　direct,#data	direct←(direct)∨data	×	×	×	×	43H
13	XRL　A,Rn	A←A⊕Rn	×	×	×	✓	68H～6FH
14	XRL　A,direct	A←A⊕(direct)	×	×	×	✓	65H
15	XRL　A,@Ri	A←A⊕(Ri)	×	×	×	✓	66H,67H
16	XRL　A,#data	A←A⊕data	×	×	×	✓	64H
17	XRL　direct,A	direct←(direct)⊕A	×	×	×	×	62H
18	XRL　direct,#data	direct←(direct)⊕data	×	×	×	×	63H
19	CLR　A	A←0	×	×	×	✓	E4H
20	CPL　A	A←$\overline{A}$	×	×	×	×	F4H
21	RL　A	A7 ← A0	×	×	×	×	23H
22	RR　A	A7 ← A00	×	×	×	×	03H
23	RLC　A	Cy — A7 ← A0	✓	×	×	✓	33H
24	RRC　A	Cy — A7 ← A0	✓	×	×	✓	13H
25	SWAP　A	A7_ – A4　A3 – A0	×	×	×	×	C4H

（续）

控制转移指令							
序号	助记符	指令功能	对标志位影响				操作码
			Cy	AC	OV	P	
1	AJMP　addr11	PC10 ~ PC0←addr11	×	×	×	×	&0[①]
2	LJMP　addr16	PC←addr16	×	×	×	×	02H
3	SJMP　rel	PC←PC + 2 + rel	×	×	×	×	80H
4	JMP　@ A + DPTR	PC←A + DPTR	×	×	×	×	73H
5	JZ　rel	若 A = 0，则 PC←PC + 2 + rel 若 A≠0，则 PC←PC + 2	×	×	×	×	60
6	JNZ　rel	若 A≠0，则 PC←PC + 2 + rel 若 A = 0，则 PC←PC + 2	×	×	×	×	70
7	CJNE A，direct，rel	若 A≠(direct)，则 PC←PC + 3 + rel 若 A = direct，则 PC←PC + 3 若 A≥(direct)，则 Cy←0；否则 Cy = 1	✓	×	×	×	B5
8	CJNE A，#data，rel	若 A≠data，则 PC←PC + 3 + rel 若 A = data，则 PC←PC + 3 若 A≥data，则 Cy←0；否则 Cy = 1	✓	×	×	×	B4
9	CJNE Rn，#data，rel	若 Rn≠data，则 PC←PC + 3 + rel 若 Rn = data，则 PC←PC + 3 若 Rn≥data，则 Cy←0；否则 Cy = 1	✓	×	×	×	B8H ~ BFH
10	CJNE @ Ri，#data，rel	若(Ri)≠data，则 PC←PC + 3 + rel 若(Ri) = data，则 PC←PC + 3 若(Ri)≥data，则 Cy←0；否则 Cy = 1	✓	×	×	×	B6H，B7H
11	DJNZ Rn，rel	若 Rn - 1≠0，则 PC←PC + 2 + rel 若 Rn - 1 = 0，则 PC←PC + 2	×	×	×	×	D8H ~ DFH
12	DJNZ direct，rel	若(direct) - 1≠0，则 PC←PC + 3 + rel 若(direct) - 1 = 0，则 PC←PC + 3	×	×	×	×	D5H
13	ACALL addr11	PC←PC + 2 SP←SP + 1，(SP)←PCL SP←SP + 1，(SP)←PCH PC10 ~ PC0←addr11	×	×	×	×	&1[②]
14	LCALL addr16	PC←PC + 3 SP←SP + 1，(SP)←PCL SP←SP + 1，(SP)←PCH PC15 ~ PC0←addr16	×	×	×	×	12H
15	RET	PCH←(SP)，SP←SP - 1 PCL←(SP)，SP←SP - 1	×	×	×	×	22H
16	RET1	PCH←(SP)，SP←SP - 1 PCL←(SP)，SP←SP - 1	×	×	×	×	32H
17	NOP	PC←PC + 1　空操作	×	×	×	×	00H

（续）

位操作指令

序号	助记符	指令功能	对标志位影响				操作码
			Cy	AC	OV	P	
1	CLR　C	Cy←0	✓	×	×	×	C3H
2	CLR　bit	bit←0	×	×	×	×	C2H
3	SETB　C	Cy←1	1	×	×	×	D3H
4	SETB　bit	bit←1	×	×	×	×	D2H
5	CPL　C	Cy←$\overline{Cy}$	✓	×	×	×	B3H
6	CPL　bit	bit←$\overline{bit}$	×	×	×	×	B2H
7	ANL　C,bit	Cy←Cy∧(bit)	✓	×	×	×	82H
8	ANL　C,/bit	Cy←Cy∧$\overline{(bit)}$	✓	×	×	×	B0H
9	ORL　C,bit	Cy←Cy∨(bit)	✓	×	×	×	72H
10	ORL　C,/bit	Cy←Cy∨$\overline{(bit)}$	✓	×	×	×	A0H
11	MOV　C,bit	Cy←(bit)	✓	×	×	×	A2H
12	MOV　bit,c	bit←Cy	×	×	×	×	92H
13	JC　rel	若Cy=1,则PC←PC+2+rel 若Cy=0,则PC←PC+2	×	×	×	×	40H
14	JNC　rel	若Cy=0,则PC←PC+2+rel 若Cy=1,则PC←PC+2	×	×	×	×	50H
15	JB　bit,rel	若(bit)=1,则PC←PC+3+rel 若(bit)=0,则PC←PC+3	×	×	×	×	20H
16	JNB　bit,rel	若(bit)=0,则PC←PC+3+rel 若(bit)=1,则PC←PC+3	×	×	×	×	30H
17	JNB　bit,rel	若(bit)=1,则PC←PC+3+rel且bit←0 若(bit)=0,则PC←PC+3	×	×	×	×	10H

① &0 = $a_{10}a_9a_8$ 0 0 0 0 1 B

② &1 = $a_{10}a_9a_8$ 1 0 0 0 1 B

附表2　按照字母顺序排列的指令表

逻辑运算和移位指令

序号	助记符	指令码	字节数	机器周期数
1	ACALL　addr11	&1 addr7～addr0①	2	2
2	ADD　A,Rn	28H～2FH	1	1
3	ADD　A,direct	25 direct	2	1
4	ADD　A,@Ri	26H～27H	1	1
5	ADD　A,#data	24 data	2	1
6	ADDC　A,Rn	38H～3FH	1	1

（续）

逻辑运算和移位指令				
序号	助记符	指令码	字节数	机器周期数
7	ADDC　A,direct	35H direct	2	1
8	ADDC　A,@Ri	36H ~ 37H	1	1
9	ADDC　A,#data	34H data	2	1
10	AJMP　addr11	&0 addr7 ~ addr0②	2	2
11	ANL　A,Rn	58H ~ 5FH	1	1
12	ANL　A,direct	55H direct	2	1
13	ANL　A,@Ri	56H ~ 57H	1	1
14	ANL　A,#data	54H data	2	1
15	ANL　direct,A	52H direct	2	1
16	ANL　direct,#data	53H direct data	3	2
17	ANL　C,bit	82H bit	2	2
18	ANL　C,/bit	B0H bit	2	2
19	CJNE　A,direct,rel	B5H direct rel	3	2
20	CJNE　A,#data,rel	B4H data rel	3	2
21	CJNE　Rn,#data,rel	B8H ~ BFH data rel	3	2
22	CJNE　@Ri,#data,rel	B6H ~ B7H data rel	3	2
23	CLR A	E4H	1	1
24	CLR C	C3H	1	1
25	CLR bit	C2H bit	2	1
26	CPL A	F4H	1	1
27	CPL C	B3H	1	1
28	CPL bit	B2H bit	2	1
29	DA　A	D4H	1	1
30	DEC　A	14H	1	1
31	DEC　Rn	18H ~ 1FH	1	1
32	DEC　direct	15H direct	2	1
33	DEC　@Ri	16H ~ 17H	1	1
34	DIV　AB	84H	1	4
35	DJNZ　Rn,rel	D8H ~ DFH rel	2	2
36	DJNZ　direct,rel	D5H direct rel	3	2
37	INC A	04H	1	1
38	INC Rn	08H ~ 0FH	1	1
39	INC direct	05H direct	2	1
40	INC @Ri	06H ~ 07H	1	1
41	INC DPTR	A3H	1	2

（续）

逻辑运算和移位指令				
序号	助记符	指令码	字节数	机器周期数
42	JB bit,rel	20H bit rel	3	2
43	JBC bit,rel	10H bit rel	3	2
44	JC rel	40H rel	2	2
45	JMP @A+DPTR	73H	1	2
46	JNB bit,rel	30H bit rel	3	2
47	JNC rel	50H rel	2	2
48	JNZ rel	70H rel	2	2
49	JZ rel	60H rel	2	2
50	LCALL addr16	12H addr15 ~ addr8 addr7 ~ addr0	3	2
51	LJMP addr16	02H addr15 ~ addr8 addr7 ~ addr0	3	1
52	MOV A,Rn	E8H ~ EFH	1	1
53	MOV A,direct	E5H direct	2	1
54	MOV A,@Ri	E6H ~ E7H	1	1
55	MOV A,#data	74H data	2	1
56	MOV Rn,A	F8H ~ FFH	1	1
57	MOV Rn,direct	A8H ~ AFH direct	2	1
58	MOV Rn. #data	78H ~ 7FH data	2	1
59	MOV direct,A	F5H direct	2	1
60	MOV direct,Rn	88H ~ 8FH direct	2	1
61	MOV direct2,direct1	85H direct1 direct2	3	2
62	MOV direct,@Ri	86H ~ 87H direct	2	2
63	MOV direct,#data	75H direct data	3	2
64	MOV @Ri,A	F6H ~ F7H	1	1
65	MOV @Ri,direct	A6H ~ A7H direct	2	2
66	MOV @Ri,#data	76H ~ 77H data	2	1
67	MOV C,bit	A2H bit	2	2
68	MOV bit,C	92H bit	2	2
69	MOV DPTR,#data16	90H addr15 ~ addr8 addr7 ~ addr0	3	2
70	MOVC A,@A+DPTR	93H	1	2
71	MOVC A,@A+PC	83H	1	2
72	MOVX A,@Ri	E2H ~ E3H	1	2
73	MOVX A,@DPTR	E0H	1	2
74	MOVX @Ri,A	F2H ~ F3H	1	2
75	MOVX @DPTR,A	F0H	1	2
76	MUL AB	A4H	1	4

（续）

逻辑运算和移位指令				
序号	助记符	指令码	字节数	机器周期数
77	NOP	00H	1	1
78	ORL A,Rn	48H ~ 4FH	1	1
79	ORL A,direct	45H direct	2	1
80	ORL A,@Ri	46H ~ 47H	1	1
81	ORL A,#data	44H data	2	1
82	ORL direct,A	42H direct	2	1
83	ORL direct,#data	43H direct data	3	2
84	ORL C,bit	72H bit	2	2
85	ORL C,/bit	A0H bit	2	2
86	POP direct	D0H direct	2	2
87	PUSH direct	C0H direct	2	2
88	RET	22H	1	2
89	RETI	32H	1	2
90	RL A	23H	1	1
91	RLC A	33H	1	1
92	RR A	03H	1	1
93	RRC A	13H	1	1
94	SETB C	D3H	1	1
95	SETB bit	D2H bit	2	1
96	SJMP rel	80H rel	2	2
97	SUBB A,Rn	98H ~ 9FH	1	1
98	SUBB A,direct	95H direct	2	1
99	SUBB A,@Ri	96H ~ 97H	1	1
100	SUBB A,#data	94H data	2	1
101	SWAP A	C4H	1	1
102	XCH A,Rn	C8H ~ CFH	1	1
103	XCH A,direct	C5H direct	2	1
104	XCH A,@Ri	C6H ~ C7H	1	1
105	XCHD A,@Ri	D6H ~ D7H	1	1
106	XRL A,Rn	68H ~ 6FH	1	1
107	XRL A,direct	65H direct	2	1
108	XRL A,@Ri	66H ~ 67H	1	1
109	XRL A,#data	64H data	2	1
110	XRL direct,A	62H direct	2	1
111	XRL direct,#data	63H direct data	3	2

①&1 = $a_{10}a_9a_8$ 1 0 0 0 1 B

②&0 = $a_{10}a_9a_8$ 0 0 0 0 1 B

参 考 文 献

[1] 李朝青．单片机原理及接口技术［M］．北京：北京航空航天大学出版社，2009.

[2] 胡汉才．单片机原理及其接口技术［M］．北京：清华大学出版社，2010.

[3] 冯先成，常翠芝，等．单片机应用系统设计［M］．北京：北京：航空航天大学出版社，2009.

[4] 吴黎明．单片机原理及应用技术［M］．北京：科学出版社，2005.

[5] 武庆生，仇梅，等．单片机原理与应用［M］．成都：电子科技大学出版社，2001.

[6] 李海滨，片春媛，许瑞雪，等．单片机技术课程设计与项目实例［M］．北京：中国电力出版社，2009.

[7] 周润景，徐宏伟，丁莉，等．单片机电路设计、分析与制作［M］．北京：机械工业出版社，2010.

[8] 阎玉德，俞虹，等．MCS－51 单片机原理与应用（C 语言版）［M］．北京：机械工业出版社，2003.

[9] 梅丽凤，王艳秋，汪毓铎，等．单片机原理及接口技术［M］．北京：清华大学出版社，北京交通大学出版社，2004.

[10] 杨居义．单片机课程设计指导［M］．北京：清华大学出版社，2009.

[11] 张俊谟，张迎新，等．单片机教程习题与解答［M］．北京：北京航空航天大学出版社，2003.

[12] 高洪志．MCS－51 单片机原理及应用技术教程［M］．北京：人民邮电出版社，2010.